海洋文化十八讲

戴民汉　主编

U0216949

厦门大学出版社 XIAMEN UNIVERSITY PRESS｜国家一级出版社
全国百佳图书出版单位

图书在版编目（CIP）数据

海洋文化十八讲 / 戴民汉主编. -- 厦门：厦门大
学出版社，2025.1
　　ISBN 978-7-5615-9404-9

　　Ⅰ.①海… Ⅱ.①戴… Ⅲ.①海洋-文化-高等学校
-教材 Ⅳ.①P7

中国国家版本馆CIP数据核字(2024)第106609号

责任编辑　陈进才　刘炫圻
责任校对　白　虹　郑鸿杰
美术编辑　李夏凌
技术编辑　许克华

出版发行　厦门大学出版社
社　　址　厦门市软件园二期望海路 39 号
邮政编码　361008
总　　机　0592-2181111　0592-2181406(传真)
营销中心　0592-2184458　0592-2181365
网　　址　http://www.xmupress.com
邮　　箱　xmup@xmupress.com
印　　刷　厦门市竞成印刷有限公司

开本　889 mm×1 194 mm　1/16
印张　15
字数　390 千字
版次　2025 年 1 月第 1 版
印次　2025 年 1 月第 1 次印刷
定价　58.00 元

厦门大学出版社
微信二维码

厦门大学出版社
微博二维码

本书编委会

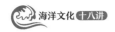

编写团队（按姓名笔画排序）

- **组织协调**

  刘炫圻　吴昊昊　孟菲菲

- **作者**

  第一篇　篇负责人：戴民汉
  第一讲　张彧瑞
  第二讲　白晓林　杨进宇　张慕容
  第三讲　王　智　刘炫圻　杨位迪
  第四讲　宋忠长

  第二篇　篇负责人：王传超
  第五讲　王传超
  第六讲　王　海
  第七讲　王华芹

  第三篇　篇负责人：王日根
  第八讲　刘　勇
  第九讲　伍伶飞
  第十讲　王日根
  第十一讲　水海刚
  第十二讲　王日根

  第四篇　篇负责人：孙传旺　张增凯
  第十三讲　陈蔚芳
  第十四讲　孙传旺
  第十五讲　孙传旺

  第五篇　篇负责人：施余兵　薛雄志
  第十六讲　薛雄志
  第十七讲　薛雄志
  第十八讲　林　蓁　钟　慧　施余兵

- **设计**

  叶　子　吴　鑫　张雨秋　陈泽铭　蒋卓群

- **插画**

  王安然　叶　子　刘慧昶　杨泽斌　肖　嘉　宋悦洋　陈初阳　陈泽铭　陈泽毅　林睿萱　曾兴龙

序一

　　《海洋文化十八讲》是福建省立项、中国科学院院士戴民汉主编的一本大学生海洋通识教育课程的综合教材，旨在培养大学生的海洋意识，提升海洋强国的软实力。

　　海洋是大自然的重要组成部分，占了地球表面70.8％的面积。东方的海洋与西方的海洋、中国的海洋与世界的海洋相联相通，实为一体。海洋作为广义的自然与人文的物质存在体，包含客观存在的自然主体——海洋，也包含生活在海洋世界中作为建构主体的人类的行为范畴——人文活动。广袤而资源丰富的海洋充满未知和神奇，越来越吸引着人类不断探索，从近海日益走向深蓝。海洋文明作为人类生活模式的一种类型，是以自然海洋为活动基点的物质生产方式、社会生活及交往方式、精神生活方式有机综合的文化共同体。海洋文明是海洋文化的载体，海洋文化是海洋文明的内涵。在人类生存发展的历史进程中，各大洲濒海国家认识、开发、利用海洋的实践经验积累，形成了各具特色的海洋文明。自从15世纪全球化开始以来，海洋的重要性日益提高，世界上所有国家都遵循着一个很重要的规律：面向海洋则兴，放弃海洋则衰。从这个意义上来说，海洋文化、海洋文明是海洋强国的根基，是海洋强国的动力。学习海洋文化，弘扬海洋文化，是当代大学生必须担当的历史使命。

　　中国是一个陆海兼具的东方大国，海洋文明是中华文明"多元一体"格局中重要的子系统。中华海洋文明与大陆农耕文明、草原游牧文明经历数千年的碰撞和磨合，彼此交融，取长补短，共同构成中华文明延续性、创新性、统一性、包容性及和平性的底色。沿海地方的民众生活与社会风貌，与海洋有着不可分割的关系，最终形成中华民族陆海兼备的历史性格。中华海洋文化经历过

初兴、强盛、受挫、复兴的过程，从中充分汲取历史经验和教训，不断提升自身的主体自觉，也是当代大学生的必修课。

21世纪是海洋的世纪。建设海洋强国、共建"一带一路"倡议、构建人类命运共同体理念的提出和实践，使中华海洋文化的发展迎来了重要历史机遇。2012年党的十八大报告首次系统提出中国海洋发展的战略目标——"提高海洋资源开发能力，发展海洋经济，保护海洋生态环境，坚决维护国家海洋权益，建设海洋强国"。2013年，习近平总书记在中共中央政治局第八次集体学习时强调，"要进一步关心海洋、认识海洋、经略海洋，推动我国海洋强国建设不断取得新成就"。党的十九大、二十大报告分别要求"坚持陆海统筹，加快建设海洋强国""发展海洋经济，保护海洋生态环境，加快建设海洋强国"。党中央作出的一系列重大部署、实施的一系列重要举措，为扎实推进海洋强国建设指明了前进方向，提供了根本遵循，赋予了强大动力。

福建是21世纪海上丝绸之路的核心区，具有悠久的海洋开发利用历史。福建有责任和义务在梳理中国海洋文化传统方面发出响亮的声音。大学海洋通识课程及配套教材，通过系统呈现海洋基础知识，人类认识、开发、利用海洋的历程，世界范围内海洋权益争夺，将海洋视为人类生存新空间而必须树立的新理念以及人类命运共同体意识，从而为开展大学生海洋意识教育提供重要抓手。

本书立足"建设海洋强国"的重大部署，引导以大学生为主的读者关心海洋、认识海洋、了解海洋，为大学生海洋意识养成提供有效的抓手，有助于构建德智体美劳全面培养的教育体系，形成更高水平的人才培养体系；依托福建历史悠久、丰富多彩的海洋文化资源与厦门大学涉海学科的科研力量，实现优秀传统文化创造性转化和创新性发展。相对于专业教材，通识教材应"博而浅显"——既涉及多学科的相关知识，同时又要运用简练的语言，将其明晰地呈现出来，这就需要通晓相应专业的作者，从系统性的专业知识中提纲挈领，以浅见深，以小见大。值得称赞的是，厦门大学为把本书编成珍品教材，组织海洋学科和涉海的文、理、经、法、管理各学科的编写力量，提供坚实的专业支撑。

厦门大学因海而生，伴海而长。1923年，厦大美籍教授莱德在厦门发现大量脊椎动物远祖宗亲之"活化石"——文昌鱼，在《科学》（*Science*）杂志上发表《厦门大学附近之文昌鱼渔业》，引起国际科学界的瞩目。从此，厦门大学海洋学科伴随着这所"南方之强"走过了百载峥嵘岁月，同时也见证了中国海洋科学发展的光辉历程，被誉为我国海洋科教的"蓝色摇篮"。经过一代代海洋人的辛勤耕耘，如今的厦门大学海洋学科优势愈发明显，已经成为我国海洋科学研究与人才培养的"重镇"，在国际上享有嘉誉。2017年、2022年，厦门大学海洋学科两次入选国家"双一流"建设学科名单。

1924年，厦门大学历史系成立。1926年，海洋史在厦门大学初兴，早年留学美国和德国的张星烺任教厦门大学，编成开创中国"中西交通史"学科的三大著作。20世纪30至40年代，由于抗日战争的全面爆发，学校内迁，部分教授流亡南洋，他们把厦门大学的海洋史研究外延到东南亚和南亚，开展"亚洲东南海洋地带"考古、原始人类迁徙南太平洋群岛的民族史研究，成果在世界范围内传播。20世纪50至80年代，厦门大学海洋史学复兴，历史系、南洋研究所、台湾研究所的郑成功和台湾海疆史研究、南海诸岛史地研究、中外贸易史研究、

东南亚华侨华人史研究，在国内史学界独树一帜。20世纪90年代以来，厦门大学海洋史研究团队推动了从"涉海历史"走向海洋整体史，从作为农业文明延伸的海洋文明研究走向以海洋为本位的海洋研究之转变，揭示中国海洋文明的流动性、开放性、多元性、包容性的特质，在首批国家重点学科专门史（经济史）下设立了中国海洋社会经济史方向。2002年，厦门大学自主设置了海洋史学二级学科。当今，历史与文化遗产学院的海洋史、海关史、闽台区域史、华人华侨史、海洋考古，社会与人类学院的海洋人类学、闽台族群与文化，经济学院的海洋经济研究，法学院的海洋法和海洋治理研究，国际关系学院的东南亚区域国别研究、华侨华人研究，都具有一定的优势。

为了编写本书，厦门大学调动强兵强将，海洋与地球学院、历史与文化遗产学院、外文学院、经济学院、法学院、国际关系学院等学院的二十余位专家学者参与编写，涵盖海洋学、环境科学、生物学、历史学、人类学、考古学、法学、经济学等学科领域。希望本书的倡始和实践能产生良好的反响，并为该通识课程系列从福建高校推向全国高校，从大学推向中小学直至全社会积累经验。

是为序。

杨国桢

2024年12月8日

序二

在浩瀚无垠的宇宙中，蓝色星球——地球，宛如一颗璀璨夺目的明珠。而构成这蓝色星球的主体，便是那覆盖地球表面约71％，神秘莫测、壮阔无垠的海洋。海洋不仅塑造了地球独特的自然景观，更在人类文明的发展历史中扮演着举足轻重的角色。它蕴含着丰富的资源，孕育着多样的生命，承载着人类古往今来探索未知的梦想和追求。厦门大学戴民汉院士主持编写的《海洋文化十八讲》，便是一把开启海洋奥秘之门的钥匙，引领我们深入探寻海洋的过去、现在与未来，感受它对人类社会的深远影响。

《海洋文化十八讲》是由福建省立项，厦门大学海洋与地球学院、历史与文化遗产学院、经济学院、法学院等相关院系不同专业背景师资参与编写的一本介于科普读物与专业教材之间的大学生海洋通识课程综合教材。本书内容丰富、结构清晰，共分为五个篇章，涵盖了海洋的自然特性、海洋与人类文明的形成、海洋在全球化进程中的地位、海洋与当代人类社会的联系以及海洋治理等多个方面的内容。

本书从"海从何处来"这一根本问题出发，回溯地球历史上海洋的起源与演变，揭开了海洋形成过程的神秘面纱。大约46亿年前，地球在诞生之初，是一颗炽热的岩浆球。随着地球的逐渐冷却，水蒸气凝结成雨，降落到地表，汇聚成原始的海洋。从地球诞生之初的"岩浆海洋"，到如今波涛汹涌的蔚蓝世界，海洋经历了"沧海桑田"的变迁。海洋研究的对象，从微观的海水成分，到宏观的海浪、潮汐、洋流等现象，再到声、光、电磁等的传播和消衰，都蕴含着自然的奥秘。

　　海洋是生命的摇篮，它为生命的诞生与进化提供了条件。由于原始地球的大气中没有氧气，也没有臭氧层，破坏力强的紫外线可以直达地表，而靠海水的保护，生物首先在海洋里诞生。大约在38亿年前，海洋里产生了有机物，随后有了单细胞生物。在6亿年前的古生代，有了海藻类，它们在阳光下进行光合作用，产生了氧气，慢慢又积累形成了臭氧层，阻挡紫外线而为生命在陆地上的生存提供了条件。随着生物的进化，一些海洋生物逐渐从海洋向陆地迁徙。

　　大约30万年前，现代人类出现在非洲，10万年前他们开始迁徙，走出非洲。世界各地的河流与海洋孕育了多处文明。海边的古人类足迹，见证了人类与海洋的最初接触；从地中海文明兴起，到中国沿海海洋文明的持续发展，文明的种子在海洋的滋养下茁壮成长。中外海上交通和全球海洋商贸网络的形成，促进了不同国家和地区的经济与文化交流。"海上丝绸之路"的开辟，标志着我国古代进入了海上商贸的繁盛时期。"连天浪静长鲸息，映日帆多宝舶来"，"苍官影里三州路，涨海声中万国商"，正是这一时期兴旺与繁荣的真实写照。

　　现如今，海洋与人类休戚与共，是人类社会经济发展的"助推器"。海洋是人类生存和发展的基础，它的连通性和开放性使得人类社会成为一个命运相连的共同体。海洋为人类提供的重要资源与能源包括渔业、油气、矿产资源以及可再生能源等，而海洋运输支撑了全球经济的繁荣，海洋旅游则为人类喜爱的观光休闲方式之一。海洋经济已成为全球经济的重要组成部分，为全球经济的可持续繁荣提供大量的就业机会和增长动力。此外，海洋还对全球气候起到重要的调节作用，海洋的热、碳容量和活跃的海-气相互作用对全球气候系统产生深远影响。

随着人工智能、物联网、云计算等技术的飞速发展，第四次工业革命正拉开帷幕，海洋资源与能源得以更高效地被开发和利用，进一步为人类社会经济发展提供强劲动力。然而，海洋可持续发展也面临着诸多挑战，如海洋污染、过度捕捞和滨海湿地破坏等问题，为近海生态环境带来灾难性后果。幸运的是，当前海洋经济已开始向可持续蓝色经济转型，加上蓝色金融的兴起和数字技术的赋能，将为海洋与人类社会的和谐共生开辟新的路径。同时，国际和区域涉海条约与制度的建立，主权争端和海洋划界的妥善处理，都维护着海洋的和平与稳定，为海洋资源的可持续开发与利用创造良好环境。

总体而言，本书是一次以"海洋"为主题的跨学科创作，可谓"文汇百家"。文、理学科从研究对象、研究方法到思维方式、写作习惯等各方面，均存在很大差异，要将文、理的诸多信息融汇于一书之中难度确实不小。得益于编写、编辑团队的尽心尽力，更得益于作者们能在以某一学科为主的章节内适当融入其他学科的知识的创作方法，本书最大程度地缩小了文、理学科之间上述方面的鸿沟，大大改善了读者的阅读体验。虽然组织跨学科的创作有许多困难，但为了打破学科间的壁垒，为读者呈现一种类似博物学的通识视角，使读者相对全面地认识海洋，一切辛苦都是值得的。

除了在正文内容上做到文理融会贯通外，本书的排版也令人印象深刻。不同于以往教材的"中规中矩"，本书封面以物理学上的湍流为创作灵感，设计时加入海洋涡旋、洋流等视觉元素，传达出人文与科学融合的主旨。书中的五个篇章也设计绘制了大幅的主题插画，让人耳目一新。

　　作为一本面向本科生的通识类教材，《海洋文化十八讲》深入浅出地讲解了海洋学的基础知识，并融合历史、文化、经济、法律和现代科学知识，为学生打开了一扇全面了解海洋与人类社会关系的窗口。我相信，本书不仅能够充实学生的专业知识储备，还能培养学生的跨学科思维和全球视野，并将成为大学生跨学科学习和研究的宝贵文献。

苏纪兰

2024年12月31日

前言

在浩瀚的宇宙中，地球因其蔚蓝的色泽脱颖而出，而这一抹蓝源自覆盖其表面超七成面积的海洋。海洋之于地球，犹如水之于人类。海洋是一个流动系统，她联通着全球的物质能量输送，具有四维高度动态变化的特点；海洋是一个生命系统，承载着从微生物到高等哺乳动物的生物群落；海洋是一个复杂系统，物理、化学、生物、地质等过程相互交叉、彼此影响；海洋是一个开放系统，与大气、陆地、地球内部发生着物质与能量交换。

海洋为人类提供了丰富的资源和广阔的生存空间，是人类文明的发源地，也是人类文明发展的见证者。她不仅是人类获取食物等资源的重要来源，也是文化交流和经济发展的关键通道。从古至今，海洋一直是人类文明发展的重要舞台。无论是古代地中海的海上贸易网络，还是中国的"海上丝绸之路"，海洋在其中都作为连接不同文明、促进文化交流的纽带。她促进了不同文明之间的贸易往来，也影响了全球的政治格局。

随着社会的发展和科技的进步，海洋的战略地位愈加凸显。海洋是地球宜居性的命脉，支撑着人类的可持续发展；海洋是国家的天然门户和安全屏障，关乎国家的安全与发展；海洋是资源宝库及交通要道，是高质量发展的战略要地；海洋是重大科学发现与新理论的孕育地，不断更新着人类的认知边界。如今，海洋是继气候变化、生物多样性后，世界各国关注的第三大热点议题。

海洋科技创新乃是新时代海洋经济的核心驱动力。科技创新能够有力地突破海洋经济发展过程中的技术与成本这两大制约因素，为海洋经济的高质量发展注入强大动力。此外，以海洋为依托的经济社会发展与海洋环境及其生态系统的健康之间，存在着长期价值与短期价值的矛盾冲突。海洋科技创新可以通过提升环境监测技术、海洋生态保护技术以及修复技术等多种途径，为海洋的可持续发展提供有力支持。

福建，依海而生，向海图强，与海洋结下了不解之缘。作为古代海上丝绸之路的重要起点，福建的海洋优势得天独厚。3752千米的大陆海岸线，像是大自然为这片土地精心勾勒的蓝色轮廓；13.6万平方千米的海域面积，恰似一片广袤无垠、蕴藏着无尽宝藏的蓝色疆土，诉说着福建海洋资源的丰饶。从古至今，海洋始终是福建人民生产生活的大舞台。以南岛语族文化和妈祖文化为典型代表的福建海洋文化，犹如一部古老而厚重的史书，承载着岁月的记忆，源远流长。作为中华海洋文化的重要分支，它不仅在华夏海洋文化的长河中熠熠生辉，更以其独特的魅力和影响力，在世界海洋文化的版图上留下了深刻的印记。马尾船政，这一在中国近代史上举足轻重的存在，堪称中国近代海军、船舶与航空工业、海洋教育等领域的摇篮。它宛如一颗璀璨的星星，在那段波澜壮阔的历史天空中闪耀着独特的光芒，为中国近代海洋事业的发展奠定了坚实基础，在中国近代历史的画卷上绘就了浓墨重彩的一笔。

在新时代的浪潮中，福建依然坚守着海洋文化的根脉，传承着先辈们的开拓精神。她积极融入现代海洋经济的发展潮流，以创新为引领，大力推动海洋科技的进步，不断探索海洋的奥秘，挖掘海洋的潜力。同时，福建秉持着开放、合作、共赢的理念，积极投身于构建海洋人类命运共同体的伟大实践，为推动全球海洋事业的繁荣发展贡献着自己的智慧和力量，在海洋发展的宏伟征程中不断书写着新的辉煌。

厦门大学，这所坐落于福建东南沿海的高等学府，与海洋的联系渊源深厚，其历史可以追溯到建校之初。早在20世纪20年代初，著名爱国华侨领袖陈嘉庚先生创办了厦门大学，并确立了"面向海洋、面向东南亚、面向世界"的办学宗旨，同时发出了"力挽海权，培育专才"的呼吁。1946年，厦门大学设立了中国首个海洋学系，开启了系统化培养我国海洋科学本科人才的新篇章，被誉为我国海洋科学教育的"蓝色摇篮"，为海洋科技的持续发展奠定了坚实的人才基础。无独有偶，2014年，厦门大学又在马来西亚分校创办"中国－东盟海洋学院"，开创了我国海洋学科走出国门办学之先河。如今，厦门大学已成为国家海洋科学人才培养及创新的重要基地，被教育部列为首批基础学科拔尖学生培养计划2.0基地之一。学校注重培养学生国际视野、创新意识和实践能力，提供顶尖的科研实践平台和丰富的国际交流机会，为我国建设海洋强国提供了强有力的人才支持。

在这个海洋经济与产业迅猛发展的时代，海洋科学教育承担着培养未来海洋领军人才的重任。在我个人看来，我们应当秉持大海洋观、大领域观，坚持开阔的海洋视野和跨学科的教育理念，将海洋科学与当代科技革命——特别是第四次工业革命——紧密结合，与时俱进地更新人才培养方案，即：明确不同院校的育人目标和各教育阶段的培养方向，培养能够应对海洋未来挑战的复合型高端人才。本科教育应坚持以通识教育为核心，着力构建学生的全球视野，锻炼其解决问题的基本技能，培养科学素养；进一步而言，应在培养学生掌握海洋科学基本知识及结构的同时，培养其"将海洋视为应用领域，实现与不同学科的有效融合"的跨学科思考与解决问题的能力。

《海洋文化十八讲》力求以浅显易懂的语言，通过对人物和事件的生动描绘，介绍海洋文化的基础知识和最新研究成果。我们衷心期望读者在翻开这本书、沉浸于阅读的过程中，不仅能够系统且深入地获取丰富的海洋知识，更能在内心深处点燃对海洋探索的热情；期望每一位读者深刻认识到保护海洋环境刻不容缓的重要性，从而在未来的学习与生活中，以实际行动为海洋科技的蓬勃发展和海洋资源的可持续利用贡献自己的一份力量。《海洋文化十八讲》全书分为五篇十八讲，从海洋科学、人类学与考古学、历史学、经济学、海洋治理

与海洋法等多个维度，介绍涉海的通识知识，每讲篇幅根据一节课（两个课时）的长度精心规划。

"文化"一词在不同学科、不同语境下有多种解释。本书编写团队认为，"文化"在此指的是与人类相关的通识知识。人类对于自然海洋的认知、人类与海洋的互动历史、海洋在现代社会生活中的角色等，均可纳入"海洋文化"的范畴。

自然是塑造人类文化强有力的力量，人类对自然的认知也是人类文化的重要组成部分。因此，本书的第一篇聚焦于自然海洋的内容，从自然科学的角度介绍海洋的基本特点及功能。本篇内的四讲分别聚焦于海洋地理与地质、物理海洋学与海洋化学、海洋生物与生态、海洋技术与海洋科考，旨在为后续的海洋史做铺垫，同时提升读者对海洋科学研究的认识与兴趣。

人类与海洋的缘分源远流长，其历史之悠久，远超文字记载的时段。在这样的背景下，早期海洋史的探索不得不依赖于考古学与人类学的深厚积累以及技术的不断进步，这正是第二篇所要传达的核心信息。第五讲的叙述以"海"为脉络，贯穿旧石器时代的人类演化与社会发展，追溯人类与海洋的深远联系。第六讲则精选全球范围内的古老海洋文明，以个案形式，展现海洋在人类文明的孕育与发展中发挥的关键作用。基于此，第七讲进一步聚焦于中国先秦时期的海洋文明，并将其置于"中华文明探源工程"的宏观框架下进行深入探讨。

第三篇将视野扩展至秦汉以后，重点关注全球化进程中的中国海洋文明。第八讲详细介绍了"海上丝绸之路"的发展历程，这一古代东西方海上贸易交通网络为中华文明走向世界作出了重要贡献。第九讲探讨了西方新航路的开辟，这是全球化进程中的关键转折点，对后世的海洋科技、海洋管理、海洋权益等方面都产生了深远的影响。第十讲与第十一讲展现了这一全球化浪潮为中国海洋事业带来的机遇与挑战。通过这四讲的深入回顾，我们期望能够帮助学生建立起对中国海洋史的基本了解，并从中汲取历史的智慧。本篇的最后，第十二讲则以专题的形式，介绍古代中国的海洋知识与技术。

第四篇聚焦于海洋与当代社会。第十三讲回顾了工业革命以来海洋学的发展，以及现代海洋科技如何深刻影响着社会生活的方方面面。第十四讲展示了从日常餐桌到国家资源、能源命脉的海洋科技应用，这些成就大多基于海洋科技的进步。然而，海洋资源并非取之不尽。第十五讲引导读者以可持续发展的理念，思考如何更加科学合理地开发海洋资源。

第五篇关注海洋与治理。在海洋开发过程中，不可避免地会产生人与自然、人与人之间的种种矛盾与争端，第十六讲至第十八讲分别介绍了海洋科学管理、海洋综合管理、海洋法制等涉海事务的应运而生。

在每篇的篇首，除了列出本篇、各讲的标题外，本书还特别安排了篇引言，概述本篇内容并明确教学目标。同时，设计团队为每篇量身定制了精美的主题插画，以增强视觉效果。在体例设置上，为了提升学生的阅读兴趣并启发学生思考，每讲在正文外设置知识框，进行知识拓展，补充说明相关知识点、介绍相关人物及故事等；每讲的最后还列有思考题，旨在引发学生思考，帮助学生深入理解重点内容；同时兼用页下注和讲末尾注的形式列出不同类别的参考文献，以便学生查阅。

本书由我本人担任主编，厦门大学历史与文化遗产学院王日根教授担任副主编，厦门日报社原副总编辑、厦门晚报原总编辑、海洋文化专家朱家麟和厦门大学资深教授李炎担任顾问。本书编写团队会集了来自厦门大学不同学院的老师，他们包括海洋与地球学院张彧瑞副教授、白晓林副教授、杨进宇助理教授、张慕容助理教授、王智副教授、杨位迪高级工程师、陈蔚芳高级工程师、宋忠长副教授，社会与人类学院王传超教授，外文学院王海副教授，文博管理中心

王华芹助理工程师，南洋研究院刘勇教授，历史与文化遗产学院王日根教授、水海刚教授、伍伶飞副教授，经济学院孙传旺教授，环境与生态学院薛雄志教授，南海研究院施余兵教授、林蓁副教授，法学院钟慧副教授等。此外，研究生戴楠、李兴锐、朱广坤（第一讲），杨舒然、戴东辰、杨宇童、陈锦云（第二讲），张飞（第四讲），沈曲（第五讲），江俊皓（第十二讲），左旭光（第十四讲），许帅（第十五讲），张卓航、林伟健、赵骁阳（第十六讲），薛郭仪（第十七讲）也参与了本书的编写。中国社会科学院欧洲研究所刘衡助理研究员，山东大学历史学院陈尚胜教授，上海交通大学历史系李玉尚教授，曲阜师范大学历史文化学院孙晓光教授，厦门大学胡建宇教授、李杨帆教授、沈渊教授、聂德宁教授、陈博翼教授、陈友淦副教授、林昕副教授、余凤玲副教授、王贵华博士、盛华夏博士、李妍婷博士、顾肖璇博士、孟菲菲工程师等为本书的完善提出了宝贵的建议。厦门大学创意与创新学院吴鑫副教授及团队精心绘制的封面和内文插画以及协助设计的装帧方案大大提升了本教材的视觉感染力。在此，谨对他们的辛勤付出表示衷心的感谢。厦门大学出版社党总支书记张伟、总编辑施高翔、副总编辑陈进才、编辑刘炫圻，海洋与地球学院博士吴昊昊、孟菲菲负责相关业务部门的协调工作，教材的编写出版得到了福建省新闻出版局重点图书出版项目的大力支持，在此一并感谢。

戴民汉
于厦大北村
2024年12月31日

目录
CONTENTS

第一篇

我是海洋

"海洋之于地球，正如水之于人类。"海洋不仅是地球的重要组成部分，更是人类未来发展的关键所在。本篇"我是海洋"将引领大家深入探寻海洋的奥秘，涵盖海洋的起源与演化、海水的化学特征、海水运动、海洋与大气的关系、海洋生物与生态系统以及声、光、电磁在海洋中的传播特性和相关海洋探测技术等内容。期望本篇的内容能为读者理解本书后续各篇提供良好的背景支持。

　　首先，我们将追溯海洋的起源，从地球的诞生开始，探讨原始大气圈的演变、液态水的来源与维持以及原始海洋的形成过程。随后，一同见证海洋的地理变迁，透过起伏的海平面和移动的大陆板块，思索陆地与海洋的辩证关系。此外，还将"剖析"海洋，洞悉现今世界的海陆分布、海与洋的差异、海洋的分层结构以及海底独特的地貌。

　　其次，我们的目光将聚焦于海洋中的"水"。探索海水的成分组成与常量元素，剖析主要营养盐及其循环过程，关注稀少但关键的痕量元素及其对生态环境的影响。同时，了解海水在温度、盐度、风力、天体引潮力等因素作用下的运动规律，以及海水对大气和气候的作用。此外，还会关注海洋中的生命，从地球生命的起源到远古海洋中的生命演化历程，再到现代海洋生物的多样性。并且，探讨海洋生态系统的特点以及不同典型海洋生态系统的特征。

　　最后，我们将介绍海洋技术与海洋科考的相关内容，包括海洋中的声、光、电磁的特点与应用，以及海洋观测和研究的手段，如声波监听系统、地球观测系统计划和中国近海海洋观测网等。

　　希望读者在阅读本篇内容之后，能够达到以下目标：一是深入理解海洋的形成与演化，认识其在地球上的重要地位；二是进一步了解海水的组成和运动特性，明白海水成分和运动与地球气候变化的紧密联系；三是增强保护海洋生态环境的意识，领略海洋生态系统的多样性和复杂性；四是熟悉海洋技术和科考的现状，认识到这些技术在探索海洋、开发海洋资源以及应对全球气候变化中的重要性。

　　现在，让我们一同踏上这场海洋之旅吧！

第一讲 蓝色星球

我们所居住的地球，其起源可追溯至约46亿年前的原始太阳星云。然而，地球最初的外观与我们今日所熟知的蓝色星球大相径庭，那时它是一个表面遍布岩浆的炽热火球，大气中充斥着巨量有毒气体，不适宜生命的生存。在这一讲中，我们将快速回顾地球近46亿年的漫长历史，探寻那些在地球历史上具有关键意义的事件是如何一步步塑造出今日这颗宜居星球的。我们还将了解这颗蓝色星球现今的海陆分布情况，并对海洋进行深入立体的剖析。

第一节　海从何处来

一、地球的诞生

宇宙大爆炸后的漫长岁月里，物质在分布不均的状态下，历经上亿年的缓慢收缩和引力坍缩，最终孕育出我们所处的太阳系。早期的太阳系由热致密的原恒星（太阳）和周围的混沌星云组成。直到约46亿年前，太阳星云通过吸积星云物质（如气体和尘埃微粒等）和碰撞等过程，逐渐形成我们赖以生存的地球。在聚合过程中，吸积体聚合和放射性物质衰变释放的巨量热能，使早期地球处于熔融状态，形成广阔的岩浆海。随后，地球内部逐渐分化，形成了地核、地幔和地壳的层状结构。科学家根据地球等类地行星原材料与地球圈层的化学元素含量比值特征推断，铁下沉到地核形成铁质地核，与石质的地幔和地壳形成了鲜明的对比。关于铁质地核与地幔的分化过程，存在逐渐分离和快速分离等不同观点；地幔与地壳的分化，则被普遍认为是缓慢而持续的过程。

位于固体地球最上层的地壳，以安山岩线为界，被分为大陆型地壳和大洋型地壳。由于大洋型地壳在板块循环中不断更新，其年龄通常不超过2亿年，因此无法代表地壳的早期演化过程。不过，在澳大利亚西北部发现的44亿年前的锆石，作为大陆酸性岩浆活动的产物，具有极高的稳定性，为我们提供了大陆地壳起源的最早直接证据。地球内部结构的分异使得地壳相对"远离"了高温高能的地核，地壳温度逐渐降低，为一些耐高温原始生物的生存创造了条件，地球气候从此开启了向生命宜居的方向演化的进程。

二、原始大气圈的演变

由星云凝聚而成的原始地球，在继续吸积、扩大的过程中，气体与固体成分逐渐分离，较轻的气体成分上升并汇聚成了原始的大气圈。早期的大气圈充满巨量有毒的还原性气体，没有氧气，且地表温度极不

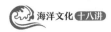

稳定,不适宜生物生存[1]。当时地球上唯一的生命形式——古细菌释放出大量甲烷,"甲烷雾"充满了整个大气层,形成了与土卫六大气层接近的大气组成。高浓度的甲烷把阻挡氧集聚的氢气挤出大气层,随后氢气由于较轻而进入外太空,从而为氧气的集聚腾出空间,为游离氧的形成创造了合适的条件。到约24亿年前,大气中的氧含量首次显著上升,达到现代水平的1%,真核生物也随之首次出现。随后的第二次大氧化事件发生在5.8亿～5.2亿年前的新元古代,此时氧含量跃升至现代水平的60%以上,大洋全面氧化,为多细胞真核生物的大辐射、动物快速起源和寒武纪大爆发创造了条件,拉开了多细胞生物的崎岖坎坷演变的序幕[2]。经过两次大气快速增氧事件及随后的波动过程,地球最终形成了氧气占据大气含量21%的现代大气格局,其他成分也逐渐发展到现代水平(图1-1)。

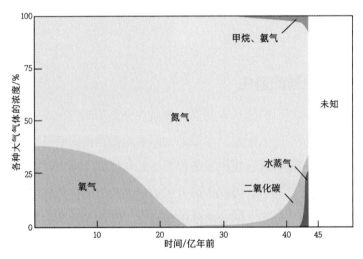

图1-1　早期地球的大气成分演变

三、原始海洋的形成

　　基于对地球上古老沉积岩年代的探索,我们得以窥见地球水圈于地质历史早期形成的珍贵画面。如在格陵兰岛西南部,科学家发现了年龄约38亿年的最古老的沉积岩,其沉积作用的痕迹依旧清晰可辨,这为我们提供了地面水当时已存在的确凿证据。由此,我们推断地球的水圈在38亿～35亿年前便已初步形成。

　　从炽热的火球到孕育生命的蓝色水球,地球经历了一场史诗般的转变,而地表液态水的形成和积累成海洋无疑是这场转变的关键。原始地球在继续吸积、扩大的过程中,较轻的气体和较重的固体成分在重力作用下逐渐分离，而水分以气态形式混合在原始大气和岩石圈中。随着原始地球不断散热，灼热的地表开始冷却，促使空气中的水汽凝结成雨滴，从而逐渐完成了漫长地质历史中地球内部的排气过程，催生了液态水在地球表层的积累。同时，由于早期地球所处的宇宙环境不稳定，外来陨石等物质频繁撞击地球，地球便可捕获其所携带的水或水合物，水由此在地球上聚集。这些水经过亿万年的积累，最终形成了广阔的原始海洋，地球在那时便获得了它的主色调——蔚蓝色。

早期海水化学性质的演变是海洋起源与演化的重要过程。在此过程中，海水由酸性、缺氧的原始大洋逐步过渡为现代大洋。早期地球的降温与大气水汽的凝结及降雨过程，促使氢气、二氧化碳、氨气和甲烷等物质被带入原始海洋，从而导致原始大洋呈现出酸性，其 pH 值较现代海水明显偏低。然而，当富含大量基性矿物的火成岩与酸性海水相遇时，会发生中和反应，生成中性或偏碱性的溶液。这种变化不仅促使了含铝黏土矿物的沉淀，也逐步改变了原始大洋的酸性特质。

原始大洋盐度的演变具有重要意义。雨水冲刷地表岩石，携带矿物质和有机物汇入海洋，成为大洋盐分的主要来源。在水循环过程中，海洋中的无机盐（如氯化钠）逐渐积聚，使得早期大洋的盐度随时间增加，海洋逐渐转变为含氯离子的大洋，逐渐具备现代海洋的特征。原始大洋盐度转变的时间节点，可能在20亿～15亿年前。至此，一方面，大洋水可能已具备现代海洋的稳态特性，进而成为大陆与大气之间物质交换的重要枢纽，而非单纯的盐类累积区（图1-2）；另一方面，自此各时期沉积岩类型之间的比率大致相同，标志着大洋稳态系统的正式形成。

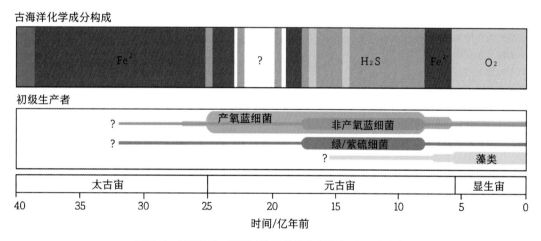

图1-2 地质历史时期的古海洋化学成分构成及初级生产者

第二节 沧海桑田

1960年代，我国的科研人员在珠穆朗玛峰地区考察时，采集到了鱼龙化石标本。为何原本生存在海洋中的鱼龙，其化石出现在了珠穆朗玛峰地区？原来，这里曾是一片汪洋大海，各种海洋生物在其中自由自在地游弋。然而，随着印度-欧亚板块的碰撞，如今的珠穆朗玛峰地区开始大幅度隆升，曾经的海底

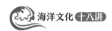

逐渐变为如今高耸入云的山脉。在漫长的地质变迁过程中，那些曾经生活在海洋中的鱼龙被深埋在岩石之中，成为海陆变迁的有力见证者。

海平面在陆与海之间划分出界线，海平面以下被海水覆盖的区域为海洋，海平面以上未被海水覆盖的区域为陆地。陆地为人类提供了赖以生存的场所，海洋是地球水圈的组成部分，也对地球上的生命及其演变至关重要。早期，人们曾经以为海洋和陆地的位置是固定不变的，但是随着观测技术的进步和人们认识的更新，人们逐渐认识到，海岸线在地质历史上是随时间演变的，这导致海洋和陆地的位置处于不断变化的过程中。板块构造运动和冰期-间冰期旋回变化是造成海平面升降变化的直接推动力，是实现海陆相互转换的两大地质过程。

一、从大陆漂移学说到板块构造理论

对构造尺度海陆变迁的认识经历了大陆漂移学说、海底扩张学说和板块构造理论三阶段。大陆漂移学说拉开了人们认知地质构造运动的序幕，最早构思由地图雕刻师亚伯拉罕·奥特柳斯（Abraham Ortelius）在1570年出版的《世界概观》中初步提出。他指出美洲是"因地震与潮汐而从欧洲及非洲分裂出去"及"拿出世界地图仔细观测三大洲的海岸线，就会发现（大陆）分裂的痕迹"。随后该观点由德国科学家阿尔弗雷德·魏格纳（Alfred Wegener）加以具体阐述，他指出地球上所有大陆在中生代以前是统一的联合古陆（图1-3），随后开始分裂并漂移，逐渐达到现在的位置。魏格纳假设地球内部是硅镁成分的玄武岩质，而地表则是硅铝成分的花岗岩质，而相对较轻的陆壳就像"冰山"一样浮在熔融的玄武岩"水面"上；在潮汐力和离极力的作用下，泛大陆破裂并与硅镁层分离而向西、向赤道进行大规模水平漂移。

虽然主导思想是正确的，但是限于当时的科学水平，在大陆为何漂移这个关键问题的解释上，大陆漂移学说存在缺陷，加之传统学派反对和魏格纳格陵兰岛考察遇难，大陆漂移学说因此一度被遗忘。直到1960年代，随着海底探测技术的发展，许多地质证据同时支持大西洋正在扩张，而非洲和南、北美洲三大洲渐渐分离的现象，由此催生了海底扩张学说，它的创立标志着大陆漂移学说的重生。

海底扩张学说由哈里·哈蒙德·赫斯（Harry Hammond Hess）于1960年提出。他指出地球地壳自有火山活动（且长度极长）的洋中脊向两侧横向移动，可以解释实际探测到的北太平洋海床的状

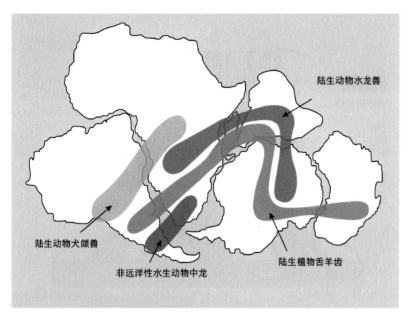

陆生动物水龙兽

陆生动物犬颌兽

非远洋性水生动物中龙

陆生植物舌羊齿

图1-3　联合古陆及相关的古生物化石分布

况。海底扩张学说是在大陆漂移学说的基础上发展出的经典地球地质活动学说，是指：地壳之下的地幔在高温高压条件下处于熔融状态，形成像沸腾的钢水一样不断翻滚、对流的岩浆；当岩浆对流上涌到岩石圈底部时，地幔流受到阻碍，分成两股朝两侧流动；对流冲力"撕开"上覆岩石，逐渐把原来的海底不断挤向两侧，逐渐形成一座高高的海岭（又称洋中脊），横贯各大洋的中央；在洋中脊下方，地幔软流圈的出口处，不断涌出的熔岩自洋中脊流出冷却，成为刚性强的大洋地壳（又称洋壳）。洋壳受到由洋中脊新涌出的熔岩的推挤而向两旁移动，进而扩大海盆面积，大陆地壳也因此受到推挤而分离（图1-5）。扩张速率指新的大洋两侧岩石圈被增加进来的速率，取决于洋中脊的增长速率。据估算，目前全球海底以平均每年3 cm的速率扩张，最快的扩张是第三纪中新世东太平洋扩张。海底扩张学说合理解释了洋壳的问题，但陆壳的问题依然存在，而且该学说不能有效解释处于不同形成阶段的洋盆之间的差异性问题。例如，特提斯海为什么不扩张，而是印度半岛碰撞欧亚大陆，最终形成青藏高原？对这些问题的继续探索最终促成了板块构造理论。

　　板块构造理论为海陆变迁提供了终极解释。板块构造理论认为，地球的岩石圈是由地质板块拼合而成的，海洋和陆地的位置是不断变化的。板块内部相对稳定，地质作用较弱，而板块边缘是全球地质作用最为活跃的地区，是地球内部能量释放的主要通道。因此，板块边缘常会出现地震、火山和造山运动等地质活动。板块运

洋中脊的发现

图1-4　大西洋洋中脊

　　1918年，第一次世界大战刚结束，作为战败国的德国亟须支付高达1200亿马克的赔款。化学家弗里茨·哈伯（Fritz Haber）凭借自己的学问和丰富的想象力，想出了一个筹钱之法——从海水中提取黄金。德国政府为哈伯资助了一艘名为"流星"号的海洋调查船，专门用于从海水中提取黄金。然而，几年过去了，收获却寥寥无几。此时，他们不仅耗尽了全部精力，甚至连船员们的日常费用都难以维持，黄金之梦化为了泡影。

　　失之东隅，收之桑榆。"流星"号虽然没在提取黄金上取得进展，却意外在海洋地质领域有了新发现。1925年，就在"流星"号陷入困境之际，船上安装了一台新设备——回声探测仪。经过回声探测仪探测工作的开展，调查团队发现在大西洋中部有一段海底是凸起的高地。这个新发现出乎众人意料，毕竟在此之前，人们一直认为海底大致都是平坦的。由于这个新的发现，哈伯和他的同伴们开始留意收集这一海域的洋底资料。在大约3年的时间里，他们测量了数万个点的海深。随着资料的不断积累、整理和分析，一条宛如巨龙的海底山脉逐渐显示出来，这便是大西洋的洋中脊（图1-4）。

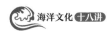
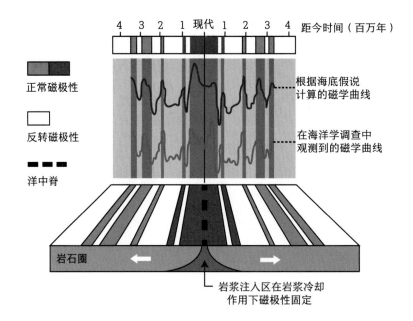

图1-5 海底扩张学说模型

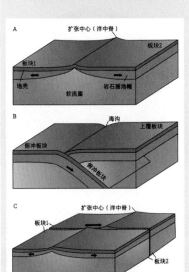

图1-6 三种板块边界类型示意

不同板块之间的结合部位被称为板块边界，是全球地质作用最为活跃的地区，火山、地震等地质活动频发。板块边界可分为三种类型：洋中脊代表的离散型边界、俯冲带代表的汇聚型边界和转换断层代表的转换断层边界。

离散型边界（图1-6A）是两个相互分离的板块之间的边界。由于地幔对流，地幔物质在此上涌，两侧板块分离拉开，上涌的物质冷凝形成新的洋底岩石圈，添加到两侧板块的后缘上，常形成洋中脊或海隆。

汇聚型边界（图1-6B）指两个相互汇聚、消亡的板块之间的边界。因板块之间的俯冲与挤压，常形成海沟或地缝合线。

转换断层边界（图1-6C）指两侧的板块反方向走滑的边界。它以不同的形式将汇聚型边界和离散型边界连接起来。同时，转换断层分隔了大洋洋脊，在被错断的各段洋脊处，转换断层将两个离散型板块边界连接起来。

动的驱动力主要包括地幔柱对流和重力作用。"地幔柱"概念由杰森·摩根（Jason Morgan）于1971年提出，地幔柱被解释为起源于核幔边界缓慢上升的细、长、柱状的热流物质，并认为是由地幔对流体系中的地幔上升流构成。由地球物理学家魏宁·曼尼兹（Vening Meinesz）发现的印度洋爪哇海沟的负重力异常，是地幔柱驱动板块运动的直接证据。负重力异常的存在，表明此处一定受到向下的拖拽力，该力克服了均衡调整的上浮力，这个拖拽力正是来自地幔对流。在重力驱动的作用下，哈珀（Harper）计算的下拉力比洋脊的推挤力大7倍，据此他认为板块俯冲不是被推下去的，而是被拉下去的。洋中脊轴部的正断层及众多裂谷的存在，说明这个部位的应力状态是拉张力（来源于重力），而不是岩浆上涌所产生的推力（图1-7）。

根据板块构造理论，海陆的演变不是单向的海底扩张或大陆漂移，而是存在过多次超级古陆聚合事件，这些事件将大陆连接在一起，并伴随着相应的超级古陆裂解事件（图1-8）。这与许多地质证据相一致，也极大地丰富了我们对地球演变历史的见解。

二、沿海火山地震带

全球的火山带、地震带、板块边界的位置基本一致。全球95%以上的地震都发生在板块边界。不同类型板块边界上的地震活动特点存在显著差别，主要表现在地震带的宽窄、震源深度、震源的应力

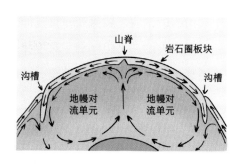

图1-7　地幔柱对流过程驱动板块运动和洋中脊构造地貌特征为重力驱动提供证据

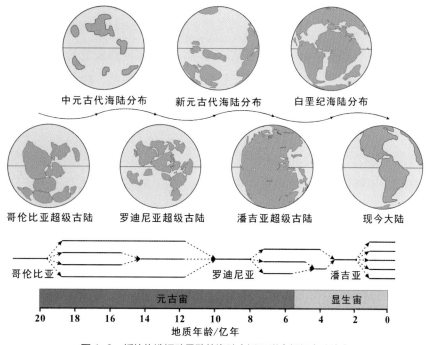

图1-8　板块构造运动导致的海陆变迁及联合超级古陆演变

状态及地震活动性的强弱等方面。离散型板块边界通常发生震源深度小于10 km的浅源地震，例如，快速扩张的东太平洋隆起处的地震震级较低。汇聚型板块边界发生大地震的可能性大，中源、深源地震多数发生在汇聚型板块边界上，如印度洋板块不断北移，向北挤压欧亚板块，造成青藏高原的隆升，迫使高原向东移动（滑塌作用），挤压四川盆地，该区域易发生大地震。转换断层边界多发生浅源地震，震级较高，可达7级。1940年，美国地震学家雨果·贝尼奥夫（Hugo Benioff）在研究环太平洋地震时，发现震源深度分布呈现一条自海沟向大陆方向由浅入深的倾斜带，形成了板块俯冲带。

　　如果把全球火山分布同板块边界分布范围作对比，就可以发现二者有基本一致的分布规律。火山主要分布在下述三个地带：（1）沿着板块俯冲带（汇聚型边界）分布，如环太平洋火山带；（2）沿着大陆裂谷（离散型边界）分布，如东非大裂谷；（3）沿着大洋中脊（离散型边界）分布。

　　板块构造理论认为火山主要分布在板块边界，那么如何解释板块内部的火山、火山岛链呢？如美国黄石国家公园内的火山、夏威夷火山岛链。地质学家约翰·图佐·威尔逊（John Tuzo Wilson）认为板块内部的火山是由热点（hotspot）引起的，热点是岩浆在地表的出露点，该岩浆来自地幔中相对固定的

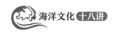

热源（地幔柱）。北太平洋的夏威夷－皇帝海山链由270多个火山组成，从夏威夷岛一直延伸到阿留申海沟，只有最东端的基拉韦厄、冒纳罗亚火山还在活动，其他都是死火山。火山年龄呈有规律的变化，从夏威夷向西北方向火山的年龄逐渐增大。由此可见，板块构造理论从根本上解释了地震、火山活动的成因及分布特征。

三、水循环与海平面波动

水循环是指水通过蒸发、水汽输送、降水（雪）和径流等，在地表、大气和地下等部位不断移动的过程。此过程伴随水从一种储存状态转移到另一种储存状态，从一个圈层移动到另一个圈层，实现水的跨圈层的运输及其伴随的能量传输。温度（体现为热能）变化驱动水相变的发生，为水循环提供了根本动力来源。例如，在温度变化驱动下，水从河流进入海洋，或从海洋蒸发进入大气，实现了跨越不同圈层的地球水循环。长期而言，地球上的水量均维持恒定，但以冰、淡水、盐水和大气层中水分等形式分布的状况，则会根据各种气候条件及其变化而各不相同。然而，异常的温度变化，可以打破短期内的严格平衡，导致水在不同圈层间重新分配。

冰期－间冰期旋回是地球气候（温度）变化的直接体现，同时也调控不同圈层之间水循环强度。温度低时，降雪在极地和高山不断积累，大陆冰盖大规模发育，本应该返还给液态径流的部分降水被锁在固态的冰冻圈中，造成海陆之间水的再分配发生变化。冰川大规模扩张，大量水被锁在冰川（冰冻圈）中，活

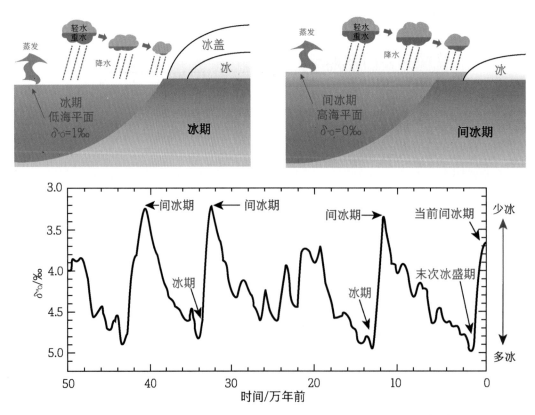

图1-9　冰期－间冰期水循环变化及其对海水氧同位素值的影响（上）
以及过去50万年氧同位素－全球冰体积变化情况（下）

跃的水减少。而间冰期时温度升高，导致积累在大陆上的冰盖消融，大量冰雪消融水注入海洋，活跃的水量增加，造成海水偏淡。同时，冰期－间冰期旋回也造成海水氧同位素含量的变化（图1-9）。由此可见，冰期－间冰期旋回转换实质上是水在固态冰冻圈与液态水圈之间分配变化的具体体现。这个转换过程主要受控于地球轨道参数演变导致的太阳辐射变化，即经典的米兰科维奇理论。米兰科维奇理论认为，地球轨道的扁率（偏心率）、黄赤角度（倾角）和太阳远日点位置（岁差）的组合特征演变，决定地表太阳辐射的时空分布变化，进而可解释过去数百万年地球气候系统在冰期和间冰期之间的演变过程。[4] [5]

上述大陆冰量随冰期－间冰期气候的变化也会造成全球海平面的波动，波动范围在几十到一百多米（图1-10）。例如，2万多年前的末次冰盛期，大陆冰盖大规模扩张使得当时的海平面比现在的海平面低100多米。

大陆冰量变化除了调节水在陆地和海洋中的分布，其质量负荷也会影响大陆形变，这二者的作用过程方向相反，可以相互抵消一部分。在短时期内，前者占主导作用，但后者的作用过程可以持续很长时间，达到数千年至上万年。构造活动引起的海陆分布变化通常导致区域海平面的巨大变迁，是决定区域海平面变化最主要的因素。

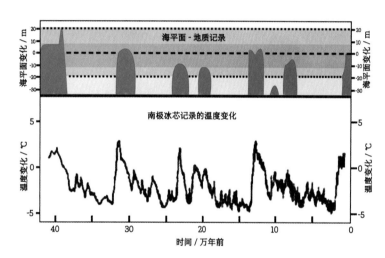

图 1-10　冰期－间冰期交替过程中海平面与温度变化

第三节　"解剖"海洋

先秦时期的《山海经》就有陆地和海洋概念的区分。然而，在早期，海的概念相对粗略，更像是陆地的中断之处，是陆地的天然界限。《庄子·秋水》中有"夫千里之远，不足以举其大；千仞之高，不足以极其深"之语，从深度和广度上描绘出海洋的无限。当然，古人对于海的认识更多还停留在想象层面。而如今，借助丰富的工具和手段，我们足以"解剖"海洋，更全面地认识海洋。

15—17世纪的地理大发现和随之而来的海上世界贸易，扩展了人们对世界的认识，海和陆分布的完整图案逐渐展现在人们面前。当今海陆分布的一级特点是大陆和海洋呈间隔分布：全球大陆包括南北半球成对分布的南、北美洲，非洲和欧洲，亚洲和大洋洲以及位于南极的南极洲，共七大洲；全球大洋包括大西洋、太平洋、北冰洋和印度洋四大洋。当今海陆分布的二级特点是大陆和海洋在南北半球分布的不对称：北半球海洋占六成，陆地占四成；南半球海洋占八成多，陆地接近二成，世界的大陆多集中在北半球（占三分之二）；南极为大陆，北极为海洋。

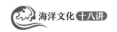

一、海与洋的地理划分

洋（ocean）或大洋，远离陆地，是海洋的中心部分，也是海洋的主体，约占全球海洋面积的89%。全球大洋主要由太平洋、大西洋、印度洋和北冰洋组成，平均水深约为3700 m。这些大洋间的水文和盐度的变化不大，但它们都有自己独特的洋流和潮汐系统，并通过大规模环流系统关联在一起。

海（sea）或近海，位于大洋与陆地之间，相当于大洋的附属部分。由于海邻近大陆，受大陆、河流等的影响，海水的温度、盐度、颜色和透明度有明显的时空变化。如在大河入海口，海水会变淡，同时由于河流夹带着泥沙入海，近岸海水混浊不清，海水的透明度低。海的面积约占全球海洋的10%，海的水深比较浅，平均深度从几米到二三千米不等。海可以进一步分为边缘海、内陆海和地中海。边缘海既邻近大陆前沿，又是海洋的边缘，与大洋联系广泛，一般由一群海岛把它与大洋分开。我国的东海、南海就是太平洋的边缘海。内陆海，即位于大陆内部的海，如欧洲的波罗的海。地中海是几个大陆之间的海，水深一般比内陆海深些。世界主要的海接近50个，其中，太平洋最多，大西洋次之，印度洋和北冰洋差不多。

二、海底地貌

海底地貌是海水覆盖下的固体地球表面形态的总称。海底地貌类型齐全，从海岸线向深海拉一个剖面，我们会依次看见大陆边缘、大洋盆地和大洋中脊三大基本地貌单元[6]。

大陆边缘，为大陆与洋底两大台阶面之间的过渡地带，约占海洋总面积的22%。根据地形和构造特征，大陆边缘可分为被动大陆边缘和活动大陆边缘。被动大陆边缘地形宽缓，大陆架、大陆坡、大陆隆次一级单元发育成熟，常见于大西洋、印度洋、北冰洋和南大洋周缘地带。活动大陆边缘地形崎岖，陆架狭窄，陆坡陡峭，大陆隆不发育，而被海沟取代，多分布于太平洋和印度洋周缘地带。

大洋中脊，享有"海底巨龙"之称，是位于全球大洋中央张裂性板块边界的一系列突起的海底山脉，也是世界上最长的山脉，其中连续的山脉长达65000 km。洋中脊是海底扩张的中心，拉张断裂是重要特征。地幔的热对流在洋中脊处上升，岩浆在此涌出后快速冷却，形成玄武岩。在洋中脊形成的玄武岩洋壳逐渐变冷变重，发生俯冲作用，俯冲到地幔的洋壳发生变质作用，密度进一步变大，拖曳整个洋壳向地幔运动并使得洋中脊被动扩张。洋中脊扩张后，下面的软流圈地幔被动上涌，发生减压熔融，形成新的玄武质洋壳。离大洋中脊愈远的岩石愈古老，而大洋中脊中央则是最年轻的新生地壳。同时，由于软流圈内的岩浆对流背离，再加上各部分的对流速率不一，因而形成转换断层。尽管这些断层朝着同一方向扩展（脊推机制），但移动方向却不相同，导致这些转换断层出现剪切作用。

这些地貌单元及次级的海底地貌单元（图1-11），共同构成了壮观的海底景观，包括高耸的海山、起伏的海丘、绵延的海岭、深邃的海沟和坦荡的深海平原等。与陆地地貌一样，海底地貌是内、外营力共同作用的结果。

三、海洋分层

假设我们正在远洋做一次深度潜水活动，在不断下潜的过程中，我们赖以看见事物的光将快速变弱，

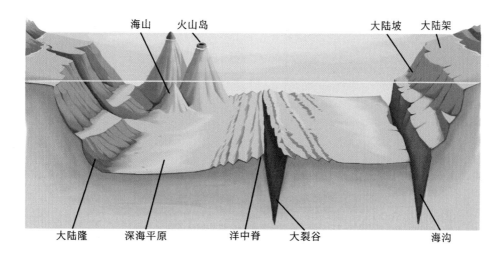

图 1-11　海底地貌及其分布

同时将感受到压力逐渐增大、温度降低，遇到的生物类型也发生变化。

阳光在海水介质中迅速衰减。大部分光集中在水柱表层，随着下潜深度的增加，我们将会看到光线的快速减弱，很快就会进入"黑暗"世界。光在海水中随深度的快速衰减决定了生物分层特征，自上而下可分为4个层带（图1-12）：

（1）上层带（epipelagic zone）是海洋表层，深度可至200 m，阳光充足，为藻类等绝大多数初级生产者的光合作用提供能量，孕育着90%以上的海洋生物。

（2）中层带（mesopelagic zone）是深度200～1000 m的区域，有很小一部分阳光可到达中层带，但不足以支持光合作用，该区域的生物已经适应了弱光环境。

（3）深层带（bathypelagic zone）是深度1000～4000 m的区域。深层带生态系统中的营养来自从上层带和中层带下沉的颗粒状有机物或海洋雪，氧气则通过温盐环流输入。

（4）深渊带（abyssopelagic zone）是深度4000 m以下的区域，是完全黑暗的深海地带。深渊带的特点是高压、低温。这一区域含有高浓度的营养盐，来自上层下沉并在这里分解的死亡有机物质。在6000 m以下的海洋最深处，生物多是食腐动物或食碎屑动物，它们高度适应极端的环境条件。

海水的理化性质，如海水温度、盐度和密度，均随深度呈规律性变化。海水的升温主要是靠吸收太阳辐射热来实现的，世界大洋水温从海面向海底呈非线性递减的趋势。海水密度是指单位体积内所含海水的质量，但是习惯上使用海水比重，即指在标准大气压的条件下，海水的密度与蒸馏水密度之比。海水的密度大小，主要由海水温度和盐度决定，凡是影响海水温度和盐度变化的地理因素，都影响密度变化。海水密度是决定海流运动的最重要因子之一，在垂直方向上，海水的结构一般是稳定的，密度向下递增。在南北纬20°之间、深度约100 m的水层内，海水密度最小，并且在50 m以内垂直梯度极小，几乎没有变化，称为混合层；在50～100 m的深度，海水密度垂直梯度最大，出现密度的突变层（跃层），对应温跃层。温跃层对声波有折射作用，其有"液体海底"之称，潜艇在其下面航行或停留时，不易被上部侦测发现。约从1500 m开始，海水密度垂直梯度很小；在大于3000 m的深度，海水的密度几乎不随深

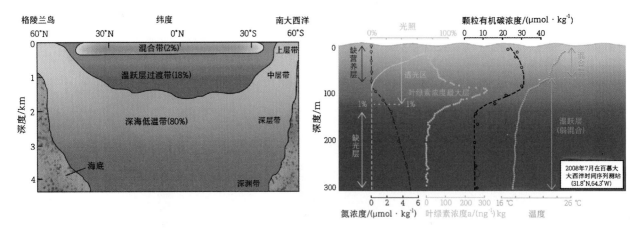

图 1-12　海洋垂直分层和理化性质随深度变化

度而变化，被称为深层海水。

海水的盐度是指每千克海水中所含溶解盐类物质的总量，称为绝对盐度。大洋表层盐度的时空变化受多种自然环境因素和水循环过程的影响，如蒸发、降水、河流输入等，其变化幅度通常大于深层海水盐度。海水盐度随深度的变化并非总是单调的，在许多区域，深层海水的盐度可能高于表层水，这对海水的垂直稳定性具有重要影响。

氧气和二氧化碳等溶解于海水中的气体，其浓度也在海水溶解度和生物、地球化学等因素的作用下随深度变化。当水温升高时，海水中的氧含量减少；当水温降低时，海水中的氧气含量增多。海水中二氧化碳的溶解度是有限的，但海生植物能消耗相当多的二氧化碳，而且在微碱性环境中，海水中二氧化碳还可与钙离子结合生成碳酸钙沉淀。所以，海洋是自然界二氧化碳的巨大调节器。

思考题

1. 如何了解早期大气中的氧气含量及其变化过程？
2. 地球历史上海洋和陆地的互相转变会留下哪些痕迹或证据？
3. 试论述海底地貌与陆地地貌之间的区别与联系。

参考文献

[1]　汪品先, 田军, 黄恩清, 等. 地球系统与演变 [M]. 北京: 科学出版社, 2018: 16-19.
[2]　史晓颖, 李一良, 曹长群, 等. 生命起源、早期演化阶段与海洋环境演变 [J]. 地学前缘, 2016(6): 128-139.
[3]　魏格纳. 海陆的起源 [M]. 李旭旦, 译. 北京: 商务印书馆, 1964: 5-16.
[4]　Kerr R A. Milankovitch climate cycles through the ages: earth's orbital variations that bring on ice ages have been modulating climate for hundreds of millions of years[J]. Science, 1987, 235(4792): 973-974.
[5]　Wunsch C. Quantitative estimate of the Milankovitch-forced contribution to observed Quaternary climate change[J]. Quaternary Science Reviews, 2004, 23(9/10): 1001-1012.
[6]　夏东兴. 海岸带地貌环境及其演化 [M]. 北京: 海洋出版社, 2009: 243-250.

● **本讲作者：张彧瑞**

第二讲 海洋脉动

海洋，这个占据地球表面70.8%的神秘领域，蕴藏着无尽的奥秘。东西方的先贤们早早便踏上探究海水成分组成的征程，从而开启了人类利用海水的序章。从古至今，人类凭借智慧与勇气，巧妙地借助潮汐、洋流与季风的力量，完成了一次又一次探索海洋、利用海洋的壮举。在这一讲里，让我们将目光聚焦于海水，一同去探究这看似清澈安澜的海水是如何汇聚力量，为我们演绎那神奇"海洋脉动"的。

第一节　海水探微

人类对海水的探索与利用由来已久。早在两千多年前，西方的亚里士多德就敏锐地窥见海水和淡水之间的密度差异；在东方，从"夙沙氏始煮海为盐"的序幕，到北魏《齐民要术》中"日中曝令成盐，浮即接取，便是花盐"的经验积累，再到明代《天工开物》对海水提盐方法的集大成，中国古代人民的实践彰显着人类探索、利用海水的非凡智慧。

囿于科学技术的发展水平，古代的海水认知与海水利用仅是管中窥豹。除了增添食物风味、维持人体生命活动的食盐以外，澄澈的海水中还蕴藏着无数的瑰宝，有待人类的开发。近代以来，自然科学与相应技术蓬勃发展，人类逐渐有能力解析海水，进而更有效地加以利用。

一、海水组成与常量元素

轻掬一捧海水，水分、无机盐、有机物（氨基酸、腐殖酸、糖类等）和气体等组成了其中的化学世界。

盐度是指每千克海水中所含溶解盐类物质的总量。在沿岸海域，地表径流和地下水的注入使盐度发生波动，海水咸淡交替；而在开阔大洋，蒸发和降水的平衡使得大部分海域的盐度稳定在33~37之间。以表层海水为例，相比赤道和极地海域，南、北纬20°~30°亚热带海域的盐度相对较高。此外，某些海域的盐度也会因特殊原因表现得不寻常，如红海因蒸发强烈，其盐度高达40。

海水中的元素大多源自陆地，但不同元素的浓度差异巨大，甚至高达10^9倍，按其含量的不同可分为常量元素和微（痕）量元素。海水中常量元素的浓度通常高于50μmol/kg，它们主要以这些形式存在：钠（Na^+）、钾（K^+）、钙（Ca^{2+}）、镁（Mg^{2+}）、锶（Sr^{2+}）等5种阳离子，氯（Cl^-）、硫酸根（SO_4^{2-}）、溴（Br^-）、碳酸氢根（HCO_3^-）、氟（F^-）等5种阴离子以及硼酸（H_3BO_4）分子。这些常量元素共同构成海水中超过99%的溶解组分，对于维持生物生长发育有着不可替代的作用。例如，钾在生物体内可以充当酶的激活剂，钙参

与构成生物体骨骼，而镁则是构成浮游植物细胞叶绿素的重要元素。

自18世纪末开始，众多科学家如同探险家般深入海水的奥秘殿堂，他们惊异地发现，常量元素之间好像遵循着某种神秘的契约，彼此间比值基本保持不变，不随海域和水深变化。这一规律在随后近两百年的时光中受到了无数次的验证，最终凝结成海洋学领域的一颗璀璨明珠——海水常量元素组成的 Marcet-Dittmar 恒比规律，即大洋海水中大部分常量元素的含量比值基本是不变的。这一规律的发现不仅揭示了海水组成的稳定性，而且为海洋科学的研究提供了重要的理论基础。

二、主要营养盐及其循环过程

田间的作物依靠肥料而枝繁叶茂，海洋中的生物也依靠营养盐而生机勃勃。营养盐在海洋中不停地经历着循环。在海洋上层阳光照耀之处，浮游植物利用营养盐繁茂生长，它们制造的有机物成为海洋生物重要的营养来源。这些有机物或在重力作用下缓缓下沉，或在海流作用下发生混合，最终去往幽暗深邃的无光层。在有机物不断迁移的过程中，分解者们将这些有机物不断降解，以营养盐的形式释放、反馈到海水中去。这些营养盐通过混合与扩散，重新回到上层海洋，再次成为浮游植物生长的源泉，周而复始，生生不息。

人们对海水中营养盐组成的探索，已有百年的历史。其中最广为人知的便是1958年由美国海洋学家阿尔弗雷德·克拉伦斯·雷德菲尔德（Alfred Clarence Redfield）提出的、因他得名的 Redfield 比值，即海洋中由浮游植物构成的生源颗粒物中碳、氮、磷含量的平均比值相对稳定，约为106：16：1。[1] 这一比值揭示了海水化学组成与生物过程之间存在的密切关系，同时意味着浮游植物在生长过程中，基本上按照这一比值摄取营养盐。当海水中的氮磷比小于16：1时，浮游植物的生长受到氮的限制；反之，则受到磷的限制。

海洋蕴藏着自然界最为细腻而巧妙的平衡之力——自我调节。当海水中氮缺乏时，一群"能工巧匠"——固氮微生物，悄然登场，它们以"寡味"的氮气为食，将其转化成"可口"的含氮化合物；而当海水中氮过剩时，另一群生命体——反硝化细菌，则扮演起清理者的角色，它们以富余的氮营养盐为媒，将氮元素吐纳回大气。

然而，工业革命以来，人类因生产生活需要，向水体中排放了大量的营养盐。随着百川入海，这些过量的营养盐打破了海洋中营养盐组成的微妙平衡，给海洋生态环境带来了巨大的负担，最终引发了藻华的肆虐（图2-1）。人类活动对海洋营养盐循环及生态环境的影响，可能是未来很长一段时间内需要面对的生态问题。

图 2-1　藻类大量繁殖形成藻华

三、痕量元素及其对生态环境影响

除含量相对丰富的常量元素，海水中还存在一些浓度极低（小于50 nmol/kg）、主要为金属元素的痕量元素。它们主要通过大陆径流和大气沉降的方式悄然进入海洋，部分在海洋中通过被颗粒物吸附、被生物利用或是以与其他元素结合形成沉淀的形式从海水中迁出。由于这些痕量元素各自独特的化学性质和循环路径，它们在海水中的分布呈现出极大的差异，有的在整个水体中分布均匀，有的则在海水的不同深度呈现出截然不同的浓度。

尽管痕量元素的浓度极低，但它们在海洋生物的生长与代谢过程中扮演着不可或缺的角色，如广泛参与生物体内蛋白质合成、催化生化反应等。尽管铁元素在海水中的浓度仅约为1 nmol/kg，但对浮游植物的生长起到至关重要的作用。有海洋学家大胆设想，若对缺乏铁元素的海域补充铁元素，或许就能刺激浮游植物的生长，进

铁施肥，灵丹妙药还是饮鸩止渴？

约翰·霍兰德·马丁（John Holland Martin）是一位著名的海洋学家，他实现了海水中痕量元素的准确测定，并开创性地将海洋中极其微量的铁元素和兆吨级别的海洋碳储库联系起来，为海洋化学的研究乃至气候变化的应对提出了新的视角。1980年代末，马丁注意到：地球上有一部分海洋虽然富含营养盐，但生物相对缺乏（这部分海区如今被称为"高营养盐低叶绿素海区"，即high-nutrient low-chlorophyll region，简称HNLC海域）；在这些海域，大气向海洋补充的铁量相对较低。依据这些现象和他于1989年在南大洋进行的实验，马丁提出了著名的铁假说（iron hypothesis）：HNLC海域的生物活动受到铁的限制，若向这些海域添加铁营养盐，浮游植物就能利用过剩的营养盐迅速成长，进而增强这些海域通过光合作用吸收二氧化碳的能力，降低大气中的二氧化碳浓度。同时，被吸收的二氧化碳中有相当一部分以颗粒物的形式沉降到海洋深层，在数千米深处停留百年以上，实现长期的碳封存，一定程度上能够减轻当前人类面临的气候变化危机[3]。他大胆宣称："给我半车皮的铁，我就能带来一个冰期。"过去的30余年里，各国科学家对铁假说进行了许多探索。他们逐渐意识到，铁施肥在唤醒海洋生机的同时，也可能埋下生态危机的隐患。浮游植物吸收二氧化碳的同时，却也无意间释放更多强效温室气体（如甲烷与氧化亚氮），部分抵消铁施肥的碳汇效应。铁施肥，这一被寄予厚望的潜在"地球工程"（geoengineering）手段，如今仍不成熟，它的每一步前行，都伴随着科学家们的深思熟虑与谨慎探索。

图 2-2　铁施肥示意图

而增强这些海域吸收二氧化碳的能力，为缓解日趋严峻的全球变暖进程贡献一份力量。这就是铁施肥假说（图2-2）。

海洋对痕量元素的响应也并非全然积极。在微妙的浓度平衡间，部分金属元素犹如双刃剑，适量时滋养生命之绿，过量时则化身为抑制微生物欢歌的毒霜。回望历史长河，铅汽油的广泛使用如同往自然界中掷下一枚枚黑色棋子，大量的含铅微粒游离于大气之中，最终沉降入海洋的怀抱，昔日清澈的蔚蓝被染上几分灰暗。更为严重的是，部分有毒性金属随着食物链不断在生物体内富集，可能对人类的健康和安全构成威胁。日本水俣病事件便是这一悲剧的深刻写照。水俣病患者的痛苦与挣扎，如同警钟长鸣，提醒着我们：对环境的漠视和不当排放，终将反噬人类自身，带来无法挽回的灾难。

四、海水中的气体及其气候效应

在地球遥远的过去，大气曾是一片混沌，还原态酸性气体（如甲烷、硫化氢等）织就了厚重的迷雾，氧气则如稀世珍宝，难觅其踪。然而，在30多亿年前，浩瀚无垠的海洋就孕育出了最早的具备光合作用能力的微生物，它们以慷慨之姿，向大气倾注大量氧气，进而推动了远古苍穹向现代大气的蜕变。海洋，是塑造大气组成的关键力量。

而今，大气由常量气体和微量或痕量气体构筑。这些气体主要通过海洋和大气的交界面进入并溶解于海洋。例如，大气中氧气会溶解于海洋表层，与光合作用产生的氧气共同供给海洋中的生物活动。不同气体的溶解程度判若云泥，因而海水中溶解气体的组成与大气存在一定的差异。例如，二氧化碳极易溶于海水，使得其在海水中的相对含量远高于大气，构成海水的缓冲体系，使海洋生物得以免受环境波动的影响。此外，海水的温度和盐度也会影响气体的溶解程度，高温和高盐均不利于气体的溶解。

据世界气象组织《2023全球气候状况》报告，2023年是人类历史上有记录以来最热的一年。这一年，极端温度引发了多地的干旱和热浪，随之而来的热射病等高温疾病，造成了百万人流离失所和数千人死亡。全球变暖问题日益严峻，其根源则是人类活动产生的温室气体在大气中不断积累。

在众多能造成温室效应的温室气体中，二氧化碳（CO_2）、甲烷（CH_4）、氧化亚氮（N_2O）是目前全球三种最主要的元凶。与工业革命前相比，它们在大气中的含量分别增加了约50%、160%和25%。二氧化碳是最为人所熟知的温室气体，如果从衡量不同温室气体对全球变暖相对贡献的角度来看，其全球增温潜能（global warming potential，GWP）值为1，而甲烷和氧化亚氮的100年GWP值则分别高达20～25和280～310。面对这一严峻形势，多个国家已开始研究海洋"负排放"技术，以去除温室气体。海洋，或许将成为未来缓解甚至逆转温室气体持续增加趋势的潜在重要空间。

五、海洋碳汇碳源格局

海洋，作为地球气候的重要调节器，不仅能吸收大气中的二氧化碳形成"碳汇"，亦能释放二氧化碳成为"碳源"。工业革命以来，海洋已吸收约30%的人为源二氧化碳，这一数据彰显其在全球碳循环中的重要角色。海洋通过多种途径吸收二氧化碳（图2-3），如通过物理过程（气体溶解和水团输运）和生物过程（如浮游植物的光合作用和生源颗粒沉降）实现对大气中二氧化碳的吸收和储存。对于物理过程，二氧化碳的溶解在低温的高纬度海域（如北大西洋和南极海域）尤为高效，而在高温的中低纬度海域则效率一般。此外，高纬度海域在冬季还会因为低温导致表层水携带丰富的二氧化碳下沉至千米以深，进一步提高了这些海域封存碳的效率。在生物过程中，浮游植物通过光合作用将二氧化碳转化为有机碳，而有一类浮游植物（如颗石藻）还能将二氧化碳与钙离子结合形成钙质外壳，这些有机和无机颗粒物能够快速沉降至深海，实现在百年尺度上的二氧化碳封存。但与此同时，海洋中的微生物也会将大部分有机物重新分解变回二氧化碳，因此对于存在深层水上涌的海域，这些二氧化碳会被重新释放回到大气。

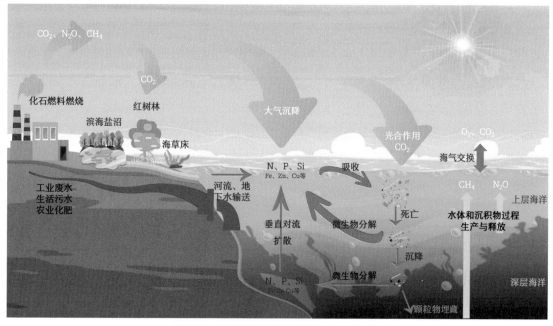

图2-3 包括碳循环在内的海洋生源要素循环

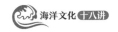

受河流、地下水和大气沉降等过程的影响，近岸海域往往具有较高的生产力，是重要的碳汇热点。在全球探索增加海洋碳汇、应对气候变化的进程中，近海以其碳源汇特性和蓝碳潜力引起广泛关注。黄海、渤海、东海和南海北部陆架是重要的碳汇，而南海海盆则是较弱的碳源。[4]

值得一提的是，近岸分布的红树林、海草床和滨海盐沼等生态系统尽管在全球的覆盖面积不足海床的0.5%，植物生物量也只占陆地植物生物量的0.05%，却储存了超过50%的海洋碳，因此合称为"三大滨海蓝碳生态系统"。我国蜿蜒曲折的海岸线上广泛分布着红树林、盐沼和海草床，总面积达1738～3965 km²，据《中国蓝碳蓝皮书2024》，这三大滨海蓝碳生态系统的年二氧化碳汇量为126.88万～307.74万吨。

第二节　风起浪涌

在浩瀚无垠的蓝色星球上，海洋以其深邃、广阔与神秘，成为地球上最为壮观的自然奇观之一。海洋覆盖了地球表面70.8%的面积，是地球上最大的活跃系统之一。海洋就像是地球的蓝色心脏，海水处于不断运动当中，我们熟悉的海浪和潮汐并非其唯一的运动形式。在大洋中，海水不间断环流，既有表层环流，也有深海处较慢的环流。海洋的这些运动过程对于周期性的气候异常——厄尔尼诺和拉尼娜现象也有一定影响，并会引发诸如台风这样的极端天气现象。因此，海洋调节着全球气候，维持着地球生态平衡。此外，海洋还蕴藏着丰富的生物资源、矿产资源和生物基因资源，以及取之不尽的潮汐能、波浪能等可再生资源。作为研究海洋运动规律及其与周围环境相互作用的学科，海洋动力学是理解海洋奥秘的关键钥匙。

海水之所以流动，是因为它受到风、潮汐等因素的驱动。究其根本，太阳辐射和天体引潮力是海水动力的主要能量来源。为使海洋的能量和动量不持续增加，需要以某种形式的耗散或阻尼来平衡来自风和潮汐的能量输入。随着观测和模拟技术的发展，人们已认识到海洋是一个典型的多尺度耦合的动力系统，海水的运动在时间和空间上都呈现出多尺度过程的特征。除了已经提到的大尺度环流和潮波，还有中尺度涡旋、亚中尺度过程（如锋面和涡丝等）、海洋内波、海浪以及小尺度湍流等。尽管这些动力过程在时空尺度上千差万别，但在复杂的海洋系统中，它们之间发生相互作用，并以此传递能量。因此，深入认识和探究海洋动力过程及其影响效应，是理解海洋和气候系统的关键。几十年来，物理海洋学家一直试图理解这个系统性难题的基本原理：海洋环流如何被驱动，能量又如何耗散，以及海洋动力学如何将不同尺度的强迫和耗散联系起来。其中，研究能量如何从大尺度向小尺度传递（即能量的正向传递）是当前海洋动力学和能量学研究的前沿方向之一。因此，海洋动力学的每一个细节都值得我们探究，从而得以揭示海洋那些不为人知的秘密。

一、风生环流

在海洋动力学的广阔舞台上，风生环流无疑是最为耀眼的明星之一。当我们站在海边，感受海风拂

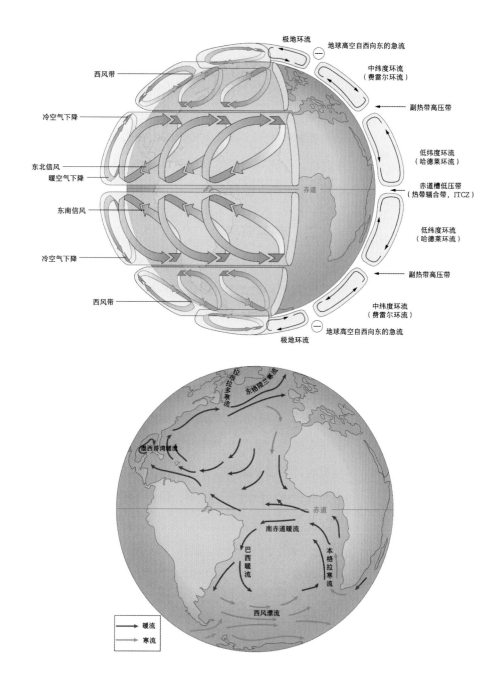

图2-4 大洋风生环流示意: 大气环流及风系（上）、大洋风生环流及流系（下）

面时, 或许未曾意识到这股力量正悄然驱动着海洋深处的巨大环流。风生环流, 正是由风力驱动形成的海洋大规模环流系统。风, 作为自然界的强大力量, 通过切向摩擦力将能量传递给海洋表面, 形成风应力。这股力量推动海水流动, 形成最初的海洋流动。然而, 地球的自转并不允许这样的流动直线前行, 它产生的科里奥利效应（即地球自转偏向力或科氏力）使得海水流动发生偏转, 最终形成了复杂而有序的海洋环流系统, 也是海洋与大气相互作用的重要表现形式（图2-4）。在北半球, 科里奥利效应会使海水流动向右偏转; 在南半球, 则向左偏转。这种偏转使得海水流动不再沿着直线前进, 加上陆地的影响就形成了环流。例如, 北半球的北大西洋海流和南半球的西风漂流, 都是风生环流的典型代表, 它们不

仅调节着全球气候，还通过热量和物质的输送，对海洋生态系统产生深远影响。

风生环流的形成是一个复杂的过程，它涉及风应力、科里奥利效应、海水密度差异、海底地形等多种因素的相互作用。除上述风应力和科里奥利效应，海水密度的差异也会导致海水在垂直方向上的分层和流动，而海底地形的变化则会影响海水的流动路径和速度。这些因素的共同作用，使得风生环流呈现出复杂多变的特征。

二、热盐环流

如果说风生环流是海洋表层的舞者，那么热盐环流则是深海的隐士。它依赖于海水温度和盐度的差异，在垂直方向上驱动着深层海水的流动。在热带地区，海水因加温和降水而变得温暖且低盐；在极地和高纬度地区，海水则因冷却和结冰而变得寒冷且高盐。高盐度海水在北大西洋沉降，在深海中不同特性的海水混合是缓慢的，深海中水团盐度等特性会长时间保持稳定，因此每个深海水团都会携带其下沉前的特性。分析海洋不同深度海水的取样，就有可能拼凑出热盐环流的基本模态：从北大西洋沉降后的海水在海洋深处向南流，围绕南极洲流动，然后分成两支，分别流入印度洋和太平洋，与上层较暖的海水混合，重新流入表层流中，最后较暖的表层流流回大西洋。热盐环流涉及所有大洋，称之为"大洋传送带"，特定质量的海水要经过大约1000年才能完成一次循环。热盐环流对全球气候系统的长期稳定性至关重要，它像海洋的"恒温器"，在全球范围内输送热量和调节气候。

三、海洋涡旋

中尺度涡旋是海洋动力学中的重要成员，在全球海洋中普遍存在，并作用于所有尺度的运动。其在水平方向直径有100～300 km、垂向上可从表层影响到近1000 m深，这类旋转流体结构寿命可达2～10月。根据旋转方向，这类"天气式"海洋涡旋可以分为两类：一类是气旋式涡旋（在北半球为逆时针旋转），可将下层冷水带到上层海洋，使涡旋内部的水温比周围海水低，又称冷涡；另一类是反气旋式涡旋（在北半球为顺时针旋转），其中心海水自上而下运动，携带上层的暖水进入下层，涡旋内部水温高于周围水体，又称暖涡。

涡旋的形成、发展和消散过程，不仅影响着海洋生态系统的结构和功能，还参与着海洋与大气之间的能量和物质交换。新近的研究发

航海史的传奇：哥伦布与海洋环流

在探索海洋的征途中，人类始终与海洋环流紧密相连。哥伦布就是一位善于利用海洋环流的航海家。他深知海洋环流对于航行的重要性，在向西航行开辟新航路的过程中巧妙地利用了大西洋上的盛行风和洋流来推动船队前进。尽管哥伦布的初衷是寻找一条通往印度和中国的更短航线，但他意外地发现了美洲大陆。这一壮举不仅改变了世界历史的进程，也让我们看到了海洋环流在航海中的重要作用。

科学家的洞察：富兰克林与墨西哥湾流

除了航海家，科学家们也对海洋环流产生了浓厚的兴趣，美国著名科学家本杰明·富兰克林就是其中的佼佼者之一。作为一位多才多艺的科学家和政治家，富兰克林在研究气象学时对墨西哥湾流产生了浓厚的兴趣。当时同样是从英国到美国，英国船长通常需要比美洲船长多花费两个星期的时间。这引起了富兰克林的注意。究其原因，是从英国到美国的航程中，会遭遇一股强大的东向洋流，经验丰富的美国船长会选择向南航行以避其锋芒，而英国船长则通常选择逆流而上。据此，富兰克林绘制了北大西洋洋流图，并将墨西哥湾附近强大的洋流命名为湾流。他通过观察和分析发现墨西哥湾流不仅带来了温暖的海水，还深刻影响着北美东海岸的气候。富兰克林的这一发现为后来海洋动力学的研究提供了宝贵的线索和启示。

现在海洋天气形成过程中，发挥核心作用的中尺度涡旋可能比过去认为的更为重要。涡旋大小不一，涡旋的大小决定了其对气候的影响能力。研究人员虽然早已了解涡旋的存在，但对于其作用以及气候变暖影响的定量化信息仍然有限。尤其是，由于算力所限，当前大部分气候模型的分辨率无法精准刻画海洋涡旋，从而难以精确刻画海洋与大气之间的相互作用。

四、潮汐和潮流

1. 认识潮汐与潮流

潮汐现象是指海水在天体（主要是月球和太阳）引潮力作用下所产生的周期性运动，习惯上把海面垂直方向的涨落称为潮汐，而海水在水平方向的流动称为潮流。[5]

潮汐的作用在全世界的海洋中普遍存在，在近岸尤为明显。潮汐运动对海岸线和沿岸生态系统有着重要影响，同时也是海洋能量和物质交换的重要途径。潮汐的规律受到地理位置、地形地貌和天文等多种因素的影响。

潮汐可根据周期特征大致分为半日潮、全日潮和混合潮三种基本类型。若陆地不存在，并且月球绕地球的赤道平面运行，那么每天引力和公转惯性离心力合力的作用扫过整个地球面，便会在各地产生两次相等的高潮及两次相等的低潮，即半日潮。而实际上，月球的轨道与赤道平面之间有夹角，因此世界上很多地区的潮汐类型并非都是半日潮。一些地区一天内仅有一次高潮和低潮（全日潮），也有很多地区一天内出现1~2次周期、潮差大小不等的潮汐（混合潮）。

2. 潮汐静力理论

对以上现象的理解，是基于潮汐静力理论。根据牛顿万有引力定律，假设下列条件：（1）地球为一圆球，其表面完全被等深的海水所覆盖，不考虑陆地的存在；（2）海水没有粘滞性，也没有惯性，海面随时与等势面重叠；（3）海水不受地转偏向力和摩擦力的作用。在这些理想化的条件下，地球受月球和太阳的引力作用，以及地球公转惯性离心力共同影响，形成潮汐。

因建立在客观存在的引潮力之上，潮汐静力理论可以简单明了地解释潮汐的基本成因和周期性，潮汐变化周期与实际基本相符，最大可能潮差与实际大洋的潮差相近。利用潮汐静力理论和实测资料，可

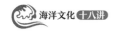
以用调和分析方法进行较为准确的潮汐预报。

然而，潮汐静力理论也有不少局限性。其主要缺点包括：（1）脱离实际地假定整个地球完全被海水包围，与实际情况相差较大；（2）浅海、近岸地区的潮差与理论结果相差较大；（3）没有考虑海水运动，假设海水没有惯性与实际不符，并且无法解释潮流这一重要现象；（4）忽略了科氏力，无法解释宽海湾的一些海洋现象，如无潮点；（5）现实中赤道和许多低纬度海区也有日潮出现，与理论不符。

3. 潮汐动力理论

针对潮汐静力理论存在的缺点，前人从海水运动观点出发，讨论在引潮力作用下潮汐的形成问题，进而建立了潮汐动力理论。潮汐动力理论的基本思想是从动力学观点出发来研究海水在引潮力作用下产生潮汐的过程。此理论认为：（1）只有水平引潮力是重要的，铅直引潮力和重力相比非常小，故不重要；（2）海洋潮汐实际上是指海水在月球和太阳水平引潮力作用下的一种潮波运动，即水平方向的周期运动和海面起伏的传播；（3）海洋潮波在传播过程中，除引潮力外，还受海陆分布、海底地形、科氏力和摩擦力等因素的影响。潮汐动力理论可以简洁明了地解释海洋潮波在长海峡、窄长半封闭海湾以及半封闭宽海湾中的传播情况。

基于潮汐静力理论和潮汐动力理论这两个基本理论，可以对海洋潮汐有基本的理解。

五、海浪

海浪是海洋中水体的扰动，其将能量从此处传到彼处。它由海表的风引起，让船只上下颠簸，并最后在沙滩上以浪花的形式消失。潮汐可以被视为一种特殊的波浪。

通过摩擦和压力作用，风能被传送至海面，形成波浪。随着风力的不断增强，平滑的海面慢慢变得崎岖不平。首先会形成涟漪，接着形成稍大的波浪，叫作"三角浪"。波浪继续发展，其大小取决于3个因素：风速、风时和风区（风覆盖的区域）。当海浪在当前的风速和风区条件下达到最大时，海面可以说是"充分发育"的。海浪的总体状态可以用有效波高来表示，即将某一时段连续测得的波高序列从大到小排序，取前三分之一个波高的平均值。

在风区，会产生许多组波长不同的浪，它们彼此相互干扰。当它们传播到风区之外，波浪的大小和间隔会变得更加有规律。因为在开阔的海区，水深通常较大，波浪的传播速度跟波长密切相关。不同组的波浪以不同的速度传播，因此自然按照波长彼此区分开来：最大、最快的在前面，较小、较慢的在后面。这就产生了一种规律的波浪模式，叫作"涌浪"。涌浪是一系列比较大、距离均等的波浪，通常在导致其产生的风暴以外数百千米处能看到，其波长范围从几十米到数百米不等。有时，不同风暴所产生的波浪相互干扰，形成异常巨大的畸形波。由风产生的波浪在开阔海面传播时会保持恒定速度，其速度在到达浅水区之前不受深度影响。当波浪靠近岸边，它们便开始与海床相互作用，这令波浪变缓，并使一系列波浪的波峰聚到一起，这被称为浅水作用。波浪的周期不变，但随着每个波浪蕴含的能量被挤入更短的水平距离，波浪的高度随之增加，当波峰太过陡峭时，发生翻卷，最后破碎，形成碎浪。

风浪不仅塑造了海岸线的形态，还通过破碎、耗散等方式将能量传递给海洋内部。同时，风浪也是海洋与大气之间相互作用的重要媒介，它们通过蒸发、降水、热交换等过程，调节着地球的气候系统。在海洋动力学的研究中，风浪的观测和分析对于理解海洋与大气之间的相互作用具有重要意义。

第三节　海与大气

　　大气是地球系统中与海洋联系最为密切的伙伴。尽管两者具有相近的流体运动规律，但与大气相比，海洋的质量和比热容都非常大，使其能够储存更多的热量。这种海洋与大气的热惯性差异，使得海洋成为大气系统的重要缓冲器。从较大时空尺度而言，海洋的存在对全球与区域气候起到了至关重要的塑造与调节作用。海洋通过洋流运动将热量从低纬输送到高纬地区，实现了全球热量的再分配，有助于维持全球气候系统的平衡，大尺度海气相互作用在全球气候模态的形成中扮演着不可替代的角色。从较小的时空尺度而言，海洋对天气的影响同样不容忽视。低纬温暖洋面上形成的热带气旋，一路移动发展，最终可能给陆地带来伴随狂风暴雨的剧烈台风天气。可以毫不夸张地说，海洋是大气活动最重要的调制器。本节也将带领读者一起，循着从气候到天气的顺序，探寻海洋究竟如何影响大气活动。

一、厄尔尼诺与拉尼娜

　　沿着南美洲的西海岸，秘鲁寒流一路向北。海表南风的持续吹拂导致下层的富营养冷水上涌，从而给当地秘鲁鳀的生存提供了得天独厚的环境。丰富的鱼类资源养活了大量的海鸟，它们的粪便产生富含磷酸盐的沉积物，强有力地支持了当地的化肥工业。从大气与海洋到生态与人类的稳定链接由此建立。

　　然而在临近年尾时，时常有一股营养匮乏的热带暖流向南入侵，取代了营养丰富的寒冷表层水，导致秘鲁鳀减产。由于这种情况经常发生在圣诞节前后，当地居民称其为厄尔尼诺（El Niño，西班牙语意为圣婴、男孩）。当这种偏高现象持续几个月以上时，对当地渔业与相关链条产业的打击是巨大的。这种热带东太平洋海温持续异常增暖的现象，被称为厄尔尼诺事件，平均每2～7年发生一次，持续时间在9个月至2年不等[6]。与此相反，人们把热带东太平洋海温异常偏低的现象称为拉尼娜（La Niña，西班牙语意为女孩）事件。

　　厄尔尼诺与拉尼娜事件是大尺度海气相互作用最典型的代表之一。我们以厄尔尼诺为例说明，为什么热带东太平洋海温会出现异常偏高的现象呢？在正常气候态下，热带太平洋东南或东北信风从东太平洋高压吹向印尼附近的低压系统。这支自东向西的信风带走了表层的海水，下层冷水便上涌补位，由此维持热带太平洋西高东低的海表温度分布以及热带西太平洋较厚的暖水层。然而每隔几年，东太平洋高压的减弱，导致赤道东风减弱，从而使东太平洋冷水上涌减弱，海表温度由此升高。值得注意的是，这种热带东、西太平洋气压中心高低变化的跷跷板效应，就是我们常说的南方涛动（Southern Oscillation）[7]。由此可见，厄尔尼诺或拉尼娜事件的发生，与大尺度大气环流的变化密不可分。由于厄尔尼诺和南方涛动相伴出现，这种大尺度海气耦合现象通常被称为厄尔尼诺－南方涛动（El Niño - Southern Oscillation，即 ENSO）[8]。

　　正常气候态下，赤道东风将温暖海水向西吹、冷水沿南美洲海岸上涌，维持热带低层大气的纬向环流，

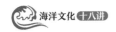

也即沃克环流（Walker Circulation）[9]。当厄尔尼诺发生时，赤道东风减弱甚至逆转为西风，温水向南美洲吹送，冷水不再上涌而使海洋变暖，此时太平洋东西气压亦随之变动，即南方涛动，原有的沃克环流被破坏，上升支出现在赤道中太平洋。当拉尼娜发生时，赤道东风增强，加剧冷水沿南美洲海岸上涌，东太平洋海表温度降低，沃克环流增强（图2-5）。

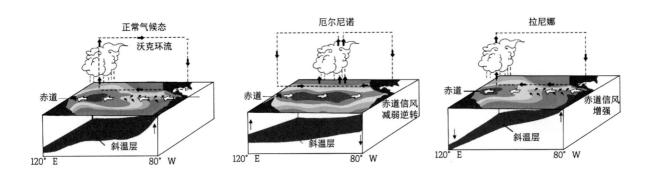

图 2-5　厄尔尼诺与拉尼娜事件的概念图

如此大范围的海温改变，带来的不仅是局地海洋与大气的改变，更对全球的天气与气候造成影响。厄尔尼诺或拉尼娜的出现使得热带地区的大气环流（沃克环流）发生了根本性变化，又进一步通过热带与热带外大气相互作用，影响距离相对较远的中纬度地区。通常而言，在厄尔尼诺事件出现以后，秋冬季节东南亚、南美、澳大利亚、美国西海岸等地会发生干旱，存在较高的森林大火风险。而对于我国来说，厄尔尼诺事件的发生有可能增加北方暖冬概率并使南方降水有所增强。

二、台风：海洋孕育的强风暴

台风是形成于热带或副热带海洋的强低压中心，往往伴随强烈的气旋性环流与螺旋降水雨带，是世界上最强烈的风暴之一。实际上，这种形成于世界各地的热带气旋（tropical cyclone），在不同地区被冠以不同的名称：在西北太平洋生成的被称为台风，在西南太平洋和印度洋生成的被称为气旋，而在大西洋与东太平洋生成的则被称为飓风（图2-6）。

大多数台风形成于纬度5°～20°的热带海洋，其中西北太平洋形成的热带气旋最多，平均每年20余个。值得注意的是，虽然在热带海洋上每年有很多低压扰动出现，但只有少数能最终发展成台风的程度。根据国际上的通用定义，台风低层中心的最大平均风速须达到32.7 m/s（也即12级风力），成熟台风的直径的变化范围在100～1500 km之间，从台风边缘到中心的气压下降有时可达到6 kPa[10]。巨大的压力梯度，形成了台风独有的螺旋状结构，并在风暴中心形成相对稳定的台风眼；台风的风速从外围到中心，呈现先增加后减小的趋势，台风最内层的眼墙处，往往是风速最大的所在。

在成为一个真正强大的风暴之前，台风经历了怎样的成长过程呢？台风的婴儿期，始于温暖洋面上的雷暴云团，也即热带扰动。这些初始雷暴云团将海洋的水汽和热量输送到大气，在水平气压梯度力和科氏力的影响下，开始有组织地旋转起来，形成热带低压，在北半球呈逆时针旋转，在南半球呈顺时针旋转。

图 2-6　卫星视角下的热带气旋

随着低压中心增强，外围空气旋转着流向中心，风力也开始增强，云系形状变得更圆，开始长出风眼，形成热带风暴，最终增强为一个"合格"的台风（图2-7）。热带海洋作为孕育台风的"摇篮"，通常洋面海表温度需要达到26.5 ℃以上，温暖的洋面通过向初始雷暴提供充足的水汽与能量，对台风的形成起到至关重要的作用。

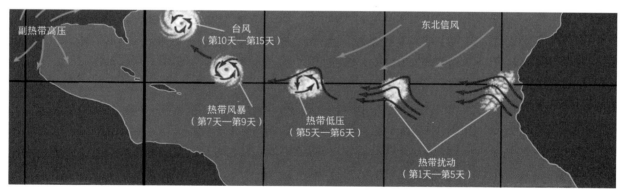

图 2-7　台风的成长史（从最初的热带扰动到成熟台风形成需要十余天）

台风是最具破坏性的自然灾害之一，台风在登陆区域附近带来大风、暴雨、强对流天气与风暴潮的同时，也往往会在外围与其他天气系统相互作用，给距离台风中心较远的地区带来暴雨等灾害性天气，因此影响范围往往不局限于移动路径附近。值得注意的是，尽管台风的灾害性十分显著，却也在缓解干旱、维

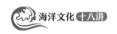

持全球水循环与地气系统能量平衡方面起到重要作用。

海洋和大气，是地球上古老而又永恒的舞者。在无尽的岁月中，它们彼此交织、相互依存，编织出一幅幅波澜壮阔的生命画卷。然而，当超强台风频频肆虐、厄尔尼诺与拉尼娜交替上演时，我们不禁要深思：这对舞者是否正用独特的方式在向我们发出呼唤与警示，提醒我们珍视呵护这片蓝色星球？尽管海洋与大气的运动变化万千，但始终不变的是对人类敬畏自然、保护地球的期盼。

思考题

1. 在全球变暖的背景下，热带气旋和 ENSO 的活动会发生怎样的变化（如强度、频率等方面）？
2. 风生环流具有什么特征？空间上是否呈现对称的环流结构？
3. 海洋中尺度涡旋如何影响大气、调节局地或全球气候？
4. 人为源营养盐经由河流和大气输入近海和开阔大洋，其对近海和开阔大洋产生的潜在影响有何不同？
5. 如何看待铁施肥等地球工程对全球气候变化的潜在影响？

参考文献

[1] Redfield A C. The biological control of chemical factors in the environment[J]. American Scientist, 1958, 46(3): 205-221.

[2] Lovelock J. Gaia:the living earth[J]. Nature, 2003, 426: 769-770.

[3] Martin J H. Glacial-interglacial CO_2 change:the iron hypothesis[J]. Paleoceanography, 1990, 5(1): 1-13.

[4] Dai M H, Su J Z, Zhao Y Y, et al. Carbon fluxes in the coastal ocean: synthesis, boundary processes and future trends[J]. Annual Review of Earth and Planetary Sciences, 2022, 50: 593-626.

[5] 冯士筰,李凤岐,李少菁. 海洋科学导论 [M]. 北京：高等教育出版社，1999: 208.

[6] Lutgens F K, Tarbuck E J. 气象学与生活 [M]. Tasa D, 绘. 陈星，黄樱，译. 12th ed. 北京：电子工业出版社，2016: 170-173.

[7] Trenberth K E. El Niño[M]//Trenberth K E. The changing flow of energy through the climate system. New York: Cambridge University Press, 2022: 180-196.

[8] Ahrens C D. Meteorology today: an introduction to weather, climate, and the environment[M]. Calgary: Cengage Learning Canada,2009: 243-244, 276-277, 410-437.

[9] Bjerknes J. A possible response of the atmospheric Hadley circulation to equatorial anomalies of ocean temperature[J]. Tellus A: Dynamic Meteorology and Oceanography, 1966, 18(4): 820 - 829.

[10] Lutgens F K, Tarbuck E J. 气象学与生活 [M]. Tasa D, 绘. 陈星，黄樱，译. 12th ed. 北京：电子工业出版社，2016: 246-264.

● **本讲作者：白晓林、杨进宇、张慕容**

第三讲　蔚蓝生机

"蓝色星球"上的蔚蓝海洋，是地球生命的起源地与重要演化舞台。如果将地球的46亿年历史看作一天的24小时，那么其中有大约17小时甚至更长的时间，生命演化主要是在海洋中进行的。远古海洋见证了许多重要的演化里程碑式事件。如今，海洋生物的种类非常丰富，由于遗传性和适应能力不同，不同的海洋生物在海洋中具有不同的分布区域。其中一些海洋生物成功适应了极地、深海等极端生境。这些奇妙的海洋生物不断适应各自的生境，改造着生境，创造出丰富多彩的生态系统。

第一节　远古海洋中的生命历程

约4亿年前的泥盆纪早中期，未来将形成中国华南地区的沿海滩涂上，一条样貌怪异的鱼扭动着身躯，依靠强壮胸鳍的支撑，笨拙地爬离即将干涸的潮池。在精疲力竭之前，这条鱼终于回到了大海的怀抱。尽管如今的它仍不能完全离开海洋，但在接下来的岁月里，它的后代将离开海岸线，在陆地上生存繁衍，演化出千姿百态的蝾螈、蛙蟾、蛇蜥、飞禽、走兽以及我们人类。

让我们将地质历史的时针拨回到更古老的岁月，回顾远古海洋中的生命历程……

一、海洋——生命摇篮

"遂古之初，谁传道之？上下未形，何由考之？"人类对万物起源、发展过程的好奇心由来已久。生命作为地球上最为独特的事物之一，亦引发了人类的想象、探索与研究。千百年来，人类超越自身局限性，对生命起源这一宏大课题的思考不曾停止。

生物化学使人类认识到生命的物质本质。20世纪前叶，科学家提出了生命起源的"化学起源说"，这一假说随后得到了充分的发展并被普遍接受。化学起源说认为，地球上的生命是在地球温度逐步下降以后，在极其漫长的时间内，由非生命物质经过一系列复杂的化学过程，一步步演变而成的。这一过程被称为化学演化。因假设的生命起源环境不同，化学起源说下还分为火山热池起源、浅海起源、深海热液起源等多种假设，其共同点在于认为水环境在化学演化过程中发挥了重要作用，而海洋，特别是深海，为化学演化提供了潜在的适宜环境。

细胞的出现标志着生命史从化学演化阶段迈入生物演化阶段。化石作为生命在地层中留下的直观存在证据，是还原生物演化过程的重要证据。在近40亿年前至十余亿年前的地层中，化石记录了单细胞生物、

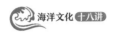

真核生物、多细胞生物在海洋中陆续出现的过程。

二、曲折前进的海洋生命演化之路

生物的演化受到自然环境的制约，但同时也反过来对地球大环境产生着影响。在蓝细菌等早期自养生物进行的光合作用过程中，氧气作为副产品被释放，经过数亿年的积累，从根本上改变了大气组成。在蓝细菌之后，海洋中陆续出现的绿藻等光合生物也发挥了海洋初级生产者的生态功能，并先于动物演化出较大的体型与复杂的多细胞结构。

在适宜气候、高氧含量与丰富营养物质等因素的共同作用下，动物在埃迪卡拉纪（约6.35亿～5.38亿年前）的海洋中迎来了一次重要发展。此时动物的极限体型虽已超过1 m，但成体的运动能力较差，多以固着或平摊方式依附于海床，且细胞缺乏分化。

埃迪卡拉动物群消亡后，在寒武纪的很短一段时间里，现生动物的各个门（phylum）基本齐备，且出现了大量难以归入现生门的灭绝类群。在此期间，动物的属种多样性增长，体型激增，躯体结构趋于复杂化，眼睛、牙齿、甲壳、附肢、神经节、脊索等重要结构初具雏形。动物门类爆发式演化的这一过程，被称为"寒武纪大爆发"[1]。

如果说寒武纪大爆发建构起了地球上生命之树的主干和枝杈，那么"奥陶纪大辐射"就是使这棵大树进一步枝繁叶茂的过程。奥陶纪时期，构造运动的活跃以及珊瑚礁等生物礁（图3-2）的发育，形成了复杂的海底地形，相对隔离、各具特色的海洋小环境有助于生物的辐射演化与新物种的形成，动物因此在奥陶纪期间趋于多样化。

好景不长，欣欣向荣的生命遭遇了自寒武纪大爆发以来最惨重的一次灭绝事件——奥陶纪大灭绝事件，全球海洋中约有85%的物种灭绝[2]。此后数百万年，支离破碎的海洋生态系统陆续恢复，海洋生命史以惨痛的形式翻开了新的一章。

纵观寒武纪大爆发以来的生命演化史，包括奥陶纪大灭绝在内的5次大灭绝事件对海洋生态系统进行了多次洗牌，其间穿插的诸多中小型灭绝事件也参与了海洋生态的重塑。在灭绝与辐射的交替中，海洋生命逐渐形成了如今的样貌。

三、登上陆地与重返海洋

与生机勃勃的寒武纪、奥陶纪海洋相比，同时期的陆地尽显荒

巴斯德的鹅颈瓶实验

煮沸肉汤，
杀死其中的微生物

静置一段时间，
瓶中不产生微生物

打断细管，
静置一段时间

倾斜瓶身，
使肉汤与弯管处微生物接触
静置一段时间

瓶中长满微生物　瓶中长满微生物

图3-1　鹅颈瓶实验示意

"自然发生说"曾是人类对于生命起源的普遍解释，它认为生命从非生命物质产生，且这一过程在当下较小的时间尺度内是可以被观测的。随着科学的发展，自然发生说遭到质疑，其中，微生物学家巴斯德于19世纪中叶设计的"鹅颈瓶实验"是最著名的案例（图3-1）。巴斯德采用了鹅颈瓶这一特殊容器作为实验装置。这种玻璃瓶的瓶口带有弯曲细管，空气可通过开口的弯管缓慢进入瓶中，但空气中的微生物滞留在细管的内表面，不易进入瓶内。巴斯德将瓶中作为微生物培养基的肉汤煮沸，杀死其中已有的微生物，在冷却静置后，瓶中不产生微生物。若将弯管打断或使肉汤与弯管处微生物接触，短时间内瓶中即长满微生物。该实验证明微生物不能从肉汤或空气本身自然发生。

图 3-2　江西玉山奥陶纪生物礁化石

凉：强烈的紫外线照射着大地，岩石裸露于地表，几乎没有土壤，远离水体的动植物很容易死于暴晒与脱水。

1. 陆地生命的先驱

最早的陆地生命是什么？匮乏的化石记录很难回答这一问题。从今天能观测到的生态演替过程推测，地衣可能是陆地生命的先驱。地衣附着在岩石表面生长，通过物理或化学途径加速岩石风化、促进原始土壤产生，为植物的登陆提供了有利条件。

陆地植物的最早化石证据始于约4.7亿年前的奥陶纪中期，多样的孢子化石说明类似苔藓的植物彼时已经登上陆地且初具多样性[3]。如今，从低矮的苔藓到参天的松杉，从精巧的蕨叶到鲜艳的花朵，都是那批登陆者的后代。植物的登陆具有重大的生态意义，它们为其他生命涉足陆地提供了食物与庇护所。昆虫等节肢动物尾随植物登陆，搭建起了最早的陆地生态系统。

2. 登上陆地的鱼

从演化的角度来说，鱼类（林奈分类法体系下的圆口纲与鱼纲）是几支古老脊椎动物的统称，并在一定程度上代表了脊椎动物的原始形态。诸如脊椎的形成、颌的出现以及脊椎动物的登陆等演化里程碑事件，正是由鱼形脊椎动物达成的。

关于鱼类登陆的具体过程，古生物学家提出了许多假说。其中与海洋相关的一种假说认为，受困于潮间带潮池中的鱼类需要适应缺氧的水体、强烈的日照、在陆地上的短暂移动以及逆境中的应激，经过长期的自然选择，有助于登陆的特征陆续出现在这些鱼类身上。鱼类登陆关键时间节点前后的化石证据与古潮汐模拟支持了这一假说：在这些"登陆预备队"生活的年代与地区，高潮位与低潮位之间的潮差较大，随大潮潮水进入较高位置潮池的鱼类可能要等到下一次大潮时才能脱困[4]。面对这样的生存压力，更适应陆地的物种与个体，其生存概率大大提高。同时，陆地植物与无脊椎动物构筑的生态系统也为新的登陆者搭建了新的舞台。在多种因素的"推"与"拉"之间，肉鳍鱼类中的一支代表脊椎动物登上了陆地，创造了

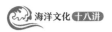

此后近4亿年的演化传奇。

3. 海洋爬行类的辉煌

登陆后的脊椎动物在之后的1亿多年内，先后演化出了两栖类、爬行类、鸟类、哺乳类的祖先与远亲，占据了从水滨到荒漠的多种陆地环境。2.5亿年前的二叠纪中晚期，地球上发生了自寒武纪以来最惨重的生物灭绝事件——二叠纪末大灭绝事件。根据化石记录估计，超过90%的海洋物种与超过70%的陆地脊椎动物物种消失 [5]。

海洋生态的"大洗牌"给一些幸存者创造了新的机遇。随着三叠纪初期海洋生态的复苏，众多徘徊于海岸的爬行类纷纷下海谋生，其中的佼佼者当属鱼龙类与鳍龙类——长达1.5亿年的岁月里，海洋中都有它们的身影。从三叠纪晚期开始，恐龙与翼龙统治着陆地与天空，鱼龙、鳍龙（蛇颈龙及其近亲）以及姗姗来迟的沧龙（蛇与蜥蜴的近亲）游弋于海洋（图3-3），直到约6600万年前，一颗小行星的撞击终结了地球生命史上令人神往的"龙的时代"。海洋爬行类在白垩纪–古近纪灭绝事件中损失惨重，仅有海龟一脉幸存并延续至今。

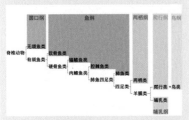
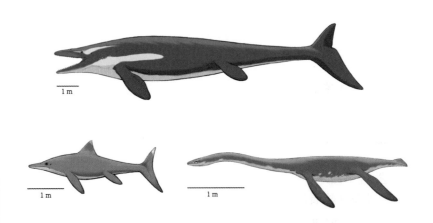

图3-3 普通鱼龙（*Ichthyosaurus communis*，左下）、长颈蛇颈龙（*Plesiosaurus dolichodeirus*，右下）、霍氏沧龙（*Mosasaurus hoffmanni*，上）（它们是人类较早认识到的古生物，其化石发现于18世纪末至19世纪初）

4. 新的海洋居民

白垩纪–古近纪灭绝事件同样是一次"大洗牌"，哺乳动物以及恐龙的后裔——鸟类在此后快速发展，蛇类、蜥蜴与鳄类也很快恢复。丰富的海洋资源吸引了这些幸存者。一些适应潜水觅食的海鸟彻底放弃飞行，其翅膀演化为划水的"桨"，企鹅便是最著名的案例；几支哺乳动物在机缘巧合下先后进入海洋，最终演化成鲸豚、海牛与包括海狮、海豹、海象在内的鳍足类；在更晚近的年代，蛇类、鳄类和蜥蜴再度下海，分别演化出海栖程度不一的海蛇、湾鳄与海鬣蜥。

通过回顾陆地生物重返海洋的演化史，不难想象，广袤而富饶的海洋在未来仍将迎来新的陆地"移民"，与海洋中的"土著"一起，共同奏响海与陆的生命协奏曲。

第二节　海错琳琅

腔棘鱼是一个古老的鱼类分支。早在脊椎动物向陆地进发时，我们的这些鱼类"表亲"就已经游弋于海洋和河流。它们在泥盆纪末与二叠纪末的大灭绝中幸存，在"龙的时代"与鱼龙、鳍龙、沧龙同游。随着约6600万年前那颗陨石的落地，腔棘鱼的化石记录消失于地层中[6]。幸运的是，深邃的海洋珍藏了这一生命演化史上的宝贵遗产，腔棘鱼的一支——矛尾鱼在印度洋被人类重新发现。

海洋正是这样一个神奇的空间，承载着地球的过去和现在，从热带到极地，从浅海到深渊，空间上大尺度的跨越为各类生命提供了极其丰富又相对稳定的环境条件，可谓是"生命的庇护所"。

一、海洋：物种的宝库

1. 生物分类系统

地球上生物种类繁多，比较流行的生物分类系统有三域系统（图3-6）、六界系统等。三域指细菌域、古菌域和真核生物域。最近也有研究将真核生物看作是古菌的一个分支[7]。

据《中国大百科全书》，动物界已知的37门中，有34门有海生物种，其中栉水母动物门、帚形动物门、动吻动物门、腕足动物门、棘皮动物门和毛颚动物门等完全由海生物种组成。相比之下，陆地环境中仅有18门动物。植物界的16门中，生活于海洋中的也达13门。①截至2024年12月，世界海洋物种名录（World Register of Marine Species）网站所收录的海洋生物有效种共有247161种②。此外，每年仍有大量的海洋生物新物种被科学家识别或发现。

---

① https://www.zgbk.com/ecph/words?SiteID=1&ID=112187&Type=bkzyb&SubID=100261
② https://www.marinespecies.org/aphia.php?p=stats

神奇的矛尾鱼

图3-5　矛尾鱼标本

1938年的南非沿海，一条长约1.5 m、尾呈矛状、鱼鳍粗壮的"怪鱼"被捕捞出水。在东伦敦博物馆馆员玛乔丽·考特尼-拉蒂默（Marjorie Courtenay-Latimer）女士的牵线搭桥下，鱼类学家詹姆斯·史密斯（James Smith）对这条鱼进行了研究，确认它属于一个当时被学界认为已灭绝的鱼类类群——腔棘鱼，并将这种鱼的属名命名为 Latimeria（中文习惯称其为"矛尾鱼"或"拉蒂迈鱼"），以纪念拉蒂默女士的贡献。[8]

矛尾鱼（图3-5）一般栖息于深度超过100 m的礁岩洞穴中，过着昼伏夜出、节奏缓慢的生活。在如今的地球上，2种矛尾鱼和6种肺鱼是仅存的鱼形肉鳍鱼类。它们的解剖结构、行为模式以及遗传特质有助于我们了解脊椎动物登陆的历程。

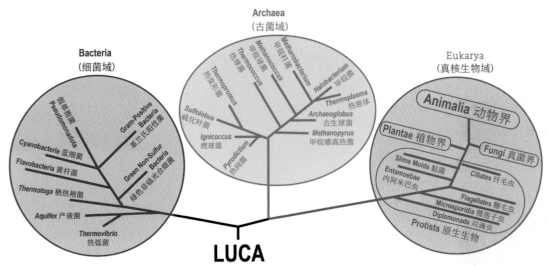

图 3-6　生物的三域系统（LUCA 即 the last universal common ancestor，所有物种在分化之前最后的一个共同祖先）

2. 缤纷的海洋生物门类

在无尽的海洋中，每一个门类都有其独特性，共同构成了海洋生态系统的组成部分。下面我们将一同探索一些主要的海洋动物门类，了解它们的奇妙之处。

在漫长的地质历史长河中，现代海洋动物的祖先们为了适应复杂多变的海洋环境，身体构造不断演化，形成了从简单到复杂的多个门类，包括多孔动物、栉水母动物、刺胞动物、扁形动物、纽形动物、轮形动物、线虫动物、曳鳃动物、毛颚动物、环节动物、软体动物、节肢动物、帚形动物、腕足动物、苔藓动物、棘皮动物、半索动物以及脊索动物（尾索动物亚门、头索动物亚门、脊椎动物亚门）。其中环节动物、软体动物、节肢动物和棘皮动物4门是目前最繁盛的四大类群。

环节动物门（Annelida）是一种常见的动物类群，包括海生的多毛纲（Polychaeta）、星虫目（Sipuncula）以及陆生或淡水的环带纲（Clitellata）等。据统计，目前海洋环节动物约14000种，其中多毛纲的多样性最高，有超过80科12600种，是潮间带、浅海乃至深海最常见的类群之一（图3-7）。多毛类具浮游、底表、底内、穴居或管栖等多种生活方式。

软体动物门（Mollusca）是动物界中仅次于节肢动物的第二大类群。据统计，海生软体动物约51800种，因大多数种类有贝壳，所以又被称为贝类。软体动物分为无板纲（Aplacophora）、单板纲（Monoplacophora）、多板纲（Polyplacophora）、掘足纲（Scaphopoda）、腹足纲（Gastropoda）、头足纲（Cephalopoda）和双壳纲（Bivalvia）7纲（图3-8）。腹足纲是其中分布最广的类群，在海洋、淡水水域、陆地均有分布。

节肢动物门（Arthropoda）是动物界中最大的一门，包括海产的虾、蟹，已灭绝的三叶虫及陆生或淡水的昆虫等。据统计，海生节肢动物约59000种，包括甲壳动物亚门（Crustacea）等5亚门，大部分属于甲壳动物亚门；其中软甲纲占70%左右，包含糠虾目、涟虫目、等足目、端足目、磷虾目、十足目、口足目等（图3-9）；而十足目、端足目和等足目则占软甲纲种数的90%以上。

图 3-7　常见的海洋环节动物

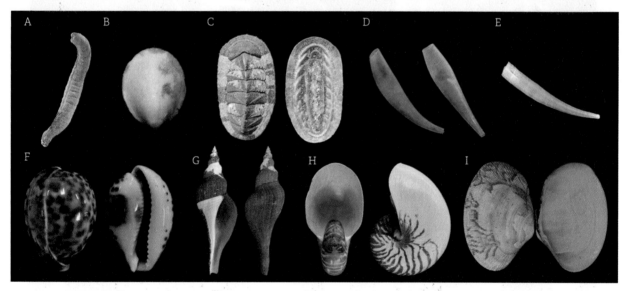

图 3-8　常见的海洋软体动物门类（A.无板纲；B.单板纲；C.多板纲；D、E.掘足纲；F、G.腹足纲；H.头足纲；I.双壳纲）

棘皮动物门（Echinodermata）是较高等的海洋无脊椎动物，据统计现存7600余种，而化石种则达到13000种。棘皮动物门包含3亚门，分别是海星亚门（Asterozoa）、海胆亚门（Echinozoa）和海百合亚门（Crinozoa）（图3-10）。其中，海星亚门包含海星纲（Asteroidea）和海蛇尾纲（Ophiuroidea），海胆亚门包含海胆纲（Echinoidea）和海参纲（Holothuroidea），海百合亚门包含海百合纲（Crinoidea）。

此外，海洋中还存在着大量其他生物门类（图3-11），比如单细胞的原生动物（Protozoa），仅具二胚层的刺胞动物门（Cnidaria），最早出现三胚层且两侧对称的扁形动物门（Platyhelminthes），伸缩性极强且能伸出长吻捕食的纽形动物门（Nemertea），在地质时代极其繁盛但现生仅400余种的腕足动物门（Brachiopoda），全部海生、具有触手冠的帚形动物门（Phoronida）以及结构复杂、演化地位较高的脊索

图 3-9　常见的海洋节肢动物门类

（A~I. 软甲纲［A. 糠虾目；B. 涟虫目；C. 等足目；D. 端足目；E. 原足目；F. 磷虾目；G、H. 十足目；I. 口足目］；J、K. 鞘甲纲）

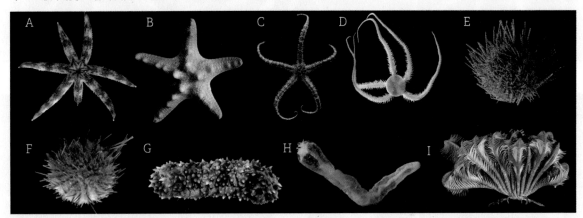

图 3-10　常见的棘皮动物门类（A、B. 海星纲；C、D. 海蛇尾纲；E、F. 海胆纲；G、H. 海参纲；I. 海百合纲）

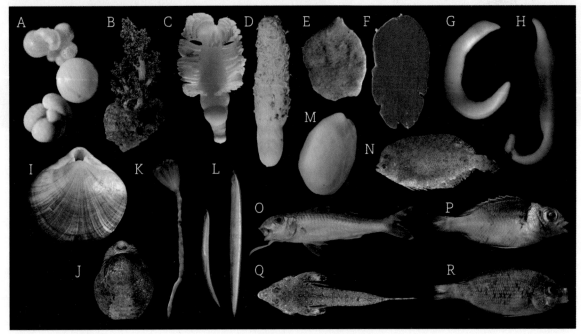

图 3-11　其他常见的海洋生物类群

（A. 原生动物；B~D. 刺胞动物；E、F. 扁形动物；G、H. 纽形动物；I、J. 腕足动物；K. 帚形动物；

L~R. 脊索动物［L. 头索动物亚门；M. 被囊动物亚门；N~R. 脊椎动物亚门］）

动物门（Chordata）等。除了人们所熟知的动物类群，一般认为海洋生物还包括海洋爬行类、海洋鸟类和海洋哺乳动物等。

二、极端生境下的多样生物

1. 极地生物

北冰洋的冷水环境中生活着许多独特的生物（图3-12），例如世界上最大的水母——狮鬃水母（*Cyanea capillata*，直径可达1.8 m）和唯一可栖息在浮冰上的熊——北极熊（*Ursus maritimus*）。此外，还有海雀、小海雀、海鸠等鸟类及海象（*Odobenus rosmarus*）、白鲸（*Delphinapterus leucas*）、一角鲸（*Monodon monoceros*）等哺乳动物。《北极海洋物种名录》（The Arctic Register of Marine Species, ARMS）中记录了5162个物种，包括动物4564种、色藻界566种、植物界32种，其中超过90%是在浅海底栖生境中发现的。北冰洋底栖生物中占主导地位的是甲壳类（约1500种，如螃蟹、龙虾等），其他重要类群有环节动物（约493种，如多鳞虫、叶须虫等）、软体动物（约448种，如鱿鱼、章鱼等）和苔藓动物（约285种，如草苔虫等）。随着研究的深入，在北极海域预计将发现更多的新记录物种。

图 3-12　北冰洋哺乳动物（左上：白鲸；左下：海象；右：北极熊）

南极洲和南大洋在数百万年间形成了极具多样性和独特性的生物资源。目前在南大洋已描述的无脊椎动物大约有8000种，一些动物类群（如海蜘蛛、多毛类和等足类等）的大部分物种分布于南大洋。据估计，整个南极陆架有多达17000种的海洋生物。随着研究手段的增加和研究范围的扩充，这一数目可能还会进一步增加。

南大洋近岸底栖生物多样性很高，包括大量无脊椎动物种类，以及绵鳚、银鲛、鳕鱼、盲鳗和鳐鱼

等鱼类。南大洋冰冷的海水中还聚集着至少11种企鹅,凶顽强悍但受严格保护的贼鸥,唯一以温血动物为食的海豹——豹海豹(*Hydrurga leptonyx*),可以深潜长达1小时、潜水深度达580 m的威德尔海豹(*Leptonychotes weddellii*),以及在两极海洋中都有分布的顶级捕食者——虎鲸(*Orcinus orca*)(图3-13)。

图3-13 两极海洋哺乳动物(左:捕食白眉企鹅的豹海豹;中:威德尔海豹;右:虎鲸)

南大洋与印度洋、太平洋和大西洋南向的暖表层水交汇处有利于浮游植物(如硅藻和其他单细胞植物)的生长,对整个南大洋的初级生产力具有重要贡献。海冰覆盖面积的增减对南大洋海洋生物,尤其是浮游植物的初级生产力具有重要影响。

全球气候变暖对生物圈的影响受到越来越多的关注。研究表明,南大洋海洋生物是高度狭温性的,绝大多数物种的最高致死温度都在10 ℃以下。然而,全球气候变化导致的温度升高已经超出了许多生物的耐受范围。因此,我们必须重视全球变暖所导致的生物多样性丧失,并采取有效的方法和措施来应对这一问题。

2. 深海生命

在辽阔的大洋区域,根据水深可以将海水划分为上层带(0~200 m)、中层带(200~1000 m)、深层带(1000~4000 m)、深渊带(4000~11000 m)四层。一般将1000 m以深的区域称为深海。据估计,深海生物种数超过1000万种。由于深海环境具有高压、低温、无光等特征,深海生物普遍演化出了能够适应深海环境特征的能力。大部分深海环境生产力不高,其生物多样性普遍很低。奇妙的是,深海中同样也存在着"海洋绿洲",其中生存着种类繁多、数量惊人的奇特生物。

深海中的"海洋绿洲"包括热液、冷泉和鲸落等。在热液和冷泉区,化能合成(chemosynthesis)过程是支持这些独特生态系统的基石,同时也是独立于光合作用(photosynthesis)的一种全新的生物能量获取方式。在这些生态系统中,化能合成作用支撑起了多样性和丰度都很高的大型动物群落。热液区生存着数量多且寿命长的环节动物巨型管虫,以及身体细长的安氏暖绵鳚(*Thermarces andersoni*)、大西洋中脊的盲虾(*Rimicaris exoculata*)、身披铁化合物鳞片的鳞足螺(*Chrysomallon squamiferum*)等。冷泉区栖息着成片分布的棘刺拟峭壁管虫(*Paraescarpia echinospica*)、原始的多孔动物海绵、身具铠甲的长刺石蟹(*Lithodes longispina*)、形如水滴的光滑隐棘杜父鱼(*Psychrolutes inermis*)等。鲸落作为鲸类动物的"墓地",为其他深海生物提供了丰富的有机物和必要的能量来源,同样支撑起了丰富的海洋动物群落,例如以鲸骨为食的环节动物喜鲸架神女虫(*Sirsoe balaenophila*)、形似蟹类的拟刺铠虾(*Munidopsis* sp.)等。

深海中热液、冷泉等化能合成生态系统的物种以浮游幼虫等形式沿洋中脊系统扩散,进而能广泛分布于各大洋。而鲸、鲨等大型生物遗骸可能在化能合成动物群落的迁移和扩散中起到重要的"跳板"或"踏脚石"作用。不过,过度捕猎已导致这些海洋巨兽濒临灭绝,必然已对深海生态系统造成了不可估量的影响。

第三节 多样的生态

正如从太空遥望地球所看到的一样,我们的地球是一颗蓝色的"水球":海洋不仅覆盖了地球表面70.8%的面积,平均深度更达到了3800 m,在空间上是陆地和淡水中的生命存在空间的300倍[9]。相差如此之大,原因在于陆地和淡水水域不论是在面积还是深度上都和海洋相去甚远:陆地和淡水空间中能为大多数生命利用的主要是地面、淡水水域和少量空域,但海洋就不一样了,除了海底,水层是大多数海洋生物的家。这些海洋生物与海洋环境之间相互影响、相互作用,通过物质循环和能量流动形成了统一的整体——海洋生态系统。

那生物如何适应环境?不同物种之间存在怎样的种间关系?生物又会如何改变环境?……

现在就让我们走进丰富多彩的海洋生态系统。

一、海洋生物与环境的共同体——海洋生态系统

地球上拥有丰富多样的生物物种,不论生活在陆地还是海洋,这些物种都无法以单一个体独立存在。同一物种在一定的时间、空间内会形成集合体——种群;而在相同时间内聚集在这一空间的所有生物种群又会有机地形成一个更大的集合体——群落;当生物群落与相应的环境条件结合在一起,就形成了生态系统,这些生物与环境在这一系统中相互联系、相互制约,物质和能量在其中进行转化和传递并具备自动调节机制。

雌雄"融为一体"的深海鮟鱇

图3-14 身上附着雄鱼的霍氏角鮟鱇雌鱼

1917年5月,一艘拖网船在冰岛南部120 m深处捕获了一条1米多长的霍氏角鮟鱇(*Ceratias holboelli*),生物学家发现它身上附着两条体型很小的"幼鱼"。在后续对霍氏角鮟鱇的研究中,鱼类学家发现所谓"幼鱼"其实是附着在雌鱼身上的雄鱼(图3-14)。迄今为止,类似现象已经在多种深海鮟鱇中被记录,它们中的雄鱼依靠敏锐的感官寻找到体型相对巨大的雌鱼后,暂时性或永久性地寄生在后者身上。在最极端的情况下,两者的皮肤、肌肉与血管发生融合,雄鱼的消化与感觉器官退化,变成雌鱼身上一个专职提供精子的"挂件"。这一现象是对幽暗深海中择偶困境的极端适应,其中涉及的组织融合过程也为免疫学提供了有趣的课题。

1. 海洋生态系统的特点

海洋环境与陆地环境迥然不同，它们之间最大的差异就是水层的存在（图3-15）。不同于陆地的空气，海水不仅提供给生命所需气体和液体，还为生物提供了浮力；海水的浮力让许多海洋生物可以消耗极为有限的能量就能在水层中摆脱重力的束缚，轻盈地运动，让它们可以分布到水层的任何空间，而不用像飞鸟、蝴蝶等少数陆生生物一样需要付出体力进行的有限飞行；摆脱了重力的束缚，也让生物的体型上限可以大幅提升，这也造就了地球上最大的（单体）动物——蓝鲸。根据生活习性、运动能力及所处海洋水层环境和底层环境的不同，海洋生物可分为浮游生物、游泳动物和底栖生物。

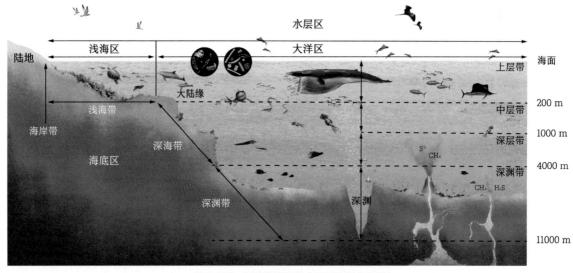

图 3-15　海洋生物分区（不反映真实比例）

海洋的另一个特点是它的连通性：不同于陆地被海洋分割，整个海洋是一个流通的整体。纬度的不同带来不同的太阳辐射，在与自然的长期博弈中，现生海洋动物形成了北极冷水区、北太平洋温水区、北大西洋温水区、印度洋－太平洋暖水区、大西洋暖水区、南方暖水区和南极冷水区的区系分布；深度的变化影响着光照、温度和压力，大洋区中生物在大洋表层、大洋中层、深海和深渊区的物种分布和生物量变化差异巨大。

虽然存在分布区限制，但种群的增长和分布范围的扩大是物种繁衍的趋势。海水的流动性为这样的扩散行为提供了良好的物理条件，但多变的海洋地形限制了许多生物的扩散。对大陆架浅水区底栖生物而言，广阔的深海是难以逾越的鸿沟，它们很难在不长的浮游幼体阶段跨越深海；对深海底栖生物而言，大洋中的海底山脉则是巨大的障碍。

随着人类活动逐渐深入海洋，一些海洋物种的分布也发生了改变，特别是大航海时代以来，愈加繁忙的海上航线为海洋生物的扩散提供了便利，它们或附着在船体上（如藤壶、牡蛎等）、匿藏在船舶压舱水中（如甲藻的休眠孢囊）悄无声息地旅行，抑或被人类有意携带作为养殖对象扎根新世界（如原产大西洋西岸的眼斑拟石首鱼，图3-16）。

图 3-16　俗称"美国红鱼"的眼斑拟石首鱼（*Sciaenops ocellatus*）

2. 海洋初级生产过程以及主要影响因素

　　"万物生长靠太阳"，这是人类对生命的基本认识。与陆地一样，海洋中的植物通过光合作用吸收太阳光的能量，利用环境中的无机物合成有机物完成自身的生长和繁殖，这就是海洋初级生产过程。

　　太阳光作为海洋初级生产的源头，也是其最大的影响因素，直接影响光合作用的强弱。当太阳光进入海洋后，光照强度随深度的增加而降低；但在不少自然海区，光合作用最旺盛的并不在表层，因为表层光强过大会对光合作用产生抑制作用（图3-17）。

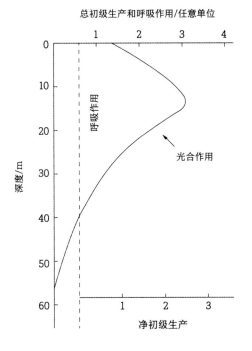

图 3-17　中纬度海区晴天的初级生产与深度的关系

图3-18　五彩斑斓、门类繁多的浮游动物

　　浮游生物（plankton）是在水流运动的作用下，被动地漂浮于水层中的生物群。其体型一般很小，必须借助显微镜或解剖镜才能看清它们的构造（图3-18）。浮游生物中也有一些较大型的动物，如水母类、甲壳类、被囊类等。

　　不同于浮游生物的"随波逐流"，鱼类等生活在海洋水层中、具备自由游泳能力的海洋动物被称为游泳动物（nekton）。在海底营底栖生活的海洋生物则被称为底栖生物（benthos），可进一步分为底栖动物与底栖植物等。

　　有趣的是，部分游泳动物和底栖动物会在生命的幼年阶段加入浮游生物的行列，这有利于其种群的扩散。例如著名的与海葵共生的"小丑鱼"——雀鲷科的一些鱼类，它们很少会离开海葵的庇护，甚至产房就设在紧挨着海葵的礁石上。然而，仔鱼孵化后，它就开始随波逐流，远离父母，待发育到幼鱼阶段，再落户到新的海葵身上"常住"。

浮游生物、游泳动物与底栖生物

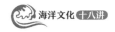

有了能量以后，另一个影响光合作用的因素就是物质。除了利用水和二氧化碳合成碳水化合物，植物还需要利用氮、磷等无机营养盐合成蛋白质、类脂类、核酸等物质，钙、铁、铜、锌、锰、镁等微量元素也是生命活动不可或缺的。这些物质的多寡和比例都会影响海洋的初级生产。

3. 海洋食物链与食物网

当初级生产者吸收太阳能进行有机物合成后，物质和能量通过有序的食物关系逐渐传递到更高营养级的生物，这就构成了食物链。经典的海洋牧食食物链可以概括为：浮游植物→浮游动物→鱼类。由于生物种类和食物关系的多样化，不同的食物链相互交叉又构成了食物网结构（图3-19）。

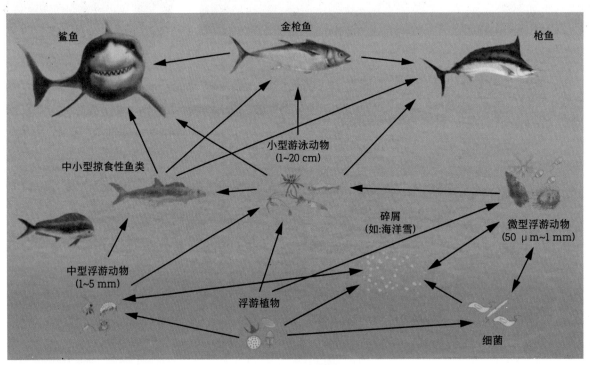

图 3-19　海洋食物网示意

在自然界中，生物对物质和能量的利用无处不在，"浪费"是不存在的。死亡的海洋动植物残体以及海洋动物排出的粪团等颗粒有机物（particulate organic matter，POM）都进入另一条食物链——碎屑食物链；由于碎屑主要来自牧食食物链，二者的关系并非相互独立，而是紧密联系的。

除了碎屑这些颗粒有机物，海洋中还有大量溶解有机物（dissolved organic matter，DOM），它们同样会被生物利用：异氧细菌→原生动物→后生动物。随着海洋微型生物检测技术的进步，人们检测到海洋中存在着巨量与异养细菌大小相似的微微型浮游植物。至此，以异养细菌、微微型浮游植物为起点构成的"微型生物食物网"（microbial food web，MFW）被提出。

二、各有不同的典型海洋生态系统

"万物生长靠太阳"同样适用于大部分海洋，阳光为生活在海洋表层的植物提供了光合作用不可或缺的光能，让它们可以合成有机物，形成初级生产力；海洋中的植物包括浮游植物、共生藻类、大型藻类、水生高等植物等，它们形态差异巨大，摄食它们的次级生产者千差万别，也为其他海洋生物提供了迥然不同的生存环境。

1. 阳光下的"绿色海洋"

从太空观察地球，蓝色的海洋大面积地覆盖在这颗神奇的"蓝色星球"上。在这片苍茫的蓝色中，即使是蓝鲸这样的海洋巨人，也只不过是沧海一粟，难觅踪迹。然而，在太空中却能观察到海洋浮游植物——它们形成超级大的群体，将一片海洋染成绿色。

显微镜的发明，使人类能看清浮游植物等微小生物的形态，并真正认识到海洋中丰富的物产从何而来。浮游植物在海洋的表层吸收太阳光，将海水中的无机物通过光合作用合成转化为有机物，作为自身生长繁殖的养分，在此过程中也释放出氧气。这种营养方式被称为光能自养。浮游植物个体虽小，但总量巨大，发挥着重要的生态作用。一方面，浮游植物贡献了地球上约70%的氧气；另一方面，浮游动物摄食浮游植物，更大的动物摄食浮游动物，物质和能量就通过这样的食物链逐级向上传递，直至鲸鱼、海豹、海龟、鲨鱼等大型海洋生物。人类直接利用的海洋渔业资源，归根结底也奠基于此。

除了微小的浮游植物，海洋中还有其他初级生产者，如大型海藻、海草、红树植物等，海藻场、海草场、红树林等典型海洋生态系统以它们为根基，孕育着不同的生物物种，形成了各具特色的生物群落结构和独特的自然景观。

2. 虫黄藻与珊瑚礁

还有些初级生产者更为特别。虫黄藻藏身于造礁石珊瑚体内，共同创造了另一个绚丽、壮观的生态系统——珊瑚礁生态系统。微小的虫黄藻共生于珊瑚虫内胚层细胞中，珊瑚虫为虫黄藻提供了住所，虫黄藻通过超高效的生物生产为珊瑚提供营养并释放氧气；两者共同在水体环境营养盐有限的条件下创造出海洋生态系统中生物多样性极高的神奇世界。珊瑚虫通过制造碳酸钙骨骼，不断地生长、死亡，形成层层叠叠、逐层向海面生长的珊瑚礁，成为我们现在看到的裙礁、堡礁和环礁。

在这个仅覆盖海底面积0.2%的水下珊瑚城市中，生长着多达800

图3-20 蓝鲸的背面观

蓝鲸（*Balaenoptera musculus*）（图3-20）是现今地球上最大的单体动物，也是地球生命演化史上已知最重的动物。据美国国家海洋哺乳动物实验室数据，经过科学测量的最大的一头蓝鲸长达29.9 m，重达177吨。而现今陆地上最大的动物——非洲草原象（*Loxodonta africana*），大个体的体重接近6吨，仅约蓝鲸的1/30。年代较早或未经科学测量的记录暗示，这还不是蓝鲸的体型上限。

蓝鲸能演化出如此庞大的身躯，与其生存的环境——海洋密不可分。海水的浮力让它不需要像陆地动物那样依赖强壮的四肢支撑身体；磷虾等海洋中高度集群的高营养浮游动物的存在，为它提供了食物基础。

种的石珊瑚，是25%以上海洋生物的家园[1]。珊瑚礁具备复杂多变的空间结构，跟陆地上繁茂的原始丛林一样，为不同的生物提供丰富多样、极度细分的生态位。不同物种间产生了有趣的种间关系：著名的鱼医生——双色裂唇鱼（*Labroides bicolor*）专门为其他鱼类提供清洁服务，以它们身上的寄生虫和坏死的组织为食；刺尾鱼属（*Acanthurus*）、鹦嘴鱼属（*Scarus*）鱼类主要以珊瑚礁区的附着性藻类为食，平衡着珊瑚和藻类的竞争关系；隆头鹦嘴鱼（*Bolbometopon muricatum*）、棘冠海星（*Acanthaster planci*，图3-21）主要以珊瑚为食，对控制珊瑚密度、为珊瑚虫幼体附着提供空间有着重要意义[10]。

图3-21　摄食中的棘冠海星（2024年6月，塔希提岛周边海域）

尽管珊瑚礁生态系统生机盎然，但它抵抗外界环境变化的能力却是非常有限的，其中温度变化对它造成的影响最为显著（造礁石珊瑚最适温度为25～29 ℃）：过高或过低的海水温度让珊瑚虫释放出共生的虫黄藻，出现"白化"现象，如果这一状态短期内得不到改善，珊瑚将因无法获取足够的营养而死亡。

3. 幽暗无光的深海世界

沿着食物链追溯，地球上绝大多数的生物的能量来自阳光。一般情况下，阳光难以进入海面200 m以下的深度，而浮游植物能有效进行光合作用的真光层只能到达80～100 m，这与海洋数千米的平均深度相比可谓是九牛一毛。

没有了阳光为初级生产源源不断地提供能量来源，深海生物只能依靠上层海水沉降而来的食物，抑或另辟蹊径。

在大洋区，上层海洋中不论是初级生产者还是消费者都会以各种形式向深海提供食物。大部分食物在向深海输运的过程中不断被消耗，因而深海生物演化出与浅海生物截然不同的生存技能——生物发光、抗压能力、独特的摄食策略。

上层水体源于光合作用制造的有机物，在垂直输运过程中不断被消耗，真正能到达深海海底的极其有限，除非这个有机物足够大、下沉足够快，比如大型鲸类的尸体。当它沉入深海海底时，一场盛宴即将开

---

① https://www.unep.org/resources/status-coral-reefs-world-2020

始：各种食腐的鱼类、甲壳类纷至沓来（移动清道夫阶段，4~24月），小型动物见缝插针（机会主义者阶段，2~4年），其后残骸还将经历化能自养阶段（可达50年甚至上百年）和礁岩阶段为深海提供特殊的生境。这就是深海的一种特殊的海洋生态系统——"鲸落"（whale-fall ecosystem）。

对深海的探索除了使我们见证深海动物惊人的适应性改变，还为人类对生命起源的认知带来了前所未有的惊喜。

图 3-22　东太平洋海隆的深海热液生态系统

最激动人心的成果出现在1977年2月，一群海洋学家搭乘"阿尔文"号载人深潜器在加拉帕戈斯群岛东北部海底亲眼见证了一片"深海绿洲"：在近2500 m、不见天日的海底，密集分布着数百个白色、棕色的贻贝，这一景象如同孤岛一般与周围贫瘠的海底形成了鲜明的对比。而这一切的基础是细菌，它们或自由生活，或共生在管栖蠕虫、蛤、贻贝等动物体内，利用热液（温度达250~400 ℃）的热量和硫化氢，通过化能合成制造有机物；这些大量聚集的初级、次级生产者又吸引来更多的大型捕食者，构成了一个完整的深海热液生态系统（图3-22），颠覆了人类此前的"生命必须依靠太阳才能生存"的基本认识。

1984年3月，"阿尔文"号在墨西哥湾的佛罗里达深海陡崖又发现了冷泉生态系统（水温仅4.5 ℃），大量的管栖蠕虫、成堆的贻贝出现在载人深潜器的玻璃舷窗外，海底释放出的甲烷为这些生命提供能量和物质基础。此后，在全世界其他海域，更多的热液、冷泉被科学家发现。

海洋中存在着智力超群的海豚，它们拥有精巧的身体结构、高超的声学定位能力和丰富的社会行为；海洋中也有如水螅水母一样结构简单、环境适应性强、再生能力超群的生物，它们的生活史更加令人赞叹。这些奇妙的海洋生物不断适应各自的生境，改造着生境，创造出丰富多彩的生态系统。

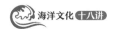

思考题

1. 从分类学角度阐述"人是鱼"和"人不是鱼"各自的合理性。

2. 常见的海洋无脊椎动物门类有哪些？它们之间主要的形态差异是什么？

3. 深海生物是如何适应深海环境的？它们从哪里来？如何扩散？

4. 除了共生，海洋生物之间还有哪些种间关系？

5. 试分析为何物种多样性极高的珊瑚礁生态系统却十分脆弱。

参考文献

［1］ 张兴亮. 寒武纪大爆发的过去、现在与未来 [J]. 古生物学报，2021, 60(1): 12-19.

［2］ Christie M, Steven M, Andrew M. Contrasting the ecological and taxonomic consequences of extinction[J]. Paleobiology, 2013, 39(4): 538-559.

［3］ Bowman J L. The origin of a land flora[J]. Nature Plants, 2022, 8: 1352 - 1369.

［4］ Byrne H M, Green J A M, Balbus S A, et al. Tides: a key environmental driver of osteichthyan evolution and the fish-tetrapod transition?[J]. Proceedings: Mathematical, Physical and Engineering Sciences, 2020(10): 102-112.

［5］ Saito R. Centennial scale sequences of environmental deterioration preceded the end-Permian mass extinction[J]. Paleobiology, 1989, 10(2): 58-65.

［6］ Toriño P, Soto M, Perea D. A comprehensive phylogenetic analysis of coelacanth fishes (Sarcopterygii, Actinistia) with comments on the composition of the Mawsoniidae and Latimeriidae: evaluating old and new methodological challenges and constraints[J]. Historical Biology, 33(12): 3423-3443.

［7］ Doolittle W F. Evolution: two domains of life or three?[J]. Current Biology, 2020, 30(4): R177-R179.

［8］ Smith J L B. A living fish of Mesozoic type[J]. Nature, 1939, 143(3620): 455-456.

［9］ 沈国英，黄凌风，郭丰，等. 海洋生态学 [M]. 3版. 北京：科学出版社，2010: 26.

［10］ Pratchett M S, Caballes C F, Cvitanovic C, et al. Knowledge gaps in the biology, ecology, and management of the Pacific crown-of-thorns sea star *Acanthaster* sp. on Australia's Great Barrier Reef[J]. The Biological Bulletin, 241(3): 330-346.

● **本讲作者：王智、刘炫圻、杨位迪**

第四讲 海洋技术与海洋科考

2020年11月10日8时12分，载有3名潜航员的"奋斗者"号载人潜水器在"地球第四极"马里亚纳海沟成功坐底，下潜深度达10909 m，创造了载人深潜科考新纪录。在这一壮举中，"奋斗者"号不仅要接受高压、寒冷等极端环境的挑战，还需要面临在错综复杂的海底环境中与母船保持通信这一技术难题。"奋斗者"号凭借先进的水声通信技术，成功实现了与潜水器从万米海底至海面的文字、语音及图像的实时传输。

为何"奋斗者"号选择使用水声通信技术作为通信手段？科学家是如何利用海洋中声、光、电信号传输的特点，将其运用于海洋科考，探索未知深蓝的？

第一节 海洋中的声、光、电磁场的特点

一、光的感知及传播特性

出于保障航行安全、寻找鱼群等多种目的，水手和科学家们对测定水的透明度很感兴趣。19世纪中期，意大利天文学家赛克提出用塞克盘（Secchi disk）测量海水透明度的方法，该方法是将一个直径30 cm 的圆盘沉入海中，直至到达刚好看不见时的深度，这一深度便定义为海水的透明度（图4-1）。这一方法因其成本低廉，测量方便而沿用至今，目前已积累了全球超过100万个海水透明度数据。

与大气中通常几千米到几十千米的能见度相比，海水中的能见度仅为其千分之一。进入20世纪，为了进一步探索和开发海洋，科学家们开始深入研究水下光学现象。水下光传播的主要特征包括衰减、散射和折射[1]。

水下光的衰减是指光在海水中传播时强度逐渐减弱。在海洋中光衰减是由于水分子、溶解物质和悬浮颗粒对光的吸收和散射造成的，这也是形成不同光区的主要原因。波长较长的光线（如红光和红外线）

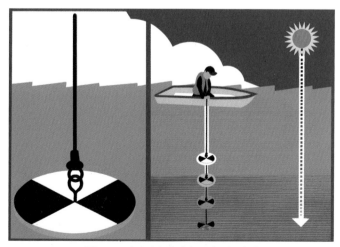

图 4-1　塞克盘与海水透明度测量方法示意

通常在水中20 m以浅就被水分子迅速吸收，而波长较短的光线（蓝光、绿光、紫外线）通常会被溶解性有机物吸收，但对蓝光的吸收效率低于其他颜色的光线，因此蓝光的穿透距离最远，在清澈的海水中通常能达到200 m或更深处。光散射是指当光与水中的颗粒和分子发生作用时，被重新定向到不同方向的过程。

与光的吸收过程不同，散射会改变光的方向，但不会明显改变波长。散射主要由瑞利散射和米氏散射造成，这取决于颗粒相对于光波长的大小。光与介质中尺寸远小于光波长的微小颗粒相互作用时就会发生瑞利散射。瑞利散射的强度与入射波长的四次方成反比，因此较短波长（蓝光）的散射比较长波长（红光）的散射更强，这也是海洋呈现蓝色的主要原因。米氏散射则发生在微粒的半径接近或大于入射光波长时。与瑞利散射相比，米氏散射对波长的依赖性较小，意味着它能更均匀地分散所有颜色的光，导致水下能见度的对比度和颜色降低，尤其在浑浊的水体中更为明显。显然，米氏散射是大多数海洋水域的主要散射机制，尤其在沿海区域、河口和生物生产力较高的海域（颗粒较大、较多）。

折射是光线从一种介质（如空气）进入另一种介质（如海水）时发生的弯曲。在海洋中，当光线在空气和水之间或密度不同的水层之间移动时，就会发生折射，折射程度取决于光进入另一种介质的角度以及空气和水之间的折射率差异。折射率是衡量光线在特定介质中的速度比在真空中的速度慢多少的指标。空气的折射率约为1.0，而海水的折射率约为1.33。这种差异导致光线在进入海洋时发生弯曲。

水体清澈的海域，颗粒较少，光衰减小，同时瑞利散射相对明显，在开阔海域水体呈现蓝色，光线也能够穿透较深的水层（图4-2）。而在浑浊的水域，如河口附近或浮游生物高度集中的区域，光线的衰减率较高，导致光线减弱得更快，同时随着颗粒大小的增加，米氏散射量也会增加，占据主导地位，使海水呈现绿色或褐色，能见度降低。太阳的位置会影响阳光的入射角度，入射角度直接影响光线的折射方式和穿透深度。当太阳直射时，光线以近乎垂直的角度进入海水，折射最小，光线穿透最直接。当太阳在天空中的位置较低时，如日出或日落时分，光线会以较尖锐的角度进入水中，从而导致更明显的折射和更低的光线穿透效率。

图4-2　光在海水中的传播

二、声的感知及传播特性

物质波是指微观粒子（如电子、质子等）在运动时表现出的波动特性。光波作为一种物质波在海洋中的传播衰减迅速，而以机械振动在介质中传播的声波在海水中衰减要低得多。波长同为1 m时，电磁波被海水吸收造成的辐射能量损失是声波的10^6倍。因此，通常在清澈的海水中，光波能够成像的距离约为60~70 m，无线电波在水下通信的距离为60 m左右，激光通信可以达到100~200 m的距离，而水声通信可以超过1 km的距离，这种差异使得声波目前来说是水下远距离传输的唯一有效手段（图4-3）。为此，了解海洋中各种背景噪声，研究声波在海水中的传播特点和规律，对于我们利用声学方法和技术进行海洋研究和开发活动有重要意义。

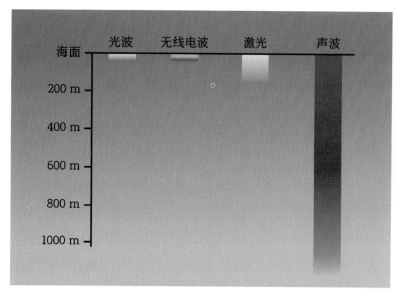

图4-3 依靠各种物质波进行的水下探测距离示意

1. 海洋中声的传播速率

1820年左右，法国物理学家比尤丹特以铃声为声源，在马赛附近测得海水平均声速为1500 m/s。从那时起，人们知道声音不仅可以在水下传播，而且传播得比在空气中还快。

海水中的声速与海水温度、盐度和静压力有关，其中温度是影响海洋声速的最重要因素。在上混合层，水温变化较小，随深度的增加，声速随压力增大而缓慢增大。混合层以下的温跃层内，水温随深度的增加快速降低，声速随深度的增加而减小。温跃层以下，随着深度的增加，压力也会增加，从而压缩海水并提高声速，这种效应在深海更为突出。另外，盐度越大，密度越大，对应的声速也越大，但与温度和压力相比，盐度的影响较小。

2. 海洋中声的传播特征

与陆地上一样，海洋中声波的传播也主要通过声源产生振动，驱动海水介质之间的能量的持续交换形成能量的辐射。在传播过程中由于产生散射损失、吸收损失和扩展损失（又称为几何衰减），声波最终会衰减，淹没在海洋背景环境中[2]。声的扩展损失和吸收损失是影响声波在海水中传播的两个主要机制。这些过程会减弱声波的强度，限制声波的传播范围，影响水下通信和探测。

声散射是影响声波在海水中传播的一个重要现象。当声波与浮游生物、沉积物和气泡等悬浮颗粒相互作用时，声散射就会发生，从而导致声波向不同方向重新定向。海水中的气泡是声音散射的重要原因。

海洋动物的声感知

为适应复杂的水下环境，海洋中的诸多动物演化出了多样的感官系统与感知方式，其中声感知是重要的感知方式之一。

鲸豚类堪称海洋中利用声学感知水下环境的佼佼者。研究表明，历经数千万年的演化，大部分鲸豚物种已具备发出声波与感知声波的能力，形成了完备的生物声呐系统。它们日常通过发出声波进行交流、狩猎或繁殖。

此外，海洋中的许多无脊椎动物，如头足类、甲壳类、贝类、水母、珊瑚等生物也演化出了感觉器官，能够敏锐地感知海洋中的声学振动，从而获取信息，进行栖息地选择与自我保护。

这些气泡可通过破碎海浪、海洋生物和人类活动等各种过程进入海洋。气泡的共振频率取决于其大小和所含气体的特性。当声波以其共振频率遇到气泡时，气泡会振动并将声波散射到各个方向。海洋浮游生物（包括浮游动物和浮游植物）也会散射声波。浮游生物的散射效率取决于它们的大小、形状和成分。较大的浮游生物（如浮游动物）散射声音的效率往往高于较小的浮游生物（如浮游植物）。浮游生物在水体中的浓度也会影响声音的整体散射。海水中的其他悬浮颗粒，如沉积物和有机物，也会散射声波。这些颗粒的散射效率取决于它们的大小、形状和折射率。较大的颗粒往往比较小的颗粒更有效地散射声音，而折射率与海水折射率相差很大的颗粒也可能是有效的散射体。相对于扩展损失和吸收损失，散射损失的作用常忽略不计，因此通常将扩展损失和吸收损失之和作为总的传播衰减损失。

声吸收是影响声波在海水中传播的一个基本过程，它发生在声能转化为其他形式的能量（如热能）时。就海洋吸声而言，可以通过经典吸声和非经典吸声这两种不同机制解释。经典吸声是指由介质（海水）本身的固有特性而吸收声能。这种类型的吸声主要是由于水的黏度和介质的导热性造成的。声波通过海水时，水分子之间的非弹性碰撞会导致能量损失。当声波压缩和膨胀水分子时，热量会从压缩区域传导出去，导致能量损失。经典吸声影响所有频率的声音，但影响一般较小，在频率很高时更为明显（图4-4）。经典吸声是任何介质（包

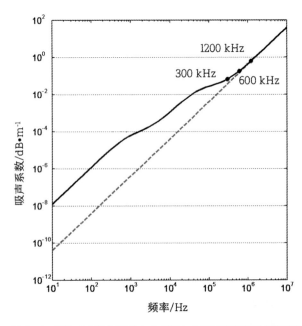

图4-4　海水（实线）和淡水（虚线）中衰减系数与频率的关系

括海水）都会发生的基本过程。它是声音在海洋中传播时所经历的基本能量损失的一部分。非经典吸声是指与介质（海水）本身固有特性无关的额外声能损耗机制，这主要涉及溶解在海水中的某些化合物（如硫酸镁和硼酸）的弛豫过程。这些化合物的分子，会与声波相互作用发生弛豫过程，并在此过程中吸收部分声能。在与这些分子的松弛频率相对应的特定频率上，这种吸收更为明显。海水中的一些化学反应也会导致非经典吸声。例如，硼酸的解离和重组可以吸收声能。非经典吸声具有高度的频率依赖性。例如，硫酸镁主要吸收 10 kHz 至 100 kHz 的声音，而硼酸则更有效地吸收低频声音，通常低于 1 kHz。

除了散射和吸收，几何衰减也会导致声音的衰减。当声波从声源传播出去时，它们会扩散开来，导致声音的强度随距离的增加而减弱。扩散可以是球形的（向所有方向），也可以是圆柱形的（在密闭区域，如声速不同的两层之间）。

海洋中的声折射是水下声学中的一个重要概念，它描述了声波在穿过海洋的不同层时是如何弯曲的。这种弯曲是由于声速的变化造成的，而声速则受到海水温度、盐度和压力的影响。当声波从声速较高的区域移动到声速较低的区域时（反之亦然），声波会发生弯曲。弯曲的程度取决于声速的变化与声波遇到不同声层之间边界的角度。这种弯曲或折射可以产生不同类型的传播路径。声音传播的最简单路径是从声源直线传播到接收器，当然在大多数情况下，海洋环境的变化会导致更复杂的路径。在海洋上层的温跃层中，温度迅速下降，声速也随之降低，导致声波向下弯曲。而在深海中，温度基本恒定，声速随压力的增加而增加，导致声波向上弯曲。在海洋中大约1000 m深处有一个很有趣的水平层，在温度降低和压力增加的共同作用下，声速在这里达到最低，进入该通道的声波会被截留，能以最小的能量损失进行远距离传播，这个通道被称为 SOFAR 通道（sound fixing and ranging channel），又称深海声道轴，它对远距离水下通信至关重要，鲸鱼等海洋动物可利用它进行远距离通信。

三、电磁波感知及传播特性

二战以来，水下探测主要依赖声学探测，各类声呐很好地服务了军事需求。近年来，随着工业生产过程中减振降噪技术的发展，潜艇等水下目标辐射的声学能量已大幅度减小，再加上海洋中的海底、海面反射和折射造成的多径干扰与混响，使得被动声学探测的难度越来越大，而主动声学探测存在易暴露特性。随着人类开发海洋的持续加深与复杂国际形势下的自身战略安全保障，发展水下电磁探测已经成为非声探测手段的重要补充。

电磁波是由同相振荡且互相垂直的电场与磁场在空间中衍生发射的振荡粒子波，是以波动的形式传播的电磁场，它具有波粒二象性。电磁波的范围很广，包括无线电波、微波、红外线、可见光、紫外线、X射线和伽马射线。每种电磁波都有不同的波长和频率。真空中的电磁波都以光速传播，它的波长与频率成反比，能量与其频率成正比，频率较高的电磁波（如 X 射线）比频率较低的电磁波（如无线电波）能量更大。[3]

由于光本身是电磁频谱的一部分，因此光和电磁波在海洋中的衰减、反射、折射和散射受类似物理原理的支配，但不同部分的电磁波谱的波长和频率不同，两者之间也存在一些差异。电磁波（除可见光外）中的低频电磁波（如甚低频/极低频）能更深地穿透海水，有时可达数百米或更多，因为它们的衰减较小。

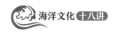

高频电磁波（如微波、紫外线）比可见光吸收得更快，穿透深度很浅，通常只有几厘米。光波和电磁波的反射机制相同，但具体的反射率会因波长和表面或边界的性质而异。电磁波在进入海洋或在海洋中移动时发生折射的程度取决于波长，与短波（如光波）相比，长波（如无线电波）的折射程度较小。低频电磁波（无线电波）穿过不同水层时，折射现象通常没有可见光那么明显，但仍会发生。低频无线电波的散射小于可见光，而紫外线等高频波的散射则更大。

第二节 以声、光、电磁场为基础的海洋应用

2023年11月20日，中国科学院海洋研究所管理的"科学"号海洋科考船从青岛出发，开始为期65天的科学考察任务。航次期间使用多波束测深系统和声学多普勒流速剖面仪（acoustic Doppler current profiler，ADCP）进行了高精度海底地形测绘和海流速度、方向测量，使用高光谱分辨率激光雷达测量了海水光学特性和海底地形，使用大地电磁法设备和可控源电磁法设备探测了海底地质结构，并进行了海底资源勘探。历史上，以声光电磁场为基础的应用技术的发展很大程度上得益于战争的推动。

一、声的应用

声呐的概念最早由法国物理学家保罗·朗之万于第一次世界大战期间提出。其发展历史可以追溯到20世纪初，它最初的开发背景与水下导航、通信以及探测的需求密切相关，在海洋探索和军事应用中发挥了关键作用。在19世纪末和20世纪初，科学家们已经开始对声波在水中的传播特征进行研究。1881年，法国物理学家皮埃尔·居里和雅克·居里兄弟发现了压电效应，这为后来的水下声波探测奠定了基础。压电效应是指某些材料在受到机械压力时会产生电荷，反之亦然，这一效应后来被用于声呐设备中的换能器。

1915年，随着潜艇威胁的增加，英国和法国开始合作研究一种能够探测水下目标的设备。朗之万利用压电晶体（石英）制作了发射和接收声波的设备，通过检测反射回来的声波来确定物体的位置。这种装置成为现代声呐的雏形。虽然早期的声呐设备还比较原始，但已经能够用于探测潜艇和其他水下目标。然而，这些设备的探测距离和精度有限，主要依赖于声音在水中的反射来探测物体。

在两次世界大战之间，声呐技术逐渐得到改进。英国、美国、德国等国家开始投入更多的资源进行声呐研究。1920年代，英国海军推出了第一个主动声呐系统"Anti-Submarine Detection Investigation Committee"（ASDIC），这是现代主动声呐系统的前身。主动声呐通过发射声波并接收其反射波来探测目标。早期的 ASDIC 系统利用低频声波来检测水下物体，尽管探测范围有限，但在当时的反潜战中已表现出一定的效果。

第二次世界大战是声呐技术爆发式发展的时期。随着潜艇战的激烈进行，各国对声呐系统的需求猛增。在战争初期，主动声呐技术得到了改进，探测距离和精度有所提高。英国和美国海军都采用了 ASDIC 技术来对抗德国 U 型潜艇。除了主动声呐，被动声呐（只接收声音，不发射声波）也开始得到重视。被动

声呐能够通过监听水下噪声来探测目标，尤其是在潜艇战中，它能够在不暴露己方位置的情况下发现敌方潜艇。

第二次世界大战结束后，声呐技术继续迅速发展。随着冷战的到来，潜艇战成为美苏海军竞争的焦点，声呐系统也随之变得更加先进。与此同时，它在民用领域的应用也越来越广泛。1950年代，侧扫声呐技术问世，这种声呐可以发射扇形声波，覆盖大范围的海底区域，用于绘制海底

全球定位系统天线

拖鱼

图4-5　侧扫声呐示意

地形和探测水下物体（图4-5）。侧扫声呐在海洋勘探、打捞作业和水下考古中广泛应用。这一时期，地震声波探测技术也逐渐成熟并广泛应用于石油和天然气的勘探。地震勘探使用强大的声波源（如空气枪）在水中发射声波，通过分析声波在不同地质层中的反射和折射，可以用于识别海底的矿产资源，如多金属结核和天然气水合物。1970年代，多波束声呐技术出现，它能够同时发射多个声波束，大大提高了水下地形测绘的速度和精度。这项技术在海洋资源勘探、环境监测和海底电缆铺设等领域具有重要作用。

随着计算机和数字信号处理技术的进步，声呐技术与数字化的结合使得水下图像的实时生成和目标识别变得更加容易。例如，成像声呐技术中的合成孔径声呐，能够生成高分辨率的海底图像，广泛应用于水下考古、海洋资源勘探和军事领域。现代声呐系统开始结合人工智能技术，实现自动化目标识别和分类。这些系统可以在复杂的水下环境中自动识别潜艇、鱼雷和其他威胁，减少人为干预的需求。

声呐技术未来的发展方向包括更高的分辨率、更远的探测距离和更智能的自动化系统。超低频声呐、超高频声呐和3D成像声呐的研究也在进行中，旨在应对更加复杂的水下环境和任务需求。同时随着无人水下航行器（unmanned underwater vehicle，UUV）的广泛应用，声呐技术也将在这些平台上发挥更大的作用，推动海洋探测和研究进入新的时代。

与水下目标探测技术同时发展的还有水声通信技术。水声通信的发展历史是一个从简单的声波传输逐渐演变为复杂的通信网络系统的过程。它的雏形出现在第一次世界大战期间。随着潜艇战术的兴起，海军迫切需要一种能够在水下进行通信的方法。早期的水声通信主要依赖于简单的声波信号，如使用金属锤敲击船体发出声音，以传达信息。

1920与1930年代，声呐技术的出现推动了水声通信的发展，其发射和接收声波的原理同样适用于水声通信。这一时期，研究人员开始尝试使用声波进行简化的数字通信，即通过不同的声波频率或脉冲间隔传递信息。在第二次世界大战期间，盟军开发了用于水声通信的声波设备，能够在短距离内传输有限的

信息。

在美苏争霸的冷战时期，水声通信技术进入高速发展阶段。潜艇作为战略武器的重要性日益增加，水声通信技术因此成为维持潜艇与指挥中心联系的关键。超长波通信技术逐渐兴起，这种技术允许潜艇在潜航时与地面通信，但其数据传输速率较慢，仅能用于发送简单指令和接收基本信息。为了提高数据传输速率和可靠性，研究人员开始探索更高频率的声波通信。使用多载波调制、频分复用等技术，水声通信的性能得到了显著提升。

1970年代，水声通信逐渐进入民用领域，开始在海洋科学和海底资源勘探中得到应用。例如，科学家可以通过水声通信技术控制和获取海底探测器的数据。

进入1990年代，数字通信技术的兴起极大地推动了水声通信的发展。数字水声通信采用先进的调制和编码技术，如差分相移键控（differential phase shift keying，DPSK）、正交频分复用（orthogonal frequency division multiplexing，OFDM）、卷积码（convolutional codes）、Turbo 码（Turbo codes）和低密度奇偶校验码（low-density parity-check codes，LDPC 码）等，使得通信速率和稳定性显著提高。现代水声通信的发展催生了无线水下传感器网络（图4-6）的出现。利用水声通信技术，将多个传感器节点连接在一起，实现大范围的水下环境监测和数据传输。同时现代水声通信系统越来越依赖于自适应技术，即根据环境变化动态调整通信参数（如频率、功率等），以提高通信的效率和可靠性。[4]

在技术创新和对水下环境了解不断加深的推动下，未来的水下声学技术，包括更好的声学传感和成像技术、与人工智能结合的信号处理技术和海洋声学模型，以及更先进的声学定位系统和制导系统等，将取得重大进展。比如，利用超材料和新型压电材料，开发灵敏度更高、工作频率范围更广

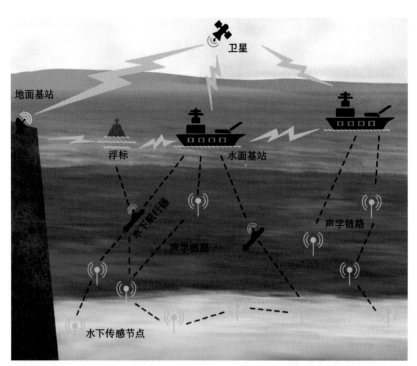

图 4-6　由水中节点、水面移动平台、地面基站以及通信卫星等构成的广义水声通信网络

的声学传感器；三维声呐和声全息技术将更详细、更准确地呈现水下环境和物体；高分辨率的声学显微镜可用于呈现海洋中的物质和生物的微观结构；人工智能技术的引入将加快水声信号处理技术的发展，它在目标探测和降低噪声等方面展现出巨大的优势；同时研究人员也可利用人工智能自适应调制和编码技术，开发更强大、高效的水下声学通信系统。[5]

二、光的应用

长久以来，基于激光和"射线枪"的武器系统一直是科幻小说的主要内容，但随着近年来激光器的稳步发展，激光武器已成为现实。一般来说，激光武器是指用于对抗敌人、功率超过 50 kW 至兆瓦的任何激光。1960年，第一台激光器（红宝石激光器）诞生，功率极小。1965年第一台氟化氢化学激光器诞生，功率为1 kW。随后，1968 年，美国国防部高级研究计划局（Defense Advanced Research Projects Agency，DARPA）的基线演示激光器产生了 100 kW 的功率。1975 年，海军 ARPA 化学激光器（navy-ARPA chemical laser，NACL）产生了 250 kW 的功率。

光学在民用领域同样有着令人着迷的应用，比如水下摄影（图4-7）。1856年，英国摄影师威廉·汤普森将一个装有相机的密封箱浸入水中并通过一根绳子进行操作，拍摄了第一张水下照片。水下摄影的基本原理与一般摄影类似，但由于水的物理性质，水下摄影面临着许多特殊的挑战和限制。比如光线的衰减问题：水下环境中的光线会随着深度增加而迅速衰减，尤其是红、橙、黄等暖色光会被水吸收，这使得水下环境主要呈现蓝绿色调。为了弥补色彩损失，通常需要使用外部照明（闪光灯或水下灯）或在后期处理时使用颜色滤镜（如红色或橙色滤镜）来恢复图像的自然色彩。还有光的折射问题：当光线从空气进入水中时，光速减慢并发生折射，使得物体看起来比实际更大、更近，因此通常使用广角镜头减少折射带来的变形。

图 4-7 正在进行水下摄影的摄影师

1914年，美国发明家约翰·E. 威廉姆森开发了第一款适合水下拍摄的潜水摄影系统，如今水下摄影已是非常普及的活动。它被广泛应用于海洋生物学、地质学、环境科学、水下考古等领域，用于研究海洋

生态系统、海底地形、历史等。同时水下摄影在电影、电视和纪录片制作中非常重要，尤其是自然纪录片，通过水下摄影展现海洋世界的美丽与多样性。比如通过定期拍摄珊瑚礁的照片，科学家可以监测珊瑚的健康状况，追踪白化、病害等现象的发展。水下摄影还能帮助进行珊瑚礁三维重建，以分析其结构复杂性和生态功能。通过水下摄影，考古学家可以记录沉船的细节，如船体结构、货物和文物的分布等，为文物的打捞和研究提供关键数据。随着技术的发展，水下摄影越来越多地结合了水下无人遥控潜水器（remotely operated vehicle，ROV）和水下无人自主航行器（autonomous underwater vehicle，AUV）到达人类无法轻易到达的深海区域，进行长时间的拍摄和监测。

水下成像、用于海洋探测的光学传感和水下通信等海洋光学技术的发展未来可期。新的高分辨率多光谱成像系统正在开发中，可以捕捉波长范围更广的图像，提供宝贵的水质、浮游植物分布和海洋栖息地等方面的信息；激光诱导荧光（laser-induced fluorescence，LIF）检测可量化海洋污染物、溶解有机物等。美国航空航天局的 FluidCam、MiDAR 和 NeMO-Net 等新兴传感技术的发展正在逐渐提高海洋遥感能力：FluidCam 可以通过海浪成像而不失真，提供精细尺度的三维多光谱图像；MiDAR 能够进行高倍率遥感，在陆地和海洋环境中都有应用；NeMO-Net 将监测与高分辨率数据相结合，可用于全球珊瑚礁监测，为生态研究提供了一个前景广阔的工具。此外，科学家利用蓝绿激光开发高速、远距离的水下光学通信系统，进一步探索生物发光体，寻找水下光学通信系统的新灵感[6][7]。

三、电磁波的应用

虽然声呐仍是水下探测的主要方法，但基于电磁场的水下目标探测技术具有独特的优势，特别是在隐身性、分辨率和探测非金属目标的能力方面，使其在特定应用场景中具备优势。

电磁场水下探测技术的发展最早可以追溯到第二次世界大战和冷战初期。在这个时期，声呐技术已经被广泛应用于对潜艇的探测和识别，但其在浅海和复杂环境中的表现受到很大限制。电磁探测技术作为补充手段被引入，用于检测潜艇的磁场扰动，感知潜艇在水中移动时所产生的地磁异常。磁异常探测（magnetic anomaly detection，MAD）系统是二战和冷战时期著名的电磁水下目标探测装备。MAD 设备安装在反潜巡逻机或直升机上，在低噪声、浅水环境中通过探测潜艇金属船体产生的微弱磁场扰动来定位潜艇。冷战结束后，军事威胁的多样化带来了新的技术需求，特别是在浅水区和近岸区域进行的特种作战、扫雷任务等。随着无人水下航行器（UUV）的发展，电磁场水下探测技术也开始装备到 UUV 上。

最初，电磁场水下探测技术主要应用于军事领域，但随着技术的发展，其在民用领域的应用逐渐增多。最早在民用领域的应用是海洋资源（石油、天然气和矿产资源）勘探。1970年代，随着对深海油气资源的需求增加，电磁场探测技术开始在海洋地球物理调查中得到应用。可控源电磁法（controlled-source electromagnetic，CSEM）是一种主要用于近海的地球物理技术，利用电磁遥感技术绘制地下的电阻率分布图，由于含碳氢化合物的地层与周围地层相比具有很强的电阻性，因此 CSEM 勘测可显示近海海底中是否存在石油和天然气。2000年，英国的西方地球物理公司（WesternGeco）首次在商业项目中应用 CSEM 技术，成功发现了多个潜在的油气储藏区。之后，电磁场探测技术开始应用于水下考古、海底电缆和管道的监测与维护等方面。2010年，瑞典的考古学家们利用电磁场探测技术成功定位了一艘位于波罗的海的沉船残骸，该船被认为是14世纪的古船。2015年，工程师们使用电磁场探测技术对跨大西洋电缆的健康状况进行监测，他们通过探测电缆周围磁场的变化快速定位电缆的损坏点，成功发现并修复了电缆中的多个微小断点，大大提升了海底电缆的维护效率。

　　未来，海洋电磁学大有可为。磁流体动力学（magnetohydronamic，MHD）通信利用电流和地球磁场之间的相互作用，可以提供在浅水区替代传统声学方法的潜在技术手段；在海洋调查领域，电磁感应（electromagnetic induction，EMI）勘测可用于绘制海水电导率图，探测和测绘水下特征，为了解洋流、盐度、温度和海底地形提供参考信息；进步的传感器技术和人工智能加持的数据处理算法则将提高这些勘测的分辨率和准确性；电磁波技术在可再生能源领域的应用也有巨大潜力；电磁发生器可用于将海浪和潮汐的动能转换为电能，材料科学和流体力学的进步将有效提高电磁发生器的效率和成本效益[8]。

第三节　海洋观测和研究手段

　　自"泰坦尼克"号邮轮于1912年4月15日沉入北大西洋后，其残骸在长达73年的时间里未被发现，但人们寻找它的兴趣从未减弱。1914年，一位建筑师提议用电磁铁把残骸拉上来。此后，还出现过许多其他提议，要么失败了，要么从未付诸实施。

　　1985年9月1日，罗伯特·巴拉德带领的团队发现了"泰坦尼克"号的一个锅炉，随即找到了主残骸。巴拉德的成功不仅有赖于他制定的搜寻策略，能将海底图像传回母船的海底探测器也功不可没。

　　"泰坦尼克"号被重新发现的故事见证了海洋观测和研究手段的不断发展。几十年过去，如今人类又发展出了哪些海洋观测和研究手段？

一、海底观测网络

　　声波监听系统SOSUS（sound surveillance system）是冷战时期美国海军为应对潜艇威胁而研发的一套庞大而复杂的被动声呐系统。它通过部署在海底的固定声呐阵列，对大范围海域进行持续不断的监听，以探测、跟踪和分类水下目标（特别是潜艇），它同时也长期收集声学、海洋学和水文信息。SOSUS由大量水听器组成，这些水听器分布在海底，形成密集的阵列。每个水听器对声波的振动极其敏感，能够将捕获到的声学信号转化为电信号。岸上或海上浮标上的信号处理中心接收来自海底阵列的电信号，并利用先进的信号处理算法对这些信号进行分析。采用波束形成、谱分析、目标分类等技术，可以提取出目标的特征，如距离、方位、速度、类型等。之后将来自多个声呐阵列的数据进行融合，并与其他传感器（如卫星、雷达等）的数据进行关联分析，建立起对水下目标的立体感知。

　　广域海网（Seaweb）是美国海军自1998年开始建设的海底水声传感器网络，旨在推进海军的作战能力。Seaweb是以分布式自动传感器作为固定节点的海底广域网络，移动节点则在这个固定的海底广域网络栅格周围游弋并执行任务，通过固定节点获取导航信息并进行水下通信。整个网络利用水声调制解调器进行通信，可兼作军民两用网络：一方面，服务于军队对沿海区域的警戒、反潜和反水雷，发挥其指挥、

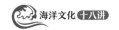

控制、通信和导航功能；另一方面，可用于公众对大陆架和海洋气象的监测。

海洋观测站计划（ocean observatories initiative，OOI）由美国国家科学基金会发起，于2016年启动运行海洋观测网络，900多台仪器设备提供实时数据，以求解决有关世界海洋的关键科学问题。OOI是一个长时间序列的科学观测系统，由区域网、近岸网和全球网三大部分构成。观测仪器分布式布放在大西洋和太平洋的观测系统中，包括1个由880 km海缆连接7个海底主节点（每个节点可提供8 kW能量和10 Gb带宽双向通讯）的区域观测系统、2个近岸观测阵列以及4个全球观测阵列（由锚系、深海实验平台和移动观测平台构成）。空间上，OOI系统实现从陆地到深海、从海底到海面的全方位立体观测；时间上，OOI系统实现从厘米级到百千米级、从秒级到年代级尺度过程的系统测量。由于其有助于了解海洋变化，OOI被纳入"联合国海洋科学促进可持续发展十年"的认可行动。

加拿大海底观测网络（ocean networks Canada，ONC）是世界领先的海洋观测设施，隶属于维多利亚大学，由非营利性机构加拿大海洋网络协会（ONC Society）管理和运营。ONC主要通过其有线、移动和社区观测网络提供加拿大东西海岸和北极地区的海洋数据，实现对不同深度的海底、地壳板块运动、生态环境变化、海洋生物群落进行长期、实时、连续的观测，并可通过互联网进行实时直播。

二、ARGO全球海洋观测网

ARGO（array for real-time geostrophic oceanography）全球海洋观测网是主要服务于海洋学研究、气候预测、海洋环境保护等领域的一个全球海洋观测项目，是由多个国家共同参与的国际合作项目，旨在通过部署大量自动化漂浮设备——ARGO浮标，来收集和提供全球海洋的温度、盐度等关键数据。ARGO浮标是一种自动化漂浮设备，其工作过程包括漂浮与下潜、深层观测、数据传输和重新开始循环。浮标通常漂浮在海洋表面。当其准备开始一次观测时，浮标会下潜到大约1000 m的深度，并随洋流漂移。大约每隔10天，浮标会进一步下潜到2000 m的深度，然后开始向上浮动。在上升过程中，浮标会测量不同深度的温度、盐度和压力数据。当浮标返回海面时，它会通过卫星将所收集的数据传回到地面接收站。这些数据随后会被汇集到全球ARGO数据中心，供科学家和研究机构使用。完成数据传输的浮标会再次下潜，开始新的观测周期。

ARGO的最初设想是在全球海洋中部署3000个自动化浮标，于2000年启动。在计划初期，只有美国、法国、日本参与部署工作，中国在2002年加入ARGO计划。到2007年，ARGO实现了最初的目标，全球范围内部署了超过3000个浮标，形成了覆盖全球大部分海域的观测网络。这标志着ARGO进入了全面运行阶段。进入2010年后，ARGO进入成熟阶段，除了传统的温度和盐度测量，科学家们开始探索在ARGO浮标上增加新的传感器，用于测量溶解氧、pH值、氯荧光等参数。ARGO的数据被广泛应用于气候研究、海洋学研究、数值天气预报等领域。所有数据通过全球ARGO数据中心公开共享，任何科学家和研究人员都可以访问和使用这些数据。近年来，ARGO的技术创新和地理扩展成为主要发展方向，特别是在深海观测和极地区域覆盖方向。传统的ARGO浮标主要观测2000 m以内的海域，科学家们开发了深海ARGO浮标，能够下潜到6000 m深度。极地地区因为冰盖和极端环境限制传统ARGO浮标的使用，为此，科学家们专门开发设计了极地ARGO浮标，能够在冰下操作，这无疑进一步扩展了ARGO的全球覆盖范围。截止到2024年7月26日，ARGO在30多个国家的努力下已累计获取300万条温、盐度剖面数据。

三、地球观测系统计划与哥白尼计划

19世纪，一位摄像师在法国巴黎从热气球上朝地面拍摄照片，可以看作现代遥感技术的雏形。1956年，世界上第一个人造卫星升空，人类进入了太空探索时代，卫星为遥感技术提供了新的平台。遥感技术是1960年代兴起的一种探测技术，它根据电磁波理论，应用各种传感器收集、处理远距离目标的发射辐射和反射的电磁波信息并成像，从而对目标进行探测和识别。

20世纪末，科学家和政府机构为了对地球系统进行全面、持续的观测，以便更好地理解气候变化和生态环境的动态。美国航空航天局（National Aeronautics and Space Administration，NASA）发起了地球观测系统（Earth Observing System，EOS）计划，该计划由一系列人造卫星和位于地球轨道上的科学仪器组成，旨在对陆地表面、生物圈、大气层和海洋进行长期的全球范围观测。EOS由多个组成部分构成，包括卫星平台、地面数据系统和研究项目。卫星平台是整个系统的核心部分，涵盖了多颗观测卫星。其上搭载有多种仪器，用来探测大气、天气、水等不同的参数。

几十年来，欧洲国家和机构在地球观测领域也作出了大量的研发努力。全球连续的欧洲地球观测系统以全球环境与安全监测（Global Monitoring for Environment and Security，GMES）的名义建立，欧盟直接参与融资和发展后，将其更名为哥白尼计划（Copernicus）。哥白尼计划的目标是利用来自卫星和地面、空中和海上测量系统的大量全球数据来提供及时和高质量的信息、服务和知识，并在全球范围内提供环境和安全领域的自主和独立信息访问，以帮助服务提供商、公共当局和其他国际组织改善欧洲公民的生活质量。简言之，它汇集了哥白尼环境卫星、空中和地面站以及传感器获得的所有信息，以提供地球健康状况的全面图景。哥白尼计划的优势之一，是将在其框架内产生的数据和信息免费提供给所有用户和公众，从而更好地开发大气、海洋、陆地、气候、紧急情况和安全方面的服务。自2021年起，哥白尼计划成为了欧盟太空计划的一部分。

四、中国近海海洋观测网

经过多年发展，中国已经初步建立了以卫星遥感、海洋浮标、岸基台站为核心，地波雷达、断面调查、志愿船等手段为辅助的五大近海业务化观测网（东海观测网、南海观测网、黄海观测网、渤海观测网、东海陆架观测网）。据不完全统计，截至2024年9月，在位海洋站观测系统331个、海岛自动气象站310个、船载自动气象站100个、业务化锚系浮标237套、表层漂流浮标200套、ARGO浮标200余套、潜标40余套，规模位居世界第二。海洋卫星HY（Hai Yang）系列是中国专门为海洋观测和研究而研制的卫星系列，这一系列卫星是中国海洋观测系统的重要组成部分，旨在通过遥感技术监测全球海洋环境，服务于海洋资源开发、环境保护、海洋防灾减灾等领域。HY系列卫星自2002年开始发射，目前主要有HY-1系列、HY-2系列和HY-3系列。HY-1卫星是海洋水色监测卫星，用于观测海水光学特征、叶绿素浓度、海表温度、悬浮泥沙含量、可溶有机物和海洋污染物质，并兼顾观测海水、浅海地形、海流特征和海面上大气气溶胶

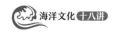

等要素。[9]HY-2卫星是海洋动力环境监测卫星，具有全球观测能力，并且具备不受天气影响的微波观测功能，主要任务是探测海洋的海面风场、温度场、海面高度、浪场、流场等数据。HY-3卫星是海洋监视监测卫星，主要任务是探测海上目标和对海洋环境进行实时监测，实现全天时、全天候海面目标与环境监测。随着技术的进步和中国海洋事业的发展，HY 系列卫星在未来将继续扩展和升级，包括更高分辨率的观测，更强的数据融合与共享能力以及利用人工智能和大数据技术，实现卫星数据的智能分析和应用，提升数据处理效率和应用水平。

思考题

1. "蛟龙"号是如何根据信息传输量需求来选择通信方式的？
2. 声、光、电磁技术的应用对海洋生物可能产生怎样的影响？
3. 海洋技术的发展对人类可持续发展有何意义？

参考文献

[1] 李铜基 . 中国近海海洋：海洋光学特性与遥感 [M]. 北京：海洋出版社，2012: 444.

[2] 刘伯胜，黄益旺，陈文剑，等 . 水声学原理 [M]. 3版 . 北京：科学出版社，2019: 391.

[3] 何继善 . 海洋电磁法原理 [M]. 北京：高等教育出版社，2012: 245.

[4] 杨健敏，王佳惠，乔钢 . 水声通信及网络技术综述 [J]. 电子与信息学报，2024, 46(1): 1-21.

[5] 程建春，李晓东，杨军 . 声学学科现状以及未来发展趋势 [M]. 北京：科学出版社，2021: 480.

[6] Hao Y S, Yuan Y Y, Zhang H M, et al. Underwater optical imaging: methods, applications and perspectives[J]. Remote Sensing, 2024, 16(20): 1-33.

[7] Rashid A R, Chennu A. A trillion coral reef colors: deeply annotated underwater hyperspectral images for automated classification and habitat mapping[J]. Data, 2020, 5(1): 1-14.

[8] Leary D, Brogi C, Brown C, et al. Linking electromagnetic induction data to soil properties at field scale aided by neural network clustering[J]. Frontiers in Soil Science, 2024(4): 1-13.

[9] 奚民伟 . 我国的海洋灾害及其监测方法 [J]. 中国测绘，2019(9): 55-58.

● **本讲作者：宋忠长**

第二篇

海洋与文明形成

大自然不仅孕育了包括海洋生物在内的生命，也为人类文明的形成和发展提供了物质基础。自然环境的差异，推动了人类文化和文明多样性的形成。海洋作为地球上最广阔的水体，强有力地塑造了人类文明。本篇"海洋与文明形成"将引领读者穿越时空，从人类学与考古学的视角切入史前史，感受海洋在其中推波助澜的独特作用。

在第五讲中，我们将追溯人类与海洋的渊源。"海猿假说"是对人–海关系最本源的浪漫想象，但生物学与人类学证据更严谨地勾勒了人类起源的科学图景。在漫长的旧石器时代中，人与海洋的因缘早已结下。海贝饰品是人类文化行为现代性的物证，来自海洋的物产激发了人类对自我的认知，从此，人类的发展开始一往无前。从走出非洲的伟大旅程，到环境剧变中的艰难求生，涛声始终若隐若现。

随着农业的起源与发展，文明的要素开始萌芽，人类在世界各地独立发展出各具特色的原生文明。第六讲首先以个案的形式，展现海洋如何以有别于内陆的自然属性塑造出独具特色的人类文明，进而大大丰富了学界对文明起源与文明形成的认知。地中海是西方海洋文明的摇篮，其得天独厚的自然环境孕育了一批又一批的海洋文明。这些文明是区域性海洋文明的历时性例证。

当地中海文明在欧亚大陆的西边闪耀时，大陆东端的太平洋之滨，"多元一体"格局下的中国海洋文明同样璀璨。第七讲旨在于中华文明探源工程的框架下介绍中国先秦时期的海洋文明。近万年来，中国沿海先民们靠海吃海，极尽舟楫之利。发源于中国东南沿海的南岛语族，驰骋海洋，开启了壮观的海洋迁徙之旅。在中原文明走向历史舞台中央的过程中，海贝、海盐等海洋物产发挥了推波助澜的作用。造船与航海技术的积淀，使得中国在先秦时期就通过海路与东北亚、东南亚国家进行友好交往，为后来的海上丝绸之路埋下了伏笔。

世界海洋文明琳琅满目、不胜枚举。本篇旨在通过一些典例，使读者"举一纲而万目张"，了解文明起源与形成研究的基本理论与方法，对包括早期海洋文明在内的人类早期文明产生兴趣。通过介绍包括中国海洋文明在内的不同海洋文明，培养读者多元包容、立足自身、面向全球的新型文明观。

第五讲　海边的古人类足迹

4亿年前，尝试登陆的鱼类在滩涂上拨动四鳍，留下了镌刻于岩层的进化痕迹。斗转星移，亿万年的时光悄然流逝，地球先后见证了哺乳动物、灵长类动物与人类的出现。当海岸线上出现双足直立生物的行迹，人类与海洋的"前世因缘"由此续写。远古的海岸线为我们所属的物种——智人提供了迁徙的通途，祖先们从非洲出发，散布于各个大陆。来自海洋的物产滋养了人类，并见证了人类现代性的产生。

第一节　始于海边的故事

有人曾提出，人类祖先在进化过程中经历过一个水生或半水生的阶段，并将人类某些独特的生物学特征——例如直立的体态、较少的体表毛发、较多的皮下脂肪——归因于对沿海水生环境的适应。这是"海猿假说"（aquatic ape hypothesis），一种关于人类进化的非主流假说——最早由阿利斯特·哈迪（Alister Hardy）在1960年代提出，后因作家伊莱恩·摩根（Elaine Morgan）的推广而提升了在大众中的知名度。人类学界已对这一假说进行了批判[1]。人类所谓的水生特征可以有多种解释，其中的一些解释具有更严密的逻辑链条，且得到化石证据的支持。可以说，"海猿假说"以一种非科学的形式建立起海洋与人类进化之间的联系，非正式地描绘了人类进化的图景。那么，更贴近客观现实的人类进化过程又是怎样的呢？

一、万灵之长

根据生物学分类，生活于今日地球上的所有人类，均属于灵长目（Primates）人科（Hominidae）内"智人"（Homo sapiens）这一个物种。遗传学证据显示，人科内黑猩猩属（Pan）的两个物种是智人现存最近的近亲。在智人的祖先与黑猩猩的祖先"人猿相揖别"后，前者曾分化出多个支系，除智人所在的人属（Homo）以外，还有傍人属（Paranthropus）和南方古猿属（Australopithecus）中的一部分物种。而人属内部，还有能人（Homo habilis）、直立人（Homo erectus）等物种。在过去的数百万年里，这些在分类学上异于我们的古人类一度与我们的直系祖先共存，但如今，智人是这个"大家族"中唯一的幸存者。

从化石记录与遗传学证据推测，智人与黑猩猩的最近共同祖先生活于距今700万—500万年的非洲大陆，与智人接近而与黑猩猩疏远的众多古人类化石，亦主要发现于非洲。从这一层面上来说，非洲可谓是人类的"摇篮"[2]。

直立人是首个走出非洲的人属物种，其化石也分布于欧洲与亚洲，著名的"北京猿人"是后者的代表。

直立人的足迹远至如今的东南亚岛屿——如果当时的海平面较高、未形成陆桥，那么直立人或许已经掌握了某种渡海技术。

智人的出现时间晚于直立人。其中年代较晚的智人化石在解剖结构上和现代人已没有明显差异，被称为"解剖学意义上的现代人"（anatomically modern humans，AMH）。2017年，北非摩洛哥 Jebel Irhoud 地点出土了距今30万年左右的人类化石，研究者根据形态特征，认为其代表了最早的现代人 [3]。而在西亚以色列 Qafzeh 和 Skhul 遗址发现的现代人化石，代表了非洲以外最早的现代人，年代约为距今10万年 [4] [5]。这三处遗址距如今的海岸线不到100 km，出土遗物显示，其中的一些古人类已经开始利用海洋资源。

二、海贝饰品与人类的现代性

与 AMH 相对应的一个概念，是文化行为上的现代人类（behaviorally modern humans，BMH）。由于古代人类的行为难以直接观察，考古学家转而关注反映古代人类行为的考古学证据，例如加工工艺复杂的石器、妥善埋葬死者的墓穴、有规律的刻划或涂写符号、不强调实用功能的人工制品等。其中，被认为与饰品有关的穿孔海贝吸引了考古学家的注意力。相对于用陆地材料制成的饰品而言，海贝饰品若出现于内陆地区，还能进一步提供关于交换与贸易的信息。

距今10万年前后，包括 Qafzeh、Skhul 在内的诸多西亚、北非、南非遗址中出现了穿孔的海产贝壳。值得注意的是，这些遗址与海岸线的距离不等，最远距离可达上百千米，这表明当时人类有意选择和运输这些海贝，内陆地区与沿海地区可能已经建立某种物质上的联系。

穿孔海贝在东亚与大洋洲的出现可追溯至距今3万年前后，其中最为著名的发现来自北京的山顶洞遗址。穿孔海蚶壳在这处山区洞穴遗址中的出现，非常引人注目，这意味着山顶洞人通过直接或间接渠道获取了海洋物产。此外，大致与此同时，巴布亚新几内亚的岛屿遗址中也出现了穿孔的鲨鱼牙齿，代表着该类装饰品的早期案例。

近现代的民族学观察为旧石器时代饰品的功能提出了一些可能的解释。这些来自海洋的饰品不仅具有通常理解的装饰功能，或许还在身份识别和社会交流中发挥着重要作用。装饰品的类型、组合及在身体上的位置反映了个体对自我与世界的认识。同时，作为视觉信息的装饰品也是区分彼此身份的标记，不同的装饰品传统与文化认同有关。例如，山顶洞人的串饰由石珠、穿孔鱼骨、穿孔兽牙、穿孔海蚶（Anadara）壳组成并用赭石粉染红，年代接近、更靠近内陆的居民则使用由鸵鸟蛋壳珠与穿孔淡水贝壳组成的串饰。尽管后者串饰的原材料在山顶洞人

图 5-1 3万多年前的华北，山顶洞族群的一位成员正在与来自西部的外来人进行赭石与燧石的交换，不同的串饰表明了两人不同的族群与文化背景

居址附近亦能获取，但他们依然表现出对海洋贝壳的偏好[6]（图5-1）。将海贝等海洋物产纳入身份识别的系统，在一定程度上标志着海洋文化的发端。

第二节　傍海而行

一、智人走出非洲

现代人的起源问题一直是国际学术界争论的热点。"多地区起源说"与"非洲起源说"是两种最主要的观点。"多地区起源说"认为，包括东亚地区在内，各地区的现代人，是当地的古老型人类连续进化、并可能附带杂交形成的。"非洲起源说"认为，现代人的共同祖先是距今20万年在非洲出现的智人，在距今6万—5万年走出非洲后逐渐到达欧亚大陆、东南亚岛屿和澳大利亚并取代当地的古老人类。该学说逐渐被修正为"杂交论"，即在一些地区有发生连续演化与基因交流的可能性[7][8]，但仍然强调走出非洲的那支人群在现代人起源与演化中占据主体地位，即走出非洲的人群同化了大陆其他地区的古人类，而非被融入其他人群的基因库中[9]。更多的研究发现，晚更新世初期已经开始发生多重扩散，到距今6万年时，我们的祖先在南亚和东亚等地区曾进行过多次迁徙，且遇到了尼安德特人、丹尼索瓦人等古人类，发生了一定程度的杂交。

越来越多的基因组学证据支持"非洲起源说"。1987年，雷贝卡·卡恩（Rebecca Cann）等利用线粒体DNA（mtDNA）研究现代人的起源，他们提出所有现代人的直接祖先都起源于非洲的"近期出非洲说"[10]。2001年，柯越海等收集了来自南亚、大洋洲、东亚、西伯利亚和中亚地区的163个人群共12127个男性样本，支持"近期出非洲说"[11]。付巧妹等通过对距今4.2万—3.9万年的西西伯利亚古人"Ust'-Ishim"和距今4.2万—3.9万年的北京田园洞人的基因组分析，估计出欧亚大陆东西人群之间的分化时间约为距今4.7万—4.2万年，这一结果也有力反驳了"多地起源说"[12][13]。

考古学、古人类学、地质年代学、遗传学和古环境研究的最新发现有助于更好地了解关键地区的晚更新世人类进化记录，也引起对一些关键问题的讨论。对这些问题的讨论帮助传统"非洲起源说"不断

活着的历史
——从你我身上追溯祖先的故事

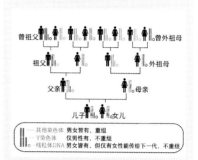

图5-2　线粒体DNA和Y染色体DNA遗传原理

线粒体DNA（mtDNA）和Y染色体分析是探寻人类起源和迁徙过程的强有力工具。通过这些遗传研究，我们能够更好地理解人类的演化历史，以及不同人群之间的关系（图5-2）。

mtDNA存在于细胞的线粒体中，通过母系遗传，不会经历基因重组。每个人的mtDNA几乎完全来自母亲，使得它成为追踪母系血统的理想工具。通过比较不同人群的mtDNA序列，可以构建遗传谱系树。研究显示，所有现代人的mtDNA可以追溯到距今15万—20万年非洲的一位女性，她被称为"线粒体夏娃"。通过分析mtDNA的变异，科学家能够推测不同人群之间的遗传距离和分化时间。

Y染色体仅存在于男性体内，通过父系遗传，同样不经历重组。Y染色体上的特定序列（单倍型）可以用于追踪父系血统。研究表明，所有现代男性的Y染色体可以追溯到距今20万—30万年非洲的一位男性，他被称为"Y染色体亚当"。通过比较Y染色体上的变异，科学家能够重建男性的迁徙历史。例如，不同地区男性的Y染色体单倍型分布反映了人类从非洲出发，逐步迁徙到世界各地的过程。

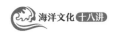

修正和完善。

关于现代人走出非洲的模式，有多种假说。其中获得较多证据支持的假说，指出了开始于距今6万—5万年的单次扩散行为以及距今13万—11万年开始的多次扩散行为等 [14]。前者是传统"非洲起源说"的模型：现代人在距今6万—5万年走出非洲，并逐渐扩散到其他大陆。由于亚洲各地发现了许多早于距今6万年的现代人化石，后者也逐渐受到关注。基因组研究表明，大约2%的巴布亚新几内亚血统的个体祖先比其他欧亚人更早与非洲人分离，支持后一种模式 [15]。

东非是最具共识的现代人走出非洲的起点，具体路线有不同的假说，主要有北方路线和南方路线两种：北方路线假说认为现代人从埃及北部走陆路到达西奈半岛，穿过内盖夫地区，到达地中海东部黎凡特地区；南方路线假说则认为现代人从非洲之角出发，跨越曼德海峡进入阿拉伯半岛——在气候、海平面、洋流等因素适宜的情况下，人类能通过游泳或借助天然漂浮物渡过这道海峡。

二、沿海"高速公路"

南方路线假说拥有相对丰富的考古学和遗传学证据。该假说认为，现代人沿非洲东海岸进入阿拉伯半岛，经也门—阿曼沿海地区到波斯湾，然后沿着印度次大陆海岸行进，到达东南亚岛屿在低海平面时形成的巽他古陆。随后，现代人通过某种方式跨越了仍然存在的海峡，进入了澳大利亚与新几内亚组成的莎湖古陆。

mtDNA 研究表明，现代人从印度次大陆到澳大利亚的迁徙速度相对较快，可能只用了几千年。然而，这场迁徙的具体路径却缺乏系统、连续的考古学记录。例如，澳大利亚的相关遗址，其年代反而早于东南亚，而东非、阿拉伯半岛、南亚的相关遗址则更加稀少。

这种现象背后有多种可能的原因。首先，末次冰盛期期间，全球海平面较现代低120 m左右，因此，当时的一些沿海遗址现在可能位于海底。末次冰盛期后，冰川融化、海平面上升，导致原本位于沿海的考古遗址被海水淹没，难以被发现和研究。其次，长时间的自然因素也会破坏一些遗址遗迹，例如波浪、潮汐和生物活动等自然因素可能破坏和掩埋沿海的考古遗址，使其难以存留至今并被发现、研究。最后，传统考古学更关注陆地上的遗址，而对水下遗址的关注较少，方兴未艾的水下考古还受到许多技术上的限制，水下发掘难度大、成本高，导致许多潜在的沿海遗址尚未被发现或发掘。

为进一步探索南方路线的可行性，有研究通过分析南亚海岸线的变迁情况，估计海平面上升对更新世沿海遗址的破坏情况，提供在阿拉伯半岛和印度次大陆等地寻找早期人类沿海岸扩散的线索。同时另辟蹊径，探索了从东非到澳大利亚的红树林和其他沿海生态系统，提出"红树林高速公路"这一概念，认为环印度洋的古海岸线上存在富饶的红树林生态系统，海岸带盛产可食用的海藻、贝类、鱼类、水禽和海洋哺乳动物等，这种自然环境可能促进了现代人沿海的扩散。

三、最初的航海

为跨越水域、到达彼岸，人类先后发明了浮具、筏、舟船等渡水工具。

来自民族学的观察表明，借助葫芦进行渡水的行为，在世界各地相对广泛地存在。其中，将葫芦固定在身体上，利用其浮力进行泅渡是相对简单的方式。或许，葫芦"救生圈"也是人类利用工具渡水的早期方式。东南亚、东亚、北美、南美的沿海遗址中出土了年代较早的葫芦种子或果皮，这种地理分布暗示了葫芦与海洋的关联。

相对浮具而言，由葫芦、竹、木、皮囊等浮性材料捆扎而成的筏是更进步的渡水工具。乘筏者不再需要将身体长时间浸入水中，得以避免失温的危险。较大的筏能供多人同时乘坐，保证了到达彼岸后的初始定居人数，有助于人类在新家园的繁衍。从民族学观察与实验考古结果来看，筏的制造亦不需要太复杂的技术，旧石器时代人类的渡海壮举，最有可能是在筏的辅助下完成的。

由于浮具与筏的原材料不易保存，旧石器时代的海上交通缺乏直接的实物证据。但结合古海平面数据与人类首次出现在对岸的时间，可以推测出曾经发生的渡海行为。同时，为保证此后种群的繁衍，短时间内需要有相当数量的人类个体进行过一次或多次的渡海，这一限制条件更加强调了有计划的、主动进行的航海行为。

对古海平面的分析显示，智人进入今天的澳大利亚时，巽他古陆与莎湖古陆之间仍存在广阔的海域，因此这也成为较为明确的人类早期航海证据。另外，在菲律宾吕宋岛发现的智人化石，年代约为距今6.7万年，这或许可将智人的航海行为提前约2万年[16]。

智人在日本列岛和琉球群岛的定居，也是其航海行为的有力佐证。日本列岛的地理位置使其成为人类进化史上的一个独特地点。在智人走出非洲的迁徙过程中，日本列岛是除澳大利亚和美洲之外，到达的最远地点之一。鉴于现代人最早在距今4万年左右首次出现在日本[17]，而当时并不存在陆桥，最初的扩散一定会涉及船筏与航海技能。另外，在冲绳岛发现的距今3.2万年左右的智人化石，也是琉球群岛智人航海活动的重要证据之一。

第三节　以海为生

当人类走出非洲、扩散至主要的大陆、初次驶向海洋时，地球上绝大多数区域的自然景观与今天截然不同。在末次冰盛期的森林、草原与苔原上，规模庞大的兽群与鸟群游荡、翱翔；在人类尚未或初步踏足的遥远海岛，光怪陆离的动物展现着岛屿作为"演化实验室"的

冰河世纪的"哥伦布"

人类到达美洲的时间和路线是学界长期争论的问题。大多数数据似乎支持人类在末次冰盛期期间通过冰廊或穿越白令陆桥进行扩散。但东北亚和现在被淹没的白令陆桥南岸的沿海考古记录之间存在巨大的地理空白。也有证据支持环太平洋海岸线也是智人从东北亚向美洲扩散的主要通道之一，如在墨西哥下加利福尼亚州的塞德罗斯岛发现了一些更新世晚期的人类遗址，且有他们已掌握一些获取沿海海洋资源技术的证据存在，这或可说明至少有部分人类最早沿西太平洋边缘的海洋路线进入美洲。另外，环太平洋边缘地区的"海藻高速公路假说"认为海岸线、海藻森林和河口为从东北亚迁往美洲的智人们提供了一条相对容易通行的走廊。这条沿海路线的另一个吸引力可能是北太平洋沿岸丰富的海藻、贝类、鸟类、鱼类和海洋哺乳动物。智人或许也从东北亚走上了一条沿海"高速路"，向美洲大陆南部扩散。

魅力。其中，许多物种的体型较之现生近亲更加巨大，它们所属的动物群落被称为巨型动物群（megafauna）。当时，数量多、体型大的动物为人类提供了大量食物资源，狩猎这些醒目的大型猎物是一种成本较低、回报较高的觅食策略。然而，在末次冰盛期前后环境剧变与人类的狩猎压力下，巨型动物群普遍趋于崩溃，种群规模缩减，大量物种灭绝。人类急需新的谋生手段。

一、狩猎–采集者

"狩猎–采集"是一种复杂的生存适应方式，包括了觅食、狩猎、采集、捕鱼等多种不同形式的生业模式。相对于农业而言，这些实践对生态系统的直接改造较少，对动植物生命周期的控制程度较弱。

以狩猎–采集为生的人群被称为"狩猎–采集者"。自人类出现至农业起源，狩猎–采集是人类最主要的生存适应方式，直到"农业革命"的号角吹遍世界，强势扩张的农业人群逐渐取代（或部分融合）了狩猎–采集者。不过，直到近现代，世界上仍然有少数地区存在狩猎–采集者的身影，如亚马孙雨林、非洲稀树草原和北极圈内，这些狩猎–采集者是了解人类社会发展的"活化石"。

末次冰盛期是末次冰期中距今最近的冰期盛期，其间，气候寒冷，冰川广布。末次冰盛期前后的环境剧变是对地球生命的考验，亦对当时的狩猎–采集者产生了深远的影响。例如，欧洲的人群流动和人口规模均受到影响[18] [19]，蒙古高原等纬度、海拔较高地区的人类居住证据存在几万年的空白[20]。东亚北部距今3.3万—3300年的25个古基因组数据显示，末次冰盛期前后的人类遗传成分存在差异，以田园洞人为代表的人群可能在末次冰盛期期间消失，而末次冰期最末期的人群与现代东亚北方人群具有一定程度的遗传连续性[21]。

二、农业人群与海洋人群的产生

末次冰盛期残酷的环境对狩猎–采集者的影响是多方面的，涵盖了环境适应、技术进步、社会结构变化以及迁徙和定居模式的转变。这些变化塑造了人类的生存方式，也影响了农业与海洋人群的形成。

广谱革命（broad spectrum revolution）理论是解释旧石器时代狩猎–采集经济向新石器时代农业经济转变的一种重要理论。该理论认为，末次冰盛期的环境剧变与生存压力迫使当时的狩猎–采集者主动拓宽了食谱范围、改变了觅食策略，许多以前未被注意或重视的动

北冰洋的生命赞歌

图5-3　因纽特人乘坐皮划艇狩猎海豹（19世纪版画）

因纽特人并不以复杂的社会或辉煌的物质文明成果著称，而是以其适应北冰洋环境的能力而闻名。海洋是因纽特人的命脉，为其提供食物、工具、衣物以及住所用的材料。

传统上，因纽特人以狩猎–采集为生，特别是狩猎鲸、海豹等海兽，这能提供丰富的血肉、脂肪、皮毛以及牙、骨等材料。为此，他们制作了独特的皮划艇和鱼叉。皮划艇由轻便的海豹皮、骨头和木材制成，呈尖尾造型。这使其具有良好的密封性和保暖性能，同时在冰海上稳定穿行。鱼叉由牙、骨或木材制成，配有尖锐的石质或金属头部，并与手中的绳索相连，有助于狩猎海兽（图5-3）。

雪屋（igloo）是因纽特人的临时性居所，供外出狩猎或过冬所用。雪屋用压实的雪砖垒筑，形成穹顶状的外观，在堵塞雪砖之间的缝隙并于屋内燃起油灯后，雪屋可以抵御强风并保持屋内温暖。

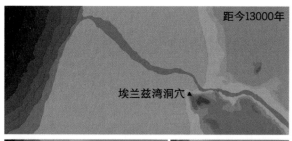

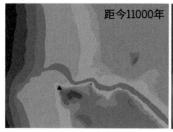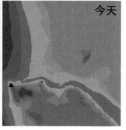

图 5-4　埃兰兹湾洞穴遗址周边环境的变迁

植物资源（如野生谷物、水生软体动物等个体小、分散、采集加工费时费力的动植物资源）逐渐受到重视。随着考古学的发展，这一理论不断被充实与更新，为理论研究，特别是农业起源研究提供思考的方向。

借鉴动物行为学中的"食谱宽度模型"，人类学家假定人类以食物的回报率即觅食效率来选择食物。随着回报率低的食物占比增加，人类逐渐花费更少的时间寻找食物、花费更多时间处理食物，即食谱宽度增加但觅食半径缩小。这为定居与农业的产生做好了铺垫。

末次冰盛期及其后的气候波动期过后，地质历史由更新世进入全新世。西亚与北非的地中海沿岸、东亚的长江与黄河流域、墨西哥至南美安第斯山区的狩猎－采集者率先向农业人群过渡，动植物的驯化标志着人类控制和创造食物资源的新时代。农业的起源是人类社会发展历史进程中的重要事件，人类的演化走向了一条全新之路。

广谱革命带来的对食物资源利用的多样化，也体现在对沿海资源的开发和利用中，即从对陆地大型动物的依赖转向丰富的鱼类、贝类等海洋资源。地层序列完整的一些遗址生动地展示了这一过程，例如南非西南沿海的埃兰兹湾洞穴遗址：距今1.3万—1.2万年，遗址面临开阔的草原，居民主要狩猎大型有蹄类动物，很少采食海洋生物；距今1.1万年，随着海平面的上升，海岸线向遗址靠近，相应地层中开始出现少量的贝壳；距今1.1万年—9000年，地层中的大型有蹄类动物普遍消失，贝壳以及海鱼、海鸟与海兽骨骼明显增加[22] [23]（图5-4）。

对海洋资源的强化利用推动了造船业、航海业、渔业等的进步，促进了沿海聚落的发展。海洋人群通过航海和贸易与其他人群进行交流，促进了不同人群共同创造辉煌的文明。

潮间带上的"园艺家"

在北起阿拉斯加、南至华盛顿州漫长海岸线的潮间带上，分布着被称为"蛤蜊花园"（clam gardens）的人工石筑装置。几千年前，北美西海岸原住民通过这种方式控制滩涂的坡度，对底栖贝类的生长进行干预，以达到增加产量的目的。

"河口根茎花园"（estuarine root gardens）是北美西海岸原住民在潮间带上构筑的另一种装置。根据18世纪的博物学家观察，原住民在这里种植适应河口潮间带环境的原生根茎植物，"就像在马铃薯田中一样精心而勤劳"。

这些独特的案例体现了人类管理海洋资源的独特智慧，同时也拓宽了人类学家与考古学家探索农业起源的视野。

思考题

1. 遗传学方法与考古学方法在探索人类起源与演化方面有哪些优势与劣势？
2. "非洲起源说"与"多地区起源说"各自有哪些局限性？
3. 农业对于人类，是必要的吗？

参考文献

[1] Langdon J H. Umbrella hypotheses and parsimony in human evolution: a critique of the aquatic ape hypothesis[J]. Journal of Human Evolution, 1997, 33(4): 479-494.

[2] Benton M J. 古脊椎动物学 [M]. 董为 , 译 . 北京 : 科学出版社 , 2017: 447-458.

[3] Richter D, Grün R, Joannes-Boyau R, et al. The age of the hominin fossils from Jebel Irhoud, Morocco, and the origins of the Middle Stone Age[J]. Nature, 2017, 546(7657): 293-296.

[4] Mayer D E B, Vandermeersch B, Bar-Yosef O. Shells and ochre in Middle Paleolithic Qafzeh cave, Israel: indications for modern behavior[J]. Journal of Human Evolution, 2009, 56(3): 307-314.

[5] Mercier N, Valladas H, Bar-Yosef O, et al. Thermoluminescene date for the mousterian burial site of Es-Skhul, Mt. Carmel[J]. Journal of Archaeological Science, 1993(20): 169-174.

[6] Errico F, Martí A P, Wei Y, et al. Zhoukoudian upper cave personal ornaments and ochre: rediscovery and reevaluation[J]. Journal of Human Evolution, 2021, 161: 103088.

[7] Stringer C. Modern human origins:progress and prospects[J]. Philosophical Transactions of the Royal Society of London, Series B, Biological Sciences, 2002, 357(1420): 563-579.

[8] Stringer C. Why we are not all multiregionalists now[J]. Trends in Ecology & Evolution, 2014, 29(5): 248-251.

[9] Smith F H, Jankovic I, Karavanic I. The assimilation model, modern human origins in Europe, and the extinction of Neandertals[J]. Quaternary International, 2005, 137: 7-19.

[10] Cann R L, Stoneking M, Wilson A C. Mitochondrial DNA and human evolution[J]. Nature, 1987,325(6099):31-36.

[11] Ke Y H, Su B, Song X, et al. African origin of modern humans in East Asia:a tale of 12,000 Y chromosomes[J]. Science, 2001, 292(5519): 1151-1153.

[12] Fu Q M, Li H, Moorjani P, et al. Genome sequence of a 45,000-year-old modern human from western Siberia[J]. Nature, 2014, 514(7523): 445-449.

[13] Fu Q M, Meyer M, Gao X, et al. DNA analysis of an early modern human from Tianyuan Cave, China[J]. Proceedings of the National Academy of Sciences, 2013, 110(6): 2223-2227.

[14] Bae C J, Douka K, Petraglia M D. On the origin of modern humans:Asian perspectives[J]. Science, 2017, 358(6368): 1-7.

[15] Pagani L, Lawson D J, Jagoda E, et al. Genomic analyses inform on migration events during the peopling of Eurasia[J]. Nature, 2016, 538(7624): 238-242.

[16] Mijares A S, Détroit F, Piper P, et al. New evidence for a 67,000-year-old human presence at Callao Cave, Luzon, Philippines[J]. Journal of Human Evolution, 2010, 59(1): 123-132.

[17] Nakazawa Y. On the Pleistocene population history in the Japanese Archipelago[J]. Current Anthropology, 2017, 58(S17): 539-552.

[18] Fu Q M, Posth C, Hajdinjak M, et al. The genetic history of Ice Age Europe[J]. Nature, 2016, 534: 200-205.

[19] Tallavaara M, Luoto M, Korhonen N, et al. Human population dynamics in Europe over the Last Glacial Maximum[J]. Proceedings of the National Academy of Sciences, 2015, 112(27): 8232-8237.

[20] Rybin E P, Khatsenovich A M, Gunchinsuren B,et al. The impact of the LGM on the development of the Upper Paleolithic in Mongolia[J]. Quaternary International, 2016, 425: 69-87.

[21] Mao X, Zhang H, Qiao S, et al. The deep population history of northern East Asia from the Late Pleistocene to the Holocene[J]. Cell, 2021, 184(12): 3256-3266.

[22] Jerardino A. Coastal foraging and transgressive sea levels during the terminal Pleistocene: insights from the central west coast of South Africa[J]. Journal of Anthropological Archaeology, 2021, 64: 101351.

[23] 伦福儒 , 巴恩 . 考古学 : 理论、方法与实践 [M]. 陈淳 , 译 . 6版 . 上海 : 上海古籍出版社 , 2019: 234-235.

● **本讲作者：王传超**

第六讲 海洋塑造文明

历经"冰河世纪"的沧桑巨变,海洋伴随人类走出漫长的蒙昧岁月,一步步迈向文明。自农业起源后,社会生产力取得较大发展,物质和精神生活逐渐丰富,社会开始出现脑力与体力劳动的分工、贵贱与贫富的分化,文明因素开始孕育。随着量变积累形成质变,人类社会进入了发展的高级阶段,即文明。世界上许多地区的人类社会独立发展出了原生文明,因自然环境、社会结构的不同,这些原生文明各有各的特点。海洋作为地球上最大的水体,强有力地推动了沿海地区的文明起源、形成与发展。

第一节 何以文明

人类对"文明"(civilization)这一概念的认识,始于对不同发展阶段人类社会的观察。古典时代的古希腊、古罗马人以及新航路开辟以后的西方殖民者以自我为中心,认为自己所处的社会比其他族群更发达。受此影响,倾向于以直线形式安排人类社会演进过程的"古典进化论"学说认为,"文明"是继"蒙昧"(savagery)与"野蛮"(barbarism)后人类社会的高级发展阶段[1]。考古学的诞生使人们的视野得以超脱当下,甚至跨越有文字记载的时间尺度,触及更加久远的历史,寻找"最早的文明"。

根据两河流域文明和古埃及文明的特征,国际学界曾概括出"文明三要素"——文字、冶金术与城市,将其视为文明社会的标准。然而,世界其他几大原生文明并非都符合这"文明三要素",例如南美洲的印加文明未使用文字,中美洲的玛雅文明没有冶金术。因此,随着世界各地考古新发现的出现与新研究的推进,国际学界普遍认为,世界各地可以有符合自己古代社会发展特色的文明形成标准[2]。

随着学科的发展,考古学家与人类学家的兴趣从"何时""何地"转为"为何",从热衷于寻找古文明,到探索文明起源的过程与背后的机制。

第二节 海边的文明初曦

一、海洋,打破文明"惯例"

经过长期的研究,考古学家与人类学家似乎归纳出了关于文明起源的一般性规律,但一些与海洋相关的案例对既有的认知提出了挑战。这些案例启示人们,文明本身具备多元性,人类社会可以通过不同的路径迈向文明。

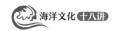

1. 北美西北海岸：海洋驱动的社会复杂化

数百年前，当欧洲人首次到达北美的西北海岸（Northwest Coast）时，他们接触到了一个复杂的狩猎－采集社会。这里的一些原住民定居于大型聚落中，拥有复杂的社会结构与阶级分化，建造大型公共建筑与图腾柱，通过发达的贸易网络与周边地区互通有无。

由于以上这些特征组合往往出现于农耕社会中，西北海岸印第安人的复杂社会成为人类学和考古学研究中的一个特例，其形成原因众说纷纭。一种侧重于自然资源与生业模式的解释是，西北海岸的河口是鲑鱼洄游的必经之路，海中的成年鲑鱼逆流而上，进入淡水产卵繁殖。作为一种食物资源，数量巨大的鲑鱼具有空间与时间上的可预测性与集中性，吸引着西北海岸的狩猎－采集者。短时间内大量捕获的鲑鱼亟须加工储存，刺激了当地的集约化生产。除耐储存的鲑鱼干以外，贝类、潮间带与陆地植物、海洋与陆地兽类等食物资源使狩猎－采集者得以在富饶的西北海岸定居，进而产生财富的积累与社会的分化[3]。

2. 寒流滋养的安第斯文明

南美西部安第斯山区的一系列古代文明高度发达、传承有序，习惯性被统称为"安第斯文明"。其中，建都于山地、威名显赫的印加帝国代表着安第斯文明的发展巅峰。然而，与安第斯文明起源有关的线索，却来自荒凉的西部海岸。

由于自南向北的秘鲁寒流影响，加之安第斯山脉阻隔了来自东侧大西洋的暖气团，安第斯山脉西麓狭长的太平洋海岸地带干旱而贫瘠，但考古发掘表明，这片土地是南美早期文明的沃土。距今5000年左右，与尼罗河流域、两河流域与长江流域大致同步，卡拉尔（Caral）遗址的古代居民也开始兴建大型仪式性建筑，如巨大的土台和圆形的下沉广场。同时，成熟的城市规划、等级不一的居址、来自异域的贸易品以及结绳记事系统（quipu）的存在，亦标志着南美洲的文明初现曙光。

在世界范围内的古代文明中，卡拉尔及相关遗址代表的复杂社会相当独特，以至于对考古学的既有认知产生了冲击。例如，陶器的发明一般与农业起源的时间接近，而卡拉尔的古代居民在未掌握制陶技术的情况下，在这片荒凉的土地上开启了农业，创造了文明。除有限的瓜类、豆类、薯类、棉花等作物以外，这些遗址中出土了大量贝壳以及鱼类、海鸟、海兽的骨骼，这说明这一复杂社会的维系相对依赖海洋捕捞业，而非其他文明中常见的集约化农业。这些独特性的奥秘在于，秘鲁寒流在制造荒漠的同时，也使近岸海域下层的富营养冷水上涌，进而形成了富饶的渔场，为沿海文明的兴起提供了物质保障[4]。

二、海洋，构建文化景观

人类活动在沿海地区留下的遗迹与遗物，是考古学家探索早期海洋文明的重要材料。其中，大型工程遗址因其体量与文化意义被重点关注，被认为是复杂社会组织能力的间接反映。这些工程与自然环境融为一体，构成了令人赞叹的文化景观。

1. 海天之间的雄伟地画

纳斯卡文化兴盛于距今2200—1400年左右的秘鲁南部沿海河谷地区。精美的陶器与纺织品、宏伟的仪式性建筑与水利工程以及神秘的纳斯卡地画是其留下的遗产。通过清除地表被风化的黑色砂砾、露出底

部的浅色基质，纳斯卡人在沙漠上"绘制"出
线条。经过他们的缩放计算与布局规划，一些
线条有规律地延伸，构成具有几何形状与动物、
植物、人物形象的巨大地画，需要在山坡乃至
空中才能窥其全貌。

对于纳斯卡人制作地画的目的，学界众说
纷纭。其中日本学者坂井正人认为，地画坐落
于通向纳斯卡神庙的"巡礼之路"附近，因而
推测与宗教仪式相关[5]。按照这种说法，地画
中诸多鱼类、鲸豚等海洋生物的图案（图6-1）
反映了纳斯卡人与海洋信仰的密切联系。

图6-1 描绘鲸豚图案的纳斯卡地画

此外，史前时期的地画在欧洲、亚洲、大
洋洲与南北美洲均有发现，它们代表了古代居
民在一定的社会组织下兴建的大型工程，并反
映了建设者的空间认知与几何知识。在距离纳
斯卡地画一百余千米的海边，秘鲁的古代居民
在帕拉卡斯半岛上也创造了地画。在一处临海
的山坡上，帕拉卡斯人用类似沉雕的手法开凿
出三叉形的图案（图6-2）。当天气晴好时，在
离岸约20 km的海上亦能看到这幅高达180 m
的地画。因此，它也被认为发挥了航标的功能。

2."太平洋上的威尼斯"

尽管安第斯文明提供了一条"从海到陆"
的文明发展轨迹，但若论人类社会对海洋的适

图6-2 帕拉卡斯沿海的地画

应之最，不得不提纵横于大海上的南岛语族。在与欧洲的航海家接触以前，太平洋上的南岛语族社会相对
独立地发展，其介于部落与国家之间的社会形态启发人类学家定义了"酋邦"这一概念，用于探讨国家与
文明的起源。

在考古学实践中，大型公共建筑与复杂城市规划的存在被视为社会复杂化程度的重要指标，它们是精
英阶层社会组织能力的直观体现。尼罗河畔的金字塔、中美洲雨林中的玛雅神庙、江南水网间的良渚古城
是人们熟知的文明遗迹。南岛语族在远离上述区域的太平洋岛屿上亦建立起了同样令人叹为观止的宏伟工
程——南马都尔（Nan Madol）。这座古城位于密克罗尼西亚联邦的波纳佩岛上，由岛屿东部潟湖中的一系
列人工岛与运河组成，有"太平洋上的威尼斯"之称（图6-3）。距今1000年左右，可能得益于作物品种的
改良与农业的集约化，岛上的十几个部落整合成被称为"Saudeleur"的酋邦。随后的几百年间，该酋邦调
动巨量的劳动力，开采珊瑚石与玄武岩柱，兴建大规模的人工岛以及岛上的住宅、仪式场所与陵墓[6]。

图6-3 南马都尔一角

三、海洋，构建社会纽带

考古学追求"透物见人"，即从考古材料出发，通过复杂漫长的考古推理链条，触及深层次的人类行为、文化与社会。在此过程中，需要人类学、历史学、社会学等学科的参与。人类学观察与历史文献记载提供了一些案例，展示了跨越海洋的交换与涉及海洋的专业化生产如何维系社会结构。

1. 库拉环

库拉环（Kula Ring）是太平洋美拉尼西亚一些岛屿之间的交换网络，与通常理解的日用品经济交换不同，这是一种大范围、贵族式、跨部落性质的交换形式。用贝壳制成的项链与臂饰以礼物的形式沿不同的方向交换与传播，用于巩固社会关系。甲将一件贵重物品作为礼物交给乙，这意味着甲与乙建立或加强了关系。这件礼物并非用于支付，它超越了纯粹的货币考量。它是一种姿态、一种约定，是对双方施加的义务——特别是对接受方而言。接受礼物意味着向另一方同样慷慨回报的义务[7]。

2. 海贝染出的紫色

在世界范围内，许多地区的沿海居民在长期捕捞食用海洋生物的过程中发现，一些贝类的腺体分泌物暴露在空气中会逐渐变化成稳定的紫色，可用于织物等材料的染色，这类染料被统称为"贝紫"。地中海地区贝紫染色的传统可追溯到米诺斯文明时期的克里特岛，此后在环地中海文化圈中风靡千年，因城邦推罗（Tyre，亦译提尔）而得名推罗紫（Tyrian purple）。这些腓尼基城邦建立了专门的生产工坊，从推罗紫的生产过程中获取了巨额的财富。推罗紫的生产工序复杂，且需要消耗成千上万的贝类，故而使用推罗紫染色的纤维与织物价格不菲，深受社会上层的追捧，以至于罗马与拜占庭皇帝颁布法令，垄断推罗紫的生产并限制其使用[8]。

第三节　地中海文明的兴起

顾名思义，地中海（Mediterranean Sea）是被欧洲、亚洲、非洲三块大陆环抱的一片陆间海，西经直布罗陀海峡连通大西洋。地中海东西长、南北窄，蜿蜒曲折的海岸线形成了诸多半岛与岛屿，将地中海进一步划分为多个小海域，为海洋文明的发展提供了绝佳的舞台。同时，与地中海毗邻的两河流域与尼罗河流域有着悠久的文明史，对于掌握了制造舟筏、沿河航行等技术的大河文明而言，驶向海洋、通过海洋实现文化交流、人员流动是自然而然的事情。

正如布罗代尔在《地中海与菲利普二世时代的地中海世界》中所述，在自然与文化因素的双重驱动下，地中海孕育了多样且传承有序的海洋文明[9]。也正因如此，不少地区的海洋文明以地中海为类比，比如人们将波罗的海称为"北方地中海"，将加勒比海称为"跨洋地中海"，将中国东海及日本海域称为"东亚地中海"，甚至将太平洋也视为"新版地中海"。

一、从尼罗河到地中海

发源于东非与埃塞俄比亚高原的尼罗河向北奔涌，在六千多千米的旅程中流经山地、丘陵与平原，最终汇入地中海。距今8000—6000年，随着东非、北非与西亚部分地区的荒漠化，非洲草原上"逐水草而居"的狩猎–采集者与"新月沃地"的农民聚集到尼罗河沿岸定居，逐渐形成了诸多城邦。在一系列兼并后，上游尼罗河谷地（上埃及）与下游尼罗河三角洲（下埃及）的政权至迟于公元前3100年融为一体，即史家所谓"上下埃及的统一"。在此过程中，尼罗河航运的发展功不可没。

1. 扬帆尼罗河

与尼罗河的流向相反，地中海吹来的盛行风自北向南，为尼罗河上的逆流航运提供了得天独厚的优势。在年代略早于统一时间的陶罐与岩画上，考古学家发现了一批最古老的帆船图像（图6-4）。同时，来自地中海沿岸甚至更遥远地区的物产也已经出现在当时的上埃及[10]。可以想象，5000多年前，装载着精美陶器与燧石制品的上埃及货船顺流而下，在尼罗河沿途甚至驶入地中海开展贸易。回航时，满载着葡萄酒、雪松木材、矿石与铜料的船只展开风帆，乘着向南吹拂的海风返回母邦。河海之间的一次次航行，加强了上、下

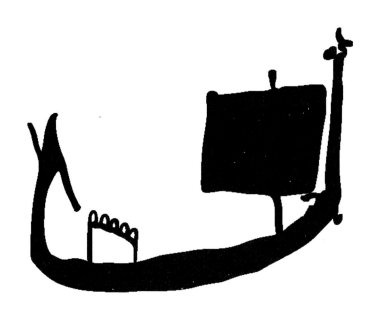

图6-4　一件古埃及陶罐（年代为距今5500—5200年）上的帆船图像

埃及之间的联系，为后续的统一打下基础。

尼罗河、红海、地中海三大水体使古埃及人清楚意识到他们与河、海的基本联系。在古埃及国家形成后，船筏与航运依然在日常生活、政权维系、精神世界等方面扮演着重要角色：尼罗河为国家层面的人员转移、物资运输、信息传播提供了便利条件；与黎凡特、希腊、邦特等地区的海上贸易往来为古埃及提供了矿产、木料、香料与油料等资源；墓葬壁画、陶器纹饰与工艺美术品常常以船只为主题，其中，"太阳船"寄托了古埃及人对死后世界的想象，胡夫金字塔旁埋藏的"太阳船"是法老的随葬品，船长可达40多米，主要由产自黎凡特的雪松木料建造而成，是了解古埃及造船技术的重要实物资料。

以尼罗河流域为中心，古埃及的贸易路线向四方延伸。海运有助于缩短与西奈半岛之间的贸易路程，便于从黎凡特地区进口大宗的木料，并成为埃及与地中海岛屿交流的唯一渠道。巨额财富在航路上流动、在港口中聚集，势必引来觊觎的目光，海上劫掠行为与海盗团体因此产生。

2. 爱琴文明曙光

根据公元前5世纪流传的古希腊传说，爱琴海岛屿的统治者米诺斯为了保障从海洋贸易中获取的收入，率先建立海军驱逐海盗。数千年来，包括《荷马史诗》在内，这些亦真亦幻的神话传说几乎是窥探公元前8世纪以前希腊历史的唯一窗口。直到近代，考古学的发展才通过实物证据揭开了爱琴海早期文明的神秘面纱。

考古学家借用传说中的同名人物，为一支位于克里特岛、绵延千余年的青铜时代文明——米诺斯文明命名。公元

图6-5　克里特岛"克诺索斯王宫"的海洋生物壁画

前20世纪至公元前15世纪是米诺斯文明的鼎盛时期，出现了"克诺索斯王宫"等宫殿式建筑[11]。米诺斯壁画与陶器上频繁出现的海洋生物形象栩栩如生（图6-5），展示着这一文明与海洋的深度关联。

对于米诺斯人而言，海洋既是抵御外敌入侵的天堑，亦是获取财富的通途。他们的海洋贸易路线将东地中海沿岸的多个文明紧密相连，来自埃及、黎凡特、爱琴海沿海等地的商品在此中转。然而，公元前16世纪前后，锡拉（Thera）火山的喷发可能导致了米诺斯文明的衰落，克里特岛随后被来自希腊大陆的迈锡尼人所占领，其文化遗产与商业网络传到了后者的手中。

与米诺斯文明及后来的希腊古典时期城邦文明不同，迈锡尼文明在地势险要处建造宫殿与城墙，且拥有发达的官僚和行政系统，这些特征显示强大王权的存在。至迟于公元前14世纪，迈锡尼与古埃及的海上贸易已经建立，前者大量输出橄榄与罐装橄榄油，后者输出工艺品原料以及玻璃、釉砂（faience，又译费昂斯）等成品。

二、商贸网络与海洋移民

公元前1200年前后，地中海沿岸的古文明发展进入低潮期，包括迈锡尼在内的主要文明消亡，黎凡特地区诸多城市被废弃。这一事件发生在青铜时代末期，故被称为"青铜时代崩溃"（The Bronze Age Collapse）。这一剧变的原因众说纷纭、未有定论，有观点认为这与"海上民族"（Sea Peoples）的入侵或海洋贸易网络的崩溃有关。

尽管古埃及成功击退了"海上民族"的入侵，但战争的巨大开销引发了国家的经济、政治危机，古埃及历史上最辉煌的时期——新王国时期走向落幕。古埃及的海军曾为海上贸易与远距离作战提供支持，但从公元前11世纪开始，古埃及的海上力量逐渐衰弱。古埃及人转而使用黎凡特地区的船只，他们在地中海与红海海域的主动权转移到了腓尼基人与古希腊人的手中。

1. 腓尼基

位于地中海与波斯湾之间的"新月沃地"是农业与文明的重要起源地，美索不达米亚与黎凡特组成了这轮"新月"的东西两翼。平坦肥沃的土地与组织水利工程的需要使前者更容易发展出集权的王国，山海之间狭长的地域使后者长期处于"小国寡民"的城邦状态。古希腊人将这些沿海城邦居民统称为"腓尼基人"（图6-6）。

狭小的陆域面积使腓尼基城邦难以单凭农业自给自足，发展贸易

图 6-6　腓尼基人因其高超的航海技术受雇于亚述帝国（图为新亚述帝国描绘船运场景的浮雕）

（特别是海上贸易）是其生存之道。腓尼基人从黎巴嫩山脉砍伐雪松等树木，与周边王国交换粮食、油料与酒等物资，这些散发着芳香的优质木料被用于埃及、美索不达米亚等地的神庙建设。同时，腓尼基的手工业发达，他们进口纤维、金属等原材料，加工成纺织品、工艺品出口并从中获得了巨大财富。

腓尼基城邦地处美索不达米亚与埃及之间的沿海走廊地带，极易受到周边强权扩张的影响。贸易积累的巨额财富也使各城邦受到敌对势力与海盗的觊觎。为此，腓尼基人大力发展海军，除用于自保以外，也受雇于波斯等帝国，为其提供海上武装力量。同时，贡赋的缴纳也使腓尼基城邦在帝国扩张的浪潮中多次得以自保[12]。

为了适应贸易记录的需要，腓尼基人建立了一套表音文字书写系统——22个腓尼基字母。由于每个字母都与特定辅音相关，腓尼基文字相较同时代的象形文字、楔形文字更容易掌握。此后，该系统被添加元音，逐渐演化为拉丁语，以及我们熟知的英语等多种语言。直至今日，腓尼基字母的衍生文字几乎存在于每个使用字母文字的国家。

借助上述资源、军事、文字等优势，腓尼基人将他们的海洋贸易网络不断向地中海西部延伸，甚至一度穿过直布罗陀海峡到达大西洋沿岸。腓尼基人沿途建立了许多著名的城邦，后来与罗马争雄海上的迦太基正是其中之一。在当时，腓尼基人的航海活动将地中海沿海文明更加密切地连为一体，他们发明的腓尼基字母与建立的港口城市则是其流传至今的遗产。

腓尼基人并非铁器时代地中海唯一的海上力量。自迈锡尼文明崩溃后，希腊地区的文明发展历程遁入了数百年的历史迷雾。公元前8世纪左右，随着古希腊城邦的兴起，先发制人、纵横海上的腓尼基人遇到了竞争者。

2. 古希腊

古希腊人在一个人口更多且更加集中的地区开始扩张。利用地中海的有利自然条件，他们发展了先进的造船技术、航海技术和交通网络。一方面，财富驱使他们拓展贸易路线并寻找更远的原材料产地；另一方面，由于自身土地的贫瘠与外邦的压力，古希腊不断向外移民建立城邦。这些城邦在文化、政治、经济和宗教方面与希腊本土有着紧密的联系，同时也受到了当地的影响。

古希腊人在地中海上建立了广泛的海洋交通网络，包括殖民地网络、贸易网络和同盟网络，对于古希腊文明和欧洲文明的发展有着重要的意义。它促进了古希腊经济、政治、文化、科学、艺术等方面的发展，也促进了古希腊文明与其他文明的交流和互动，为欧洲文明的形成和发展奠定了基础。古希腊人的航海技术和海洋交通网络也是人类文明史上一项伟大的成就，展现了人类对于自然和未知的探索和征服的精神。古希腊人的航海故事和传说也是人类文化遗产的一部分，如阿尔戈号的冒险、奥德修斯的归乡、雅典娜的庇护等，给后人留下了无穷的想象和启示。

古希腊与腓尼基的竞争关系与各自定位在西西里岛得到体现。地中海最大岛屿——西西里岛的富饶物产让古希腊人垂涎三尺，而腓尼基人则更关心岛屿西部地区的主要城镇和利益，因为这里靠近其重要的殖民地——迦太基，并为往返伊比利亚半岛的船舶提供港口。双方的城市间，甚至古希腊势力彼此间战火不断。最终罗马人在这里打败腓尼基（迦太基）人，让"罗马和平"降临这里。

三、"我们的海"

罗马虽然控制着一个具有战略意义的河流渡口，并在公元前640年已将领土扩展到海边，但罗马更热衷于"陆权"：海洋与名誉、光荣联系并不紧密，不能带来社会声望和从军威望；海洋"不受罗马精英们的喜爱"，他们"憎恨和害怕大海"；与控制航线相比，征服围绕着海洋的陆地更能达到统治海洋的目的。对罗马来说，"海权"是"陆权"的延伸。

由于这种"陆权"意识，加之海军实力相对落后，罗马与迦太基于公元前509年订立条约，意图维护友好关系。条约规定：罗马人及其盟友不得在迦太基势力范围内航行与贸易；迦太基在西西里岛拥有霸主地位，不得在拉丁意大利建造要塞；迦太基不得干扰罗马人控制下的沿海城市。但随着罗马人海洋意识的增强，迦太基越来越成为罗马树立地中海霸权的障碍。从公元前264年开始，两者之间先后爆发三次布匿战争，历经百余年的战火，罗马征服了迦太基，将北非沿海纳入罗马行省的建制（图6-7）。三次布匿战争改变了地中海世界的面貌，使该地区走向前所未有的统一状态。

布匿战争中的海战规模极大。据信在一场海战中，罗马方面约投入330艘战船共14万人，迦太基方面约有350艘战船共15万人交战。这已然不是小群帆船的混战，而是大规模海战，涉及复杂的组织、调度与补给。

起初，海军实力落后的罗马模仿俘获的迦太基战舰，建立了一支全新的舰队，并发明了"乌鸦吊桥"装置，用来抵消迦太基人的航海技术优势。"乌鸦吊桥"是一种前端带有重型铁钉的木制简易通道，通过甲板前端的滑轮和帆杆升降。当吊桥下落时，铁钉牢牢刺入敌船的甲板，为训练有素、骁勇善战的罗马士兵进入敌船、展开肉搏提供

图 6-7　罗马在占领迦太基城后，在废墟上进行了大规模的城市重建（图为安东尼浴场〔Antonine Baths〕的遗址）

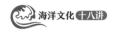

了通道。

公元前后，陆续征服希腊、黎凡特、埃及等地的罗马成为一个拥有地中海和黑海的大帝国。罗马人将地中海称为"我们的海"（mare nostrum），该地区所有商业和管理事务被视为自家之事。地中海作为罗马的内海，在交通、商贸、军事等方面成为维系帝国统治的重要纽带。

罗马从一个地中海沿岸城邦发展成为横跨欧、亚、非三大洲的强大帝国，地中海变为帝国的内海。在考古学研究中，罗马的征服与文字的引入被视为欧洲许多地区史前史结束的标志，对于此后的历史时期，考古学在探索古代人类社会方面发挥的功能，部分地让位于历史学。人类与海洋的故事，不再仅由地层中无声的文物默默地记录，历史的亲历者将以文字的形式，在史籍中续写这段传奇。

思考题

1. 来自海洋文明的"特例"是如何丰富学界对文明起源的认知的？
2. 考古学家通过哪些研究对象来了解未有文字记载的古代海洋文明？
3. 地中海沿岸的自然环境是如何促进海洋文明的形成与发展的？

参考文献

［1］ 易建平. 文明：定义、标志与标准 [J]. 中国史研究动态, 2022(1): 28-35.
［2］ 王巍. 中华文明探源研究主要成果及启示 [J]. 求是, 2022(14): 45-52.
［3］ Ames K M. The Northwest Coast: complex hunter-gatherers, ecology, and social evolution[J]. Annual Review of Anthropology, 1994, 23: 209-229.
［4］ Ortloff C R. Caral, South America's oldest city (2600－1600 BC): ENSO environmental changes influencing the Late Archaic Period site on the north central coast of Peru[J]. Water, 2022, 14(9): 1-38.
［5］ Sakai M, Sakurai A, Lu S Y, et al. AI-accelerated Nazca survey nearly doubles the number of known figurative geoglyphs and sheds light on their purpose[J]. Proceedings of the National Academy of Sciences, 2024, 121(40): 1-18.
［6］ McCoy M D, Alderson H A, Hemi R, et al. Earliest direct evidence of monument building at the archaeological site of Nan Madol (Pohnpei, Micronesia) identified using ^{230}Th/U coral dating and geochemical sourcing of megalithic architectural stone[J]. Quaternary Research, 2016, 86(3): 295-303.
［7］ 伦福儒, 巴恩. 考古学：理论、方法与实践 [M]. 陈淳, 译. 6版. 上海：上海古籍出版社, 2019: 332.
［8］ Iluz D. Mediterranean royal purple: biology through ritual[M]//Goffredo S, Dubinsky Z. The Mediterranean Sea: its history and present challenges. New York: Springer, 2014: 559-570.
［9］ 布罗代尔. 地中海与菲利普二世时代的地中海世界 [M]. 吴模信, 译. 北京：商务印书馆, 2017.
［10］ 金寿福. 内生与杂糅视野下的古埃及文明起源 [J]. 中国社会科学, 2012(12): 179-200, 209.
［11］ 王文珺. 伊文斯在克诺索斯王宫遗址的早期考古活动研究 [D]. 兰州：兰州大学, 2018.
［12］ 欧阳晓莉. 游走在帝国边陲的腓尼基城邦 [N]. 光明日报, 2018-09-17(14).
［13］ 陈思伟. 古代希腊罗马的周航记及其功用 [J]. 史学集刊, 2021(1): 59-70.

● **本讲作者：王海**

第七讲 "多元一体"旋律中的文明潮声

中国东濒西太平洋，广袤的国土上延伸着漫长的海岸线。与世界许多地区的情况类似，中国先民与大海打交道的历史悠久。在"多元一体"的中华文明格局中，中国古代海洋文明璀璨夺目。考古发现与文献记载较清晰地反映了中国沿海先民认识海洋、利用海洋、与海互动的奋斗足迹，表明中国海洋文明与农耕文明、游牧文明交相辉映，共同谱写了"多元一体"的文明乐章。

第一节 中国海洋文明探源

中华文明形成于何时？中华文明如何发展？中华文明为何这样发展？为了解答这些问题，一项由国家支持的多学科融合、研究中国历史与古代文化的重大科研项目——"中华文明探源工程"于2004年正式启动。20年来，通过多学科专家学者的共同努力，中华文明探源工程对中华文明的起源、形成、发展的历史脉络，对中华文明多元一体格局的形成和发展过程，对中华文明的特点及其形成原因等，都有了较为清晰的认识。

中国海洋文明作为中华文明不可或缺的组成部分，它的源流如何，与世界上其他地区的海洋文明有何联系与区别，又对中华文明整体的发展起到了哪些作用，也是中华文明探源工程涉及的问题。

一、中国海洋文明寻根

从末次冰期至全新世中期（距今70000—4000年），海平面变迁导致中国沿海海岸线频繁变化，先民的生活随海水而进退，数万年前沿海居民的活动区域如今已淹没在数十米乃至百余米深的海底。浅海的渔业捕捞与现今岛屿上的考古发掘零星揭示了距今10000年以前先民在陆地上的活动，中国海洋文明的发端时间可能比现在的认知更为久远，但相关考古证据已经淹没在海底，有待水下考古对大陆架区域的进一步探索。

距今8000年前后，中国漫长的海岸线上陆续出现沿海聚落，留下了丰富的物质遗存。中国新石器时代的海洋性古文化遗址，北部集中

陆桥沉浮

末次冰期期间，由于气候转冷等原因，全球范围内的海平面发生过普遍的下降。如今的浅滩曾露出海面、形成陆桥，为隔海相望的陆地生物提供了迁徙的"桥梁"，海底的陆相沉积物、古河道与古森林遗迹、陆生动物化石是这一"沧海桑田"过程的证据。

在今天的台湾海峡海底，横亘着一片东西向的浅滩，它西起漳州的东山岛，东至台湾岛的西海岸，一般深度不超过40 m。在末次冰期的低海平面期间，这片浅滩露出海面，形成连接今东山岛、澎湖列岛与台湾岛的"东山陆桥"。借助陆桥，古人类及其文化得以从大陆迁徙、传播到台湾。可见，自旧石器时代晚期开始，海峡两岸的居民就存在密切关联。

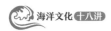

分布在黄海与渤海交界处的辽东半岛和胶东半岛沿海及近海岛屿，如辽宁的大连小珠山遗址、山东的即墨北阡遗址与胶州三里河遗址等。南部则以浙东、福建至粤东、台湾、珠江三角洲为多，如浙江的余姚田螺山遗址与宁波大榭遗址、福建的闽侯县石山遗址与平潭壳丘头遗址、台湾的大坌坑遗址、广东的深圳咸头岭遗址与佛山银洲遗址等。采捞河口与潮间带贝类是这些沿海先民重要的维生方式，许多遗址的地层中包含大量食用后的贝类弃壳（图7-1），在考古学上被称为"贝丘遗址"。

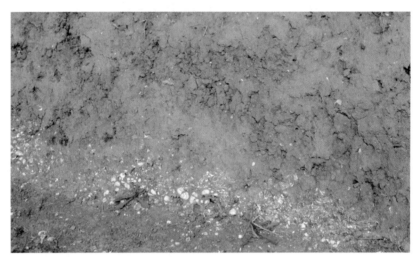

图 7-1　贝丘遗址地层中的大量贝壳

贝丘遗址是古代人类居住遗址的一种，多分布于沿海地区，亦见于内陆的河畔、湖边，以包含大量古代人类食余抛弃的贝壳为特征。贝丘遗址中存在人工遗物以及与人类活动相关的动物遗存，这是它区别于天然贝壳堆积的特点。贝丘遗址对于探索人类获取动物资源的行为特征、复原当时自然与人居环境、认识海岸线和海水温差的变迁、探讨人地关系等具有独特的价值。

二、中国沿海先民的生活

与典型的内陆农耕生活相比，海洋的不确定性给"靠海吃海"的生活方式提出了巨大的挑战。考古发掘出土的大量遗物遗迹表明，中国沿海先民在应对海洋时的生存策略比想象中更具智慧。

1. 靠海吃海

遗址中出土的动植物遗存以及骨骼同位素分析是揭示先民食谱的有力证据。整体来看，在农业发展的初级阶段，传统的狩猎-采集经济仍具有一席之地。广袤的海洋为沿海先民提供了"取之不尽"的蛋白质资源，狩猎－采集经济在他们的生活中占据更高的比重。

潮间带的贝类是产量稳定、容易获取但需要耗时采集、食用的一类食物资源，它们被沿海先民大量煮食或烘烤食用。捕鱼则是成本更高、风险更大的觅食方式，遗址中出土的鱼钩、箭镞、鱼镖、网坠显示，沿海先民已掌握钓鱼、射鱼、叉鱼、网鱼等捕鱼方式，大尺寸的海鱼椎骨暗示，驾驶舟筏离开海岸线捕鱼的行为可能已经存在。同时，遗址中出土的驯化及野生陆地动植物遗存则提示，陆地食物资源仍然是沿海先民食谱中不可或缺的一环。

2. 舟楫之利

经历长时间的埋藏，葫芦、皮囊等浮性材料以及捆扎用的绳索极易破碎或朽坏，这增加了考古学家寻找早期浮具与筏的难度，由整木刳成的独木舟则相对容易保存。浙江萧山跨湖桥遗址出土的独木舟（图7-2）是东亚已知最早的独木舟实物之一，年代为距今8000—7000年，它与木桨、木料、造船工具以及可能与帆或船篷有关的席状编织物一同

图 7-2 跨湖桥遗址出土的独木舟

出土，表面与破损处用漆保护或修补。跨湖桥独木舟集中体现了多种船舶相关技术的滥觞。民族学资料显示，配备了风帆、结构合理的独木舟足以支持驶离海岸、跨越重洋的航行活动。

借助舟楫之便，截至距今6000年左右，中国沿海先民已经登上了长山群岛、庙岛群岛、舟山群岛、马祖列岛等离岸数千米或更远的群岛，直面更为广阔的蔚蓝。

3. 琳琅百工

对于尚未掌握金属冶炼技术的新石器时代先民而言，石器、陶器、骨角蚌器、竹木器是他们普遍使用的生产工具。编织与纺织技术的进步则提高了生活质量。与大海朝夕相处的沿海先民，其生产工具与工艺美术品带有浓郁的海洋因素。

沿海先民食尽贝肉后，对空壳进行了再利用：粉碎后的贝壳可作为羼和料加入陶土中，改良陶器的性能；具有规则纹饰的泥蚶壳被用

独木舟的制造

先民"刳木为舟"时，一般就地取材，选取质地坚韧的整木，借助锋利的石斧、石锛进行挖凿。古人还巧妙地采用火焦法，在拟挖凿部分以外的木材表面涂上一层厚厚的湿泥，用火灼烧拟挖凿部分。有泥处木头烧不掉，保存下来；无泥处木头被烧成一层炭，这时再进行挖凿，会省力很多，制作效率显著提高。在火和石器的轮番作用下，浑然一体、严整无缝的独木船制造完成，载着先民游江泛海、渔猎捕捞。

于在陶器坯件上压制波浪形的贝齿纹；牡蛎壳等坚固的大型贝壳可加工成贝铲、贝刀、贝镰等工具；光洁美丽的宝螺、榧螺被穿孔作为装饰品（图7-3），长距离流通的海贝引发了内陆先民的追捧。

陶器是沿海先民重要的日用器物。内可盛水、外耐火燎的炊具使蒸煮海产品成为可能，先民的营养与卫生状况得到改善。固定在渔网下端的陶网坠有助于渔网的快速下沉，为网捕渔业提供辅助。在温饱之余，沿海先民以刻划水波

图7-3　穿孔宝螺、穿孔榧螺等装饰品

纹、压印贝齿纹、绘制彩绘等方式，在陶器上留下了沿海生活的印记。

竹、木、漆器相关技术的发展对沿海先民的作用亦举足轻重。用竹、草等材料编织的轻便篮筐是"赶海"的好帮手，显著提升了采集效率。弓箭使先民能狩猎鱼叉、鱼镖攻击范围以外的渔获物。复杂的木工技术是制造独木舟与木板船的基础，天然漆这一黏结剂与防水涂层的使用大大提升了舟船的耐用性，为沿海先民搏击远洋风浪提供了安全保障。

第二节　"多元一体"格局中的海洋文明

在新石器时代中国沿海先民开发海洋、发展海洋文明的同时，广袤的中华大地上散布着满天星斗般的大小聚落，中国内陆先民同样也创造、积累着文明成果。多样化的自然环境塑造了各具特色的文化传统，各地先民使用不同形制的生产工具劳作，在不同类型的建筑中居住，采用不同的仪式埋葬死者，这些行为所遗留下来的实物遗存，被称为"考古学文化"。当不同考古学文化代表的人群相遇，社会文化发生交流与融合，"多元一体"的文明格局逐渐形成。

一、文明进程中的海洋物产

距今10000多年，中国进入新石器时代，华北地区与长江中下游地区的先民们开始制作陶器、磨制石器，并驯化了粟、黍、稻，为文明的产生奠定了物质基础。此后，随着农业的发展，人口增长，聚落扩张，手工业发展，精神世界丰富，直至距今5500—5000年，长江中下游等地区相继进入了文明阶段。距今4300—4100年，气候变化等原因促使中国各地的文明进程发生转型，良渚等显赫一时的长江中下游文明衰落，黄河中游的文明加速发展。这一变化最终导向了王朝的建立与王权的巩固，中华文明进入了以中原为中心的新阶段[1]。

1. "海贝之路"

夏王朝与商王朝的文化影响范围空前广阔，四方的诸多物产汇聚于中原，其中就包括来自遥远海洋的海贝。早在新石器时代，中原地区就已经形成了将榧螺科海贝作为装饰品与随葬品的传统，这些海贝如今分布于黄海南部、东海与南海，可见当时的中原地区已建立了从沿海地区获取海贝资源的渠道，可谓是一条"海贝之路"。夏商时期，产自热带印度洋与西太平洋的宝螺科海贝后来居上，逐渐成为最常使用的海贝。在商代，海贝已成为财富与地位的象征，商代大墓中动辄成百上千的海贝彰显着墓主的显赫地位。例如安阳殷墟发现的妇好墓，出土了海贝6800余枚。商王、周天子等贵族通过向臣下赏赐海贝，以达到确立君臣等级与统属关系、维护政治秩序的目的。四川广汉三星堆遗址中一、二号祭祀坑共出土海贝4700余枚，这些海贝与坑内其他器物一起，在高等级祭祀活动中被使用。在这一阶段，身份、地位、财富等的标志物——海贝通过介入社会生活中赐赉、丧葬、祭祀等环节，为中华文明建立王朝、巩固王权贡献了"海洋力量"。

2. 煮海熬波

当人类从狩猎-采集转向农耕生活后，农作物与有限的家畜难以像野生动物的血肉那样，为人类提供足够的盐分。随着社会的复杂化与人口的增加，盐，这种维系人类生命活动的资源，战略性愈加凸显。位于中原腹地、黄河以东的山西运城河东盐池，是一座得天独厚的富矿，早在新石器时代，盐池附近就已经出现了发达的商道与仓储设施，大型聚落遗址与高等级墓葬暗示着当时盐业的发达。对河东盐池的控制也许是中原文明加速发展、建立王朝的原因之一。

在远离河东盐池的沿海地区，这里的居民具有更加优渥的制盐条件。距今4400—4100年的浙江宁波大榭遗址是中国海盐业的早期实证，先民在海岛上建起盐灶，将海水熬煮成盐。商周时期，山东沿海兴起了成规模的制盐作坊，制盐工人在低洼处挖掘竖井，开采浅层地下卤水，经提纯后，用独特的制盐工具——盔形器盛装卤水，置于盐灶上煎煮成盐。为控制东方沿海的盐业资源，商王朝后期对东方展开了持续的经略与征伐，商纣王"征东夷"的军事行动也为牧野之战的战败埋下了祸根。

西周王朝对山东地区的制盐业依旧重视，据《尚书·禹贡》，盐是古青州——山东半岛及周边地区主要的贡品。及至春秋时期，齐国因"擅海滨鱼盐之利"而崛起。宁波大榭遗址亦发现了春秋时期的制盐遗物，《越绝书》记载："朱余者，越盐官也，越人谓盐曰余。"余姚、余杭、余暨（今萧山）等地名为寻找春秋战国时期的盐业遗存提供了线索。

二、南岛语族的远航

将地质历史的指针拨回更新世期间，截至末次冰期结束，走出非洲的现代人已踏足欧洲、亚洲、北美洲、南美洲大陆及周边一些曾与大陆以陆桥相连的岛屿，并实现了"最初的航海"——跨海到达今新几内亚岛、澳大利亚大陆等当时未与其他大陆相连的地区。进入全新世后，大如马达加斯加岛与新西兰南、北岛，小如太平洋、印度洋的低矮环礁，在很长一段时间内仍然是未被人类开发的"处女地"。人类在这些岛礁上的大规模定居，与一场持续千年的伟大航海有关。这场航海的主角被称为"南岛语族"。

有段石锛

磨制石器的使用是新石器时代的标志之一。为适应不同的生产需要，新石器时代的先民制造了形态各异的磨制石器。其中有一类形制奇特的石器引起考古学家的广泛关注，那就是有段石锛。一般的石锛呈一端如刨刀开刃的长方体，而有段石锛的特殊之处在于，器物中部有一道阶梯状横脊，将其分为前后两段，较薄的后部可嵌入开槽的木柄中或用弯曲的木柄进行夹持。有段石锛在我国东南沿海的新石器时代遗址中相对常见，在中南半岛和太平洋岛屿也有发现，被认为与南岛语族在海洋上的扩散有关。

南岛语族是一个主要生活在南太平洋岛屿上、使用南岛语系诸语言的庞大族群。其分布范围北起中国台湾，南抵新西兰，东到复活节岛，西至印度洋的马达加斯加。"南岛语族的起源与扩散"是多学科的学术焦点，在考古学领域，它是太平洋地区早期文明扩散、交流与互动的重要课题。近百年来，来自中国的考古发现与研究将这一课题与中国海洋文明的起源和早期发展相联系。

早在20世纪中叶，中国著名人类学家、考古学家林惠祥在对中国台湾、福建、广东等地以及东南亚地区进行考古调查的基础上，注意到印纹陶器、有段石锛、有肩石斧等器物为这些地区的考古学文化所共享，并提出"亚洲东南海洋地带"这一概念以囊括这种共性。在随后的以考古学与语言学为重点的南岛语族起源跨学科研究中，考古学探源的焦点指向了中国台湾岛及大陆东南海岸地区的新石器时代早期文化。主要分布于台湾岛北部、距今6000—4500年的大坌坑文化被认为与南岛语族先民密切相关。大坌坑文化及其后续文化所具备的文化因素，有很大一部分与同时期福建沿海的考古学文化所共有，这反映了新石器时代以来今福建、浙江、广东等地的人群多批次向台湾岛的扩散。分别独立起源于长江中下游和华北地区的稻作农业与粟作农业先后传入台湾岛，也为这一过程提供了佐证。

遗传学证据方面，2020年，中国科学院古脊椎动物与古人类研究所的付巧妹团队成功在福建的奇和洞、昙石山和溪头遗址出土的人骨中提取DNA进行研究。其结果进一步证明：福建地区新石器时代的人群是西太平洋地区各岛屿上的南岛语族的祖先。

近年来，国家文物局以"考古中国"重大项目——南岛语族起源与扩散研究，着力解决目前南岛语族考古学研究中最核心的起源模式与扩散路线问题，填补区域间考古学时空框架的空白，明晰不同区域考古学文化间的关系。通过对浙江井头山遗址，福建平潭岛西营、壳丘头、东花丘和龟山遗址，海南湾仔头和内角等遗址展开系统考古学研究，认为南岛语族的起源应该是在中国东南沿海地区广阔的史前海洋文明之中，揭示了史前人群深耕大陆、开发利用海洋的文化特征、生计模式、社会结构的演化历程，为探索南岛语族起源与扩散提供了重要线索，是中华文明和中华民族"多元一体"演进格局的重要实证。

南岛语族的复合型独木舟，娴熟的使帆技术和星象、风向导航技术等，是成就这一族群大规模海洋扩张的航海技术保障。太平洋南岛语族航海交通工具的重要特征是独木舟的复合型，所谓"复合型"，主要指双体独木舟、单边与双边的边架艇独木舟两类。双体独木舟是太平洋土著南岛语族重要的航海工具，双体的稳定性和抗横向摇摆、抗侧翻性能，使得原始时代的独木舟具有了很大的航海适应性。民族学家调查发现，波利尼西亚土著驾驭复合型独木舟，配备原始风帆，每天在太平洋上可航行235 km，是世界舟船体系中的特殊类型。

导航技术方面，星象、风向、洋流、海鸟等都是南岛语族航海技术中重要的导航媒介，其中星象导航是最有代表性的技术。中国华南地区船民和南太平洋南岛语族人群，都使用以日月星辰的升降分辨东西的"星象罗盘"术、以星斗高低测量远近的"裸掌测星"术。南岛语族先民在认识海洋、征服海洋、扬帆海洋的数千年内，积累了丰富多样的导航技术，除了上述星象导航系统外，还有利用季节性和规律性风向变化的"风向罗盘"（wind compass）、涌浪与海流导航术（swell and current piloting）、海鸟导航法（navigator birds）以及以地文观察为基础的原始海图法（chart）等，体现了南岛语族土著在太平洋航海上漫长的实践经验积累。

第三节　海上交通与早期海外交流

从古至今，开放包容、交流互鉴都是文明发展的重要动力。早在新石器时代，中华文明就与其他文明建立了普遍的交流，积极吸收、借鉴后者的文明成果并加以创新。例如，早在张骞通西域以前的两千多年，西亚驯化的小麦、黄牛、绵羊与当地的冶金术通过类似的路线传入中国，丰富了中国的"六畜"与"五谷"，催生了夏商周璀璨的青铜文化。与此同时，中华文明的文明成果也为其他文明所用，如稻作与粟作农业、青铜冶炼技术、治玉工艺等。

随着造船与航海技术的发展，中国在先秦时期就通过海路与东北亚与东南亚多地进行了交流。这些早期的海外交通为后来"海上丝绸之路"的开辟打下了基础。

一、与东北亚的海上交流

连接中国与朝鲜半岛、日本列岛的航线是山东、辽东沿海近岸航线的延伸，即"海上丝绸之路"的东海航线，也被称作"东海丝绸之路"。这条连接黄海、渤海沿岸地区的北方海上丝绸之路，是黄海、渤海沿岸地区通过经济文化交流逐渐形成的。其萌芽于新石器时代中期，历经新石器时代晚期与夏商周三代，秦汉以后成为常态的海路。

最迟在距今6500年左右，辽东半岛南部与胶东半岛的沿海居民就发生了一定的接触，两地的物质文化开始趋同。鉴于连接两地的陆路上并未观察到这种变化，两地的交流应是通过海路。在随后的2000余年里，两地的交流愈加密切，结合当时的海平面情况以及出土、出水文物来看，胶东与辽东可能存在陶器与玉料的海上交换与人群交流，而连接胶东半岛和辽东半岛的海上通道很可能是从胶东半岛北岸出发，向北经长岛北庄、大口等遗址到达郭家村遗址一带的辽东沿海。

中国商代至战国时期，山东半岛、辽东半岛、朝鲜半岛等环黄海地区以及江浙沿海、日本西部先后兴起了以巨石垒砌、具备丧葬等功能的构筑物。同时，朝鲜半岛亦出现了使用本地原料、采用吴越技术铸造的吴越风格青铜剑。研究分析，这应该是掌握陶范铸剑技术的中国大陆工匠东渡朝鲜半岛后在当地铸造的，东渡的大概路径是从杭州湾或长江口一带入海，沿黄海西海岸北上至蓬莱一带，越渤海海峡至辽东半岛南端，然后沿黄海北岸的近海东进至黄海的西朝鲜湾，再由此沿海南下到达朝鲜半岛的南部沿海一带[2]。

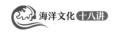

树皮布揭示的海上交流

树皮布（tapa）是一种使用树皮作为原料，经过拍打技术加工制成的无纺布料。制作者将树皮的纤维浸湿后进行长时间的拍打，使树皮中的纤维交错叠压，形成片状的树皮布料。多片细小的树皮布料，也可被拍打缀连成大片。其原理与使用纺织纤维的经纬织造技术系统完全不同。有学者认为，中国古籍中"楮冠""榻布""卉服"等记载即与树皮布有关。树皮布本身容易腐朽，但制作过程中使用的石拍独具特色，易于保存与识别，结合近现代的民族学观察，考古学家得以识别出这类特殊的工具。树皮布石拍主要分布于东南亚与太平洋岛屿、中南半岛等地，我国的台湾岛、海南岛与珠江口地区也有发现。其中珠江口地区发现的树皮布石拍年代较早、数量较多，这表明该地可能是树皮布技术的起源地，也为珠江口地区的史前海上交流提供了证据[3]。

更为重要的是，掌握了稻作与冶金技术的"弥生人"渡海到达了更远的日本列岛。遗传学与考古学证据显示，日本弥生人的故乡应为东亚大陆。他们的祖先可能是通过不同路线从中国大陆迁移至日本。可能的路线有三种：一是从渤海湾沿海地区到辽东半岛再经朝鲜半岛渡海至日本列岛；二是从山东半岛渡海到朝鲜半岛再渡海至日本；三是直接从江南地区渡东海抵达日本列岛。

二、与东南亚的海上交流

在万余年前，今天的东亚及东南亚大陆曾与中国台湾岛、海南岛，以及马来群岛通过陆地相连，旧石器时代的先民可在其间畅行无阻。随着海平面的上升，今天所见的岛屿逐渐形成。考古学文化的相似性说明，这些区域之间的文化交流并未被茫茫大海阻隔。除南岛语族先民驶离中国东南沿海、向太平洋岛屿扩散以外，先秦时期，连接中国与东南亚的海上商贸路线也初具雏形。

对于生活在低矮、狭小岛屿上的石器时代居民而言，用于制造石器的合适石料是相对稀缺的资源，具备更强观赏性的玉料更是可遇不可求。春秋至汉代，中国台湾、广西以及中南半岛、东南亚岛屿流行着几类形制特殊的玉质或玻璃质耳环，根据矿物学特征判断，其中的玉料产自台湾岛东岸的玉矿。随着玉、石、金属原料与制品的流通，"海上丝绸之路"呼之欲出。

思考题

1. 为探寻中国海洋文明的"根"，应从学术研究与大众宣传角度采取怎样的措施？

2. 有哪些证据表明，南岛语族的起源地在中国东南沿海？

3. 先秦中国的海外交通，是如何为海上丝绸之路的形成打下基础的？

参考文献

[1] 王巍. 中华文明探源研究主要成果及启示 [J]. 求是, 2022(14): 45-52.

[2] 白云翔. 从韩国上林里铜剑和日本平原村铜镜论中国古代青铜工匠的两次东渡 [J]. 文物, 2015(8): 16-19.

[3] 邓聪. 古代香港树皮布文化发现及其意义浅释 [J]. 东南文化, 1999(1): 30-33.

● **本讲作者：王华芹**

第三篇

海洋与全球化历程

在人类历史的早期阶段，人们依靠简单的渡海工具，进行着有限的跨海交流。地球被汪洋大海分割成若干相对隔绝的区域，每个区域的居民都在独立地创造着自己的文明，推动着各自独特的历史进程。然而，对未知世界的探索欲望和对异域物资的渴望，激励着人们不断寻求跨越海洋的交流，从而推动了海外交通的发展。

中国拥有悠久的海外交通史。海上丝绸之路的辉煌篇章，便是这段历史的见证。在先秦海外交通的基础上，海商们凭借不断进步的造船、航行技术，逐步驶向更远的彼岸。跨越海洋的贸易活动渐演成势，且常常得到官方的支持和鼓励。宋元时期的泉州因此成为这一历史进程中的佼佼者，明初的郑和下西洋则将这一进程推向巅峰。

随着郑和"宝船"帆影的远去，东方的海洋随即迎来了欧洲的航海家与海商。新航路的开辟将东方既有的海洋商贸网络与欧洲、美洲相联通，全球化的进程突飞猛进。在汹涌的全球化浪潮中，勇立潮头的中国海商先在南海地区建立起商业贸易网络，继而向世界范围延展。在与新贸易对象的博弈中，中国海商尤其是闽粤商人，促进了商工文明与华侨文化的发展。

官方海洋政策曾因拘束于王朝安全，时有对民间海洋活动的禁绝，乃至在沿海地区上演了海盗与反海盗的激烈较量，但是，海洋贸易、海外移民和海洋产业活动仍蓬勃开展着，彰显了中国在推进海洋全球化进程中的至高地位。

与海上贸易活动相伴随的，是海洋观察、船舶制造、海上导航等海洋认知、海洋技术的一系列成果。同时，中国古代的海洋渔业与盐业也跻身世界先进行列。以上种种成就，都在彰显着中国海洋发展走入了一个领先的境地。

第八讲 繁荣的中外海上交通

海洋为不同地区的文明提供了无与伦比的交流和互动的桥梁。沿着海上交通路线的跨洋互动促进了不同地区之间的商品交换和文化交流。通过海洋的连接，不同文明相互影响，推动了文化的传播、融合和多元化，进而促进了新思想、新技术和新习俗的出现和发展，这在我国古代"海上丝绸之路"的形成与发展过程中得到了充分的展现。中国古代海上丝绸之路萌芽于先秦，形成于秦汉，发展于隋唐，繁盛于宋元，转型于明清。中国的海外交通活动愈发活跃，中外贸易往来更加频繁，一些世界级的海洋商贸中心顺势兴起，并在积极吸纳优秀外来文化的基础上形成了多元而绚烂的本土商贸文化。

第一节 中国与海洋亚洲的连接

公元前221年，秦始皇统一中国。中华文明迈入了大一统国家的新阶段，标志着多民族国家形成与发展的新篇章正式展开 [1]。汉承秦制，并在秦的基础上继续发展。秦汉时期，中国凭借着强大的中央集权体制与日益增强的国力，正式开启了海陆并重的对外交流新格局，开辟了几条官方陆海交通要道。其中较早被大家所熟知的，是从中国经中亚、西亚连接地中海沿岸的"（陆上）丝绸之路"，随后又衍生出了"南方（陆上）丝绸之路"与"海上丝绸之路"的概念。

"丝绸之路"并非字面上的一条"路"，而是众多商路组成的交通网络，古代中外文明借此进行经济、政治、文化上的交流。包括丝绸在内的东西方商品在这张网络上流通，文化和宗教思想伴随着人员的流动而广泛传播。

秦始皇兼并六国后，派兵平定岭南百越之地，在今广东、广西及周边地区设置南海郡、桂林郡、象郡。这标志着岭南地区被纳入中央政府的管辖之下，得到大规模的开发。秦末，天下群雄并起，秦朝地方官赵佗割据岭南地区，建立南越国，基本维持了当地的安定，保障了岭南经济的进一步发展。在此之前，岭南与东南亚地区通过海上的交流就已存在，结合出土文物以及文献记载推测，彼时，南越国造船

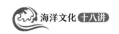

技术相对发达，向东沿岸航行可与今福建、浙江等地往来，向西的航路或许连接中南半岛甚至印度洋沿岸。象牙、香料、异域风格的金银器等物产与异域人员聚集于南越国的都城番禺（今广州），海上丝绸之路呼之欲出。

一、海上丝绸之路的开辟

汉武帝派兵水陆并进平灭南越国后，进一步拓宽海外贸易规模和范围，地处北部湾东北沿岸的徐闻与合浦成为贸易始发港。据《汉书·地理志》记载，汉朝使臣携带黄金、丝绸，从徐闻、合浦出发，循中南半岛、马来半岛沿岸南行，最终到达印度洋沿岸。这一史事被认为是海上丝绸之路正式开辟的标志，也提供了中国丝绸输出南海的最早记录[2]。中南半岛与马来半岛出土的汉朝文物，年代多属西汉中期以后，为史籍记载提供了实物佐证。这些文物集中分布的地点，也为探索当时海上丝绸之路重要节点的地望提供了依据[3]。

东汉时期，海上丝绸之路的路线进一步丰富，马来群岛亦与中国通过海路连接。公元166年，大秦国（即罗马帝国）的使者通过海上丝绸之路来到日南（今越南中部），向东汉朝廷进献礼物，这是罗马与中国第一次实现海路直通。

除海上丝绸之路的南海航线以外，东海航线亦有所发展。日本列岛上的诸多小国积极与汉朝交往，接受册封，通过海路形成了相对稳定的朝贡关系。

秦汉海上丝绸之路的开辟，是中国古代对外开放和扩大交往的重要里程碑。以中国为中心，将朝鲜半岛、日本列岛、中南半岛、马来群岛通过海洋交通网络相连，"海洋亚洲"初具雏形。

二、海洋移民与文明交流

子曰："道不行，乘桴浮于海。"这反映了个人行为层面上的海洋移民古已有之。随着海上航线的常态化，有组织、规模化的海洋移民成为可能。汉末至隋初，政权的割据带来了频繁的战争，大量的中国士民背井离乡，前往海外。他们沿着既有的航路，东渡朝鲜半岛与日本列岛，大大促进了汉字、儒学、政治制度、宗教与技术的传播，也为汉字文化圈的形成做好铺垫。

面对割据的政治局面，各政权为开拓外交空间，积极施展远交近攻的策略。偏安江南的六朝政权（东吴、东晋以及南朝的宋、齐、梁、陈）凭借自然环境孕育出的舟楫之利，大力发展造船与航运。舰船的设计与制造进步显著，所造之船数量多、体量大、质量高，已达到当时世界领先水准。六朝政权在与北方接壤势力对峙的背景下，积极争取第三方势力的支持，其中不乏跨越重洋、与国际友邦交好之举。例如建都于建康（今南京）的南朝诸政权，长期与控制朝鲜西南部的百济政权维持着良好的外交关系，并持续输出技术与文化。

三、汉字文化圈的形成

自秦汉海上丝绸之路开辟以来，经魏晋南北朝海洋移民的推动，至隋唐时期，以汉字诞生地中国为中心，覆盖中南半岛、朝鲜半岛、日本列岛等地的汉字文化圈逐渐形成。海洋在这一过程中发挥了重要的纽带作用，特别是海上丝绸之路的东海航线，显著促进了东亚世界的形成。

在汉字文化圈内，各国共享以汉字作为交流媒介的文化传统，儒家思想构成了其伦理道德的基础，律令制度成为其法律和政治体制的框架，而汉传佛教则是其共同的宗教信仰和价值准则。与此同时，其他国家或民族在政治方面依然与中国保持着相对独立性。总体而言，汉字文化圈的形成是一个漫长而多层次的过程，涉及政治、经济、文化、宗教等方方面面的互动与交流。这一文化圈在历史长河中形成并逐渐扩大，是一个多元而又统一的文化区域，成为东亚地区文化的共同基石，也是人类文明的重要组成部分。汉字文化圈内的国家之间，有着共同的文化基因和价值观，也有着各自的文化特色和创新[4]。

除将东亚世界紧密相连的东海航线以外，隋唐时期的南海航线进一步延伸。从广州出发，穿越南海和印度洋，最终抵达波斯湾沿岸的航线，在当时被誉为世界上最长的远洋航线，广州也因此成为中国第一大港。自晚唐开始，中国生产的陶瓷，特别是中国特产的优质瓷器开始通过海上丝绸之路大量外销。陶瓷易碎、沉重的特性使其高度依赖船运，与发达的海洋商贸网络相得益彰，逐渐成为经由海上丝绸之路输出的大宗商品，因此，海上丝绸之路也被称为"海上陶瓷之路"。

海上丝绸之路的陆地"跳板"

《汉书·地理志》记载西汉的海上丝绸之路路线如下："自日南障塞、徐闻、合浦船行可五月，有都元国；又船行可四月，有邑卢没国；又船行可二十余日，有谌离国；步行可十余日，有夫甘都卢国。自夫甘都卢国船行可二月余，有黄支国，……。自黄支船行可八月，到皮宗；船行可八月，到日南、象林界云。黄支之南，有已程不国，汉之译使自此还矣。"[5] 其中从"谌离国"到"夫甘都卢国"的陆路引人注目。有观点认为，这段陆路横穿了马来半岛，可避免船只向南取道马六甲海峡等地的绕行。无独有偶，在马来半岛北部狭窄的克拉地峡区域，东西两岸分布着许多与海外贸易相关的遗址，汉朝与印度的文物在此集中发现。在海上丝绸之路上，克拉地峡或许曾发挥陆地"跳板"的作用。

第二节　"涨海声中万国商"

五代十国时期，中原地区的经济发展因战乱而受到很大阻滞，而南方的南汉、闽、吴越等诸多小国经济发展相对超过北方，它们利用地理优势，积极发展海外交通。

南汉、闽、吴越濒海，控制着广州、福州、泉州、杭州等贸易港口。王审知治闽期间，开辟甘棠港招徕海外商贾；南汉政权利用广州港的优势，大力发展与南海诸国的海上贸易；吴越统治者则主要发展与日本的贸易。这些南方诸国经营海上通商事业，增加开辟新的良港，为宋元时期的海上丝绸之路及海上贸易打下了坚实的基础。

一、梯航万国

宋元时期，中国海外贸易活动达到了前所未有的繁荣。这一时期的海外贸易不仅规模庞大，而且涉及的地区也十分广泛。

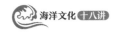

1. 宋代的海外贸易范围

在宋代，中国的海外贸易网络广泛延伸，东至日本和朝鲜半岛，南达马来群岛，西及波斯湾和东非海岸。

中国与日本的贸易关系以民间贸易为主。北宋时，日本海船受闭关政策影响而少来中国，大都是宋船驶往日本博多港口从事贸易。南宋时，日本政府转而鼓励海外贸易，优待赴日贸易的宋船，为其增加敦贺、濑户和轮田等港口停泊。

中国与朝鲜半岛上的高丽建立了发达的海上交通网络与密切的贸易关系。北宋时，双方主要以贡赐形式进行官方贸易，其间使者们借出使之便在彼此京师从事私人买卖活动。南宋时，双方以民间贸易为主，官方贸易基本停止。对宋贸易的高丽商船前往山东、浙江和福建沿海港口贸易，其中明州成为主要港口。

东南亚各国与中国海上交通与贸易往来频繁。北宋时，与中国有贸易往来的国家包括阇婆（位于爪哇岛）、渤泥（位于加里曼丹岛）、麻逸（今菲律宾境内）、三佛齐（位于苏门答腊岛及周边地区）、占城（今越南南部一带）、真腊（今柬埔寨一带）、蒲甘（今缅甸境内）等。南宋时，增至近20个国家与中国贸易往来，其中交趾（安南）、占城、三佛齐最密切[6]。

南亚与中国的海上贸易得到发展。南印度的故临（今奎隆）成为中国与阿拉伯地区海上交通贸易的重要中转停靠港。印度西海岸的胡茶辣（今古吉拉特）与阿拉伯国家贸易关系密切，其商船也时常到中国港口贸易。锡兰（今斯里兰卡）更是东西方海上交通贸易线的枢纽，中外商人在此互换交易各类货物。

西亚与中国海上贸易繁荣。来自大食（即阿拉伯帝国阿拔斯王朝）的弼斯罗（今伊拉克巴士拉）、尸罗围（位于今伊朗南部）、记施（今伊朗基什）、勿巡（今阿曼苏哈尔）等港口的商人驾船接踵而至，在中国广州、泉州等港口开展贸易，而中国商人也纷纷前往大食寻求商机。

2. 元代的海外贸易范围

元代的海外贸易范围在宋代基础上进一步扩张，延伸到地中海沿岸，从前期的140多个发展到末期的200多个[7]。

日本政府积极鼓励对中国贸易，中国政府也非常重视开展与日本的贸易，双方贸易关系得到较大发展。庆元（今宁波）是中国对日本贸易的主要港口，山东、福建沿海也时有日本商船出入；中国商船前往日本，基本在博多港开展交易活动。

中国与高丽的官方贸易规模大，民间贸易则更频繁。北风季节，高丽商船前来庆元、泉州等港口贸易；南风季节，中国商船纷纷北上高丽。

中国与许多东南亚国家建立了密切的贸易往来：中南半岛上，主要有安南、占城、真腊、暹罗及缅甸等国；马来半岛上，主要有单马令、彭坑（均位于今马来西亚彭亨州一带）、吉兰丹（位于今马来西亚吉兰丹州一带）等国。大巽他群岛上的爪哇、三佛齐、须文答剌（又称苏木都剌，位于今苏门答腊岛北部）、渤泥（又称勃泥或浡泥）以及马鲁古群岛的文老古等国与中国的贸易关系也很密切。中国与菲律宾群岛的麻逸、麻里鲁（今马尼拉）和苏禄（位于苏禄群岛一带）等国的海上贸易发展迅速。

众多中国商船经常驶往南亚次大陆，该地区与中国通商往来的国家主要包括马八儿（今印度南部海岸一带）、俱兰（即故临，今奎隆）、古里佛（今印度西南海岸的科泽科德）、僧加剌（又称师子国，今斯里兰卡）等。马八尔是东西方航船必经之地，也是中国与阿拉伯交通的枢纽和中转站；俱兰是东西海上交通的要冲之地，很受中国商船的重视；古里佛是当时世界巨港之一，各方商人荟萃于此；僧加剌是东西方商船往来停泊之地，国际商业中心之一。

中国与西亚的海上贸易主要针对阿拉伯各国和伊利汗国。直航阿拉伯地区贸易的中国商人颇多，主要前往波斯离（即弼斯罗，今巴士拉）、哩伽塔（今也门亚丁）等港口，其中哩伽塔是当时阿拉伯半岛最重要的通商口岸。大量大食商人活跃于中国沿海各大港口，寓居泉州的大食人受到中国政府的重用。伊利汗国控制着今伊朗、伊拉克等地区，是蒙古四大汗国之一，与中国关系密切，官方及民间贸易繁荣。来自伊利汗国的波斯及阿拉伯商人停留于广州、泉州等港口贸易和生活；从这两个港口出发的中国商人也常前往伊利汗国各地经商、定居，他们多在甘埋里（霍尔木兹海峡中的霍尔木兹岛）登陆，这是当时东西方海上交通枢纽，也是伊利汗国对中国贸易的主要港口。

二、泉州：宋元世界海洋商贸中心

泉州，古称刺桐，位于福建东南部的江海汇合之处，是东南沿海的一个天然良港，它能发展成为海洋贸易中心，与这一得天独厚的地理位置和自然条件密不可分。

泉州于唐代就被开辟为对外贸易港口，五代十国时期逐步取代闽东的甘棠港。宋元时期，泉州港的繁荣程度达到了顶峰，以刺桐港为中心，对外贸易规模、范围、影响力都有了显著提升，成为当时世界上最繁华的港口之一，被称为"东方第一大港"，与埃及的亚历山大港齐名。考古发掘所揭示的行政管理机构、窑场、冶铁场遗址以及迄今尚存的宗教建筑、石雕石刻（图8-1）、桥梁、航标塔（图8-2）等文化遗产，

图8-1　记载了宋代泉州相关人员为海外贸易商舶举行祈风仪式的南安九日山祈风石刻

图 8-2　位于泉州湾入海处的六胜塔（自宋元以来是船舶进出港所参考的航标）

是泉州港辉煌历史系统而全面的物证。2021年7月25日，"泉州：宋元中国的世界海洋商贸中心"被联合国教育、科学及文化组织（简称"联合国教科文组织"）列入《世界遗产名录》。

宋元时期的泉州港承担了三方面的功能：一是对外贸易，二是海上运输，三是海上交流。

对外贸易方面，泉州港是宋元时期海上丝绸之路最重要的枢纽，每年都有数以千万计的中外商船从该港出发或在此登陆，其海外贸易呈现出一派兴盛景象。泉州港的贸易对象涵盖了东南亚、南亚、西亚、非洲及欧洲等地的近百个国家和地区，是当时世界上最广阔的贸易网络之一。通过泉州港进出口的商品，种类十分丰富，大量丝绸、瓷器、茶叶、铁器等传统的中国特产及其他举不胜举的手工业品被出口到海外各地，同时也引进了香料、玳瑁、象牙、犀角、珍珠、宝石等众多海外贵重物品。泉州的商贸活动，促进了中国与世界的经济文化交流，也反映了中国的海洋意识和海上丝绸之路的发展。

海上运输方面，泉州港是宋元时期海上运输的最重要节点，是中国与海外各地之间的贸易通道。泉州港的船只和船工在海上运输方面有着先进的技术和丰富的经验，泉州港的船舶制造业和航海业也十分发达，制造的船只类型多种多样，包括海船、河船、渔船、战船等，其中以泉州大海船最为著名。泉州大海船是一种大型的木质帆船，可载重数百吨，可乘坐数百人，可航行数千里，是当时世界上最先进的船只之一。其坚固性、稳定性、适航性，特别是水密隔舱的安全设施等，在当时都代表着相当先进的水平。泉州海商、舟师所掌握的海外航道水情也已十分详细，其中针经、针簿等被广泛使用于指引海上航行。这些都极大地促进了当时中国海洋技术的进步。

海上交流方面，泉州港是宋元时期海上文化交流的最重要平台，每年都有大量的外国商人、使节、传教士、学者、旅行家等来到泉州港，与中国人进行各种形式的交往，促进了不同文明的相互了解与借鉴。泉州港海外贸易的繁荣发展，也吸引了许多外国人定居下来，形成了一个多元的"海洋社会"，其中以阿拉伯人、波斯人、印度人为主，还有叙利亚人、摩洛哥人、意大利人、占城人、三屿人、朝鲜人等。外国商人，尤其是阿拉伯商人，一般都留居城外，也有杂居城内的，他们在泉州的影响极大，一些人甚至还担任官职。海外留居者在泉州港建立了自己的社区、寺庙、墓地等，传播了自己的宗教、语言、艺术、风俗等，与中国人进行了广泛的融合和交流。

作为宋元时期世界海洋商贸中心的泉州港，是当时中国与世界的对话窗口。通过这一窗口，中国向外展现了完备的贸易制度体系和多元包容的文化态度。

三、独步海外的"中国制造"

宋元时期，中国瓷器、丝绸、铁器的外销达到历史高峰，它们作为中国的传统特色手工业产品成为海外贸易的重要货物，占据出口的主导地位。这些产品的大量外销，不仅带来了巨大的经济收益，也促进了中国制瓷、丝织、冶铁等产业的繁荣发展，既扩大了瓷器、丝绸、铁器的市场需求和生产规模，也提升了制瓷、丝织、冶铁业的生产技术及其产品质量，还带动了相关产业的发展。

1. 陶瓷器

制瓷业在宋元时期得到进一步发展，进入了成熟期。瓷器生产窑场除了传统名窑外，还涌现了许多新窑场，以适应海外市场的需求。主要生产内销瓷的传统窑场，如越窑系的上林湖窑和上虞窑、耀州窑系的黄堡窑和河南众窑场、龙泉窑系以及景德镇窑系的各个窑场，同时也生产一定数量的外销瓷。还有一些窑场以烧制外销瓷为主，主要分布在福建、广东、浙江等地。这些窑场因泉州港、广州港、明州（庆元）港应运而生，背倚瓷土及燃料资源丰富的山地，面向连通大海的水路，非常方便外销瓷的到港运输，成为这三大港外销瓷的主要生产基地。海外市场的巨大需求促使瓷器外销数量攀升，这是宋元时期瓷器生产窑场增多，分布范围扩大，尤其是沿海地区外销瓷窑场大量兴起的根本原因。[8]

海外不同地区有着不同的消费需求和审美偏好：黑釉瓷受日本、朝鲜地区偏爱，白瓷在西亚地区广受欢迎，青瓷则受到更广泛的追捧。为迎合不同消费需求和审美偏好，中国的瓷器生产者不断地进行技术创新和品种开发，使瓷器的种类、形制、纹饰、釉色等方面都有了丰富的变化，各地窑场派系纷纷形成别具一格的产品特色，烧制出精妙绝伦的高质量瓷器作品。如越窑、耀州窑、龙泉窑的青瓷，定窑的白瓷，磁州窑的彩绘瓷，建窑的黑釉瓷，景德镇窑的青白瓷、青花瓷等。东南沿海地区的窑场所生产的外销瓷，其外形设计、装饰纹样以及釉面颜色大多模仿龙泉窑的青瓷和景德镇的青白瓷。

瓷器生产工艺的提升支撑着外销瓷款式的差异化和品种的多元化。例如，元代景德镇窑的青花瓷是宋代青白瓷的升华，是利用了进口自西亚的钴料，充分吸收波斯伊斯兰陶瓷艺术风格，在白瓷胎面绘制蓝色

花纹或鸟兽、人物、风景烧制而成的，从而创造出了一种全新的艺术风格，在海外市场广受欢迎。这些技术创新和品种多样化，不仅丰富了瓷器的艺术表现力，也提高了瓷器的附加值和竞争力。

2. 纺织品

在对外贸易、南北互市、宫廷消费等因素的刺激下，宋元时期的丝织业发展进步显著。随着南方经济的崛起，两浙、四川和整个东南沿海地区大量种植蚕桑，丝绸制造技术和纹样种类更加丰富。南方地区的丝织业，随着生产专业化程度的提升，及其所带来的劳动生产率的提高，超越了北方地区成为丝织业发达地区。而东南沿海地区生产的丝绸也逐渐与两浙、四川等地的品质相当，更是有着广阔的海外市场，通过泉州、广州等港口随着海路贸易传播到亚非欧各地区。

民间丝织业在宋代得到壮大，丝织业中出现了大批专业蚕桑户，且种桑、养蚕、缫丝、纺织、印染等行业内的分工出现了进一步的细化，专业化程度得到提升。自立门户专事丝织生产的家庭机户大量涌现，成为以纺织丝绸为生的专业作坊，属于独立的手工业生产单位，他们大多分散在乡村，少数位于城市。家庭作坊逐渐发展为大型工场，雇用专业工匠，工场内设有织（生丝机织）、印（雕版印花）、染（变染丝帛）等全部三大生产门类，生产的丝绸可达数百匹、上千斤。元代的丝织业则以官府经营为主，尤以织染手工场为最多，民营丝织工场范围相对较小。机户多在城中，缫丝聚于乡下。丝料和机织两大行业分工更加具体。家庭机户从丝行购买缫丝，织成各色丝缎锦绫后出售给丝行，丝行再将其输往内销或外销市场，其中相当部分被供应给对外贸易。

海外贸易的发展，不仅带来了丝绸出口数量的增加，也刺激了中国传统丝织生产技术的创新。宋代的纱、罗、绮、绫等织物产量大，质量高，其中纱、罗织作已达相当纯熟的程度，织锦技术相较于前代有了显著的进步，织造工艺更加精湛，花色品种大幅增加，纹饰图案丰富多样。元代的丝绸生产在宋代的基础上达到了空前的辉煌，还专门设立官营丝绸工场，提供优质的原料、生产设备和技术支持，对工匠进行培训，规范产品的生产流程和质量标准。在丝绸生产方面，通过继承改进宋代织机，提高生产效率；鼓励技术创新，改良完善生产工艺，促进丝绸产品多样化和优质化。此外，还大胆吸收了波斯织金锦缎纳石失及中亚锦缎撒答剌欺等生产工艺，这是当时中国丝绸生

海纳百川的元代瓷器

图8-3　景德镇窑青花釉里红镂雕盖罐（1965年保定元代窖藏出土，河北博物院藏）

元朝疆域广袤、海外交流频繁。在此背景下，元代的工艺美术兼收并蓄，吸纳了不同地区、国家的文化传统，在中国工艺美术史之林绽放出朵朵奇葩。就瓷器而言，元朝宫廷对中国不同地区白瓷与彩绘瓷的青睐促进了釉下彩瓷的发展，与西亚广泛的贸易往来使中国的窑工熟习钴蓝彩料的使用，人们熟知的青花瓷就此应运而生。这标志着中国陶瓷史的重大转变。

1965年，河北省保定市元代窖藏出土的一对景德镇窑青花釉里红镂雕盖罐（图8-3），淋漓尽致地展现了元代瓷器融不同工艺门类、不同文化传统于一体的特征。该盖罐使用中国传统的铜红彩料与西亚传统的钴蓝彩料涂绘纹饰，施罩透明釉后一次性烧成。盖罐肩部绘制如意云头纹，腹部用形似珠链的瓷土细条堆塑两道菱形开光，这两种装饰手法分别是对当时服饰"云肩"纹饰与纳石失缀珠工艺的模仿。菱形开光内则采用砖、石雕常用的技法，镂雕出山石、花卉，配合铜红与钴蓝的呈色，呈现出花团锦簇的视觉效果[9]。

产技术上的重大成就 [10]。

3. 铁器

宋元时期的出口商品中，铁器与瓷器、丝绸、铜器等一同占据着出口的主导地位，铁条、铁块半成品或锅碗、耕具等铁器制成品出口到海外各地，深受当地民众的欢迎，被普遍使用于日常生活和生产中。

宋代是中国铁器生产技术发展史上的巅峰时期，在冶炼、铸造等方面都取得了重大突破。在冶炼工艺上，创新性地采用了高温煅烧技术，并通过技术改良提高铁的纯度并控制碳含量，从而提升了铁制品的质量。在铸造工艺上，采用水火造式熔铁技术，通过向铁液中添加水，让铁液温度迅速下降，使得铁器铸件更细腻、更均匀；还发明投砂法和冲砂法，解决了铸件中的气泡、砂眼等问题。通过不断的技术创新和改良，所生产的铁器兼具实用性，美观性和耐用性；造型简洁大方、舒适易握，便于使用；注重细节处理，注重雕刻和装饰；经过精细锻造和热处理后韧性更强，不易折损，常常加入铜、金等其他金属原料以提高质量。

元代铁器生产技术在宋代的基础上取得了进一步的发展，铁器制造的数量有了大规模的提升，工艺技术上也有了许多创新和改进。冶炼工艺上，采用多种不同的方法，如高炉冶炼法和风炉冶炼法，使得铁器制造的原料更加纯净可靠。铸造工艺上，铁器的设计和制造更加精细，更注重实用性和艺术价值的融合。总之，铁器生产工艺精湛，外形美观，使用寿命长久，铁器制成品广泛使用于日常生活、农业生产、建筑交通、武器装备等方面，为社会发展作出了重要贡献，也被大量出口到海外。

第三节　朝贡贸易与郑和下西洋

在历史长河中，令人瞩目的探险故事数不胜数，但明代初期的郑和下西洋无疑是其中最浓墨重彩的一笔。这一史诗般的航海壮举不仅展现了当时中国航海技术的先进和对外交往的开放态度，更是明代朝贡贸易体系的一个重要组成部分，对后世产生了深远的影响。郑和太监受明朝皇帝重托，率领一支庞大舰队，从南京出发，开启了他们对未知世界的探索。这不是一次简单的航行，而是肩负了政治、经济和文化交流使命的复杂任务。郑和舰队穿越波涛汹涌的大海，抵达了东南亚、南亚、西亚乃至非洲的广阔土地，与当地的国家建立了联系，开展了贸易，传播了中华文化。通过郑和的航海活动，我们可以看到明朝如何通过海上丝绸之路与外界进行交流，如何通过朝贡体系来巩固自己的国际地位，以及这一体系如何影响了当时的世界格局。

一、"万国衣冠拜冕旒"

朝贡是儒家君臣思想与华夷思想的延伸，是一种怀柔远人的政策。所以在朝贡体系下衍生出来的朝贡贸易，其初衷自然也不是为增加中国的财富，它更多是为了维护当时以中国为核心的世界秩序。朝贡贸易指的是海外国家派遣使节向中国表达臣服之情，并带来各类物件作为贡品敬献给中国朝廷。作为回应，中国政府会以赏赐的形式回赠相应的中国产品，以此实现商品交换。这种贸易形式实质上是一种政府间的易

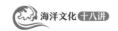

货交易，长期以来一直是中国官方贸易的主要模式。

明代的朝贡贸易体系继承和发展了宋元时期的朝贡制度。明代前期，统治者继续推行朝贡贸易制度，这主要是为了维护和扩展明朝的版图和势力范围，巩固和提升明朝的天朝之威，建立和维持与各国的友好和平关系，防止和遏制外敌的侵扰和威胁。

1. 朝贡的次数、船数和人数

各国的朝贡次数和人数一般是按照各国的距离和重要性，分为一年一贡、二年一贡、三年一贡、五年一贡、十年一贡等不同的等级，每次贡使人数一般不过200人，贡船不超3只。但实际上，一些入贡国由于经济上高度依赖于朝贡贸易，所以经常不遵守规定。

2. 朝贡的物品和赏赐

各国的朝贡物品大多是各国的特产和珍奇物品，如金银、宝石、香料、象牙、珍珠、药材等，明朝则会以礼尚往来的原则，赐予各国丰厚的回赐，通常远远超过贡品的价值，如丝绸、瓷器、茶叶、铜钱、服饰、器具等，还会赐予各国册封的封号、印信、金牌、玉玺等，表示明朝的恩宠和尊重。

3. 朝贡的路线

明政府为了加强对朝贡使者的控制和管理，分别规定各国入贡的路线，要求各国使者由水路或陆路经过指定的港口或关口，沿着规定的路线抵达明朝首都北京进行朝见和贸易。明朝对各国贡道的不同安排，主要是根据航海规律（日本、琉球），依照传统习惯（东南亚诸国）以及出于战略考虑（朝鲜、安南）。所指定的港口，一般是设有市舶司的广州、泉州和宁波等地，方便日本、琉球和东南亚诸国；所指定的关口，主要是针对朝鲜和安南等与中国有边界接壤的国家，位于与这些国家毗邻的边界线上[11]。

二、七下西洋行远航

郑和下西洋，是指明朝永乐、宣德年间的一场海上远航活动，由三宝太监郑和在王景弘等得力助手的协助下，率领庞大的船队，从南京出发，先后7次、历时28年，远航东南亚、南亚、西亚、非洲等地，与30多个国家和地区进行了友好的交流和贸易，被认为是当时世界上规模最大的远洋航海项目。

郑和七下西洋，每次率领一支200多艘大小船只和2万多人的庞大舰队，沿着一定的交通路线航行。首次远航（1405—1407年），船队自苏州刘家河启程，途经福州，依次造访了占城、爪哇、马六甲、翠兰屿（今尼科巴群岛）、锡兰及印度西海岸，最远到达甘巴里（今坎贝）；第二次航行（1407—1409年），航线与首次相似，但途经暹罗（今泰国）；第三次远航（1409—1411年），路线大体重复第二次，但在进入暹罗湾后首先停靠旧港（今苏门答腊巨港），随后东行至爪哇，西向印度西海岸进发，终点为阿拔把达（今阿默达巴德）；第四次探险（1412—1415年），抵达印度西南海岸的古里（即古里佛，今科泽科德）之后，横渡阿拉伯海，最终抵达忽鲁谟斯（今霍尔木兹）；第五次出使（1416—1419年），在访问占城之后，直接前往马来半岛东部的彭亨，随后东南行至爪哇，穿越马六甲海峡，经锡兰到达印度西海岸，继而北上至忽鲁谟斯，并沿着阿拉伯半岛东南岸线，途经祖法尔（今佐法尔）、阿丹（今亚丁），直至北非的剌撒（今泽拉），离开亚丁湾后驶向东非沿岸各地；第六次航行（1421—1422年），舰队抵达占城后，穿越昆仑岛进入暹罗湾，接着南下沿马来半岛东海岸至马六甲海峡，再经翠兰屿抵达浙地港（今吉大港），继续沿印度东南海岸南下，绕过印度半岛南端至古里，横渡阿拉伯海至祖法儿和阿丹，最后沿东非海岸线抵达多个东非国家；第七次远航（1430—1433年），船队抵达忽鲁谟斯后未继续向西，其中一部分从印度半岛南端横渡阿拉伯海，先后到达祖法尔、阿丹等地，直至天方（今麦加）。[12]

三、历史长河中的郑和远洋航行

郑和的远洋航行代表了中国古代最为宏大的海上探险活动，无论是参与的船只数量、海员规模还是持续的时间跨度，均堪称空前。这场壮举超越了15世纪末欧洲"地理大发现"之前的任何一次海上探索，在世界航海史上占据了极其重要的地位。它对中外的政治、经济、文化等方面都产生了深远的影响，具有重要的历史意义，主要体现在以下几个方面。

郑和下西洋维护了明朝的海上安全和利益，抵御了外来侵扰和威胁，促进了明朝的统一和稳定，展示了明朝在海外的威望，加强了明朝的国际地位和影响力，促进了中国与海外诸国的友好关系，增进了中国人民与亚非拉人民的传统友谊。

郑和下西洋大大开阔了中国人民的眼界，丰富了中国人民的地理知识，增强了中国人民对东南亚以及环印度洋沿岸、阿拉伯海、红海、东非海岸一带等广大地区的历史沿革、宗教信仰、语言文化、风俗习惯、物产气候等方面知识的了解。

郑和下西洋打开了通向"西洋"的海上航道，畅通了亚非远洋交通网，拓伸了海上丝绸之路，发展了中国与海外诸国的贸易和物资交流，输出中国丝绸、瓷器和药材的同时，带回了各种奇珍异宝、稀禽异兽和香料等，丰富了中外各国人民的生活。

郑和下西洋传播了中华文化和文明，增进了中外文化的相互认识和理解，促进了中外文化交流和融合，推动了中外科技、艺术、宗教、语言等方面的发展和创新，丰富了人类的文化遗产及其多样性。

郑和为何下西洋？

关于郑和下西洋的目的，历史学界众说纷纭，主要的观点包括：（1）与海外各国建立友好关系，宣扬大明威德，增强明朝的影响力；（2）排除走私商人的阻挠，打通明朝与海外各国之间朝贡贸易的航道；（3）追捕在靖难之役中下落不明、据传已逃往海外的建文帝；（4）通过海上力量牵制曾威胁过明朝的帖木儿帝国。

王景弘：从福建大山里走出的航海家

洪武二年（1369年），王景弘出生于漳州府龙岩县九龙乡（今福建省漳平县一带）。该地位于九龙江上游山区，沿江而下可从后来的月港与厦门附近入海，与闽南沿海有着密切的联系。与郑和相似，王景弘以宦官的身份追随明成祖朱棣"靖难"起兵，历任内官监太监等职，在多次重大活动中扮演重要角色。

王景弘是郑和七下西洋的主要助手之一。由于其与闽南的渊源，王景弘能够利用当地丰富的航海资源，招募泉州等地富有经验的水手和火长加入到郑和的舰队中。因此，王景弘在船队内部秩序维持、航海技术保障等方面作出了不容忽视的贡献。在郑和逝世后，王景弘于宣德九年（1434年）再次起航，出使苏门答剌国。在郑和、王景弘、洪保等人以及众多史籍失载的航海先驱的通力合作下，明朝得以向海外展示其强大的国力，并促进了与海外国家之间的友好关系。

思考题

1. 海上丝绸之路如何促进了不同文明之间的交流与互动？

2. 朝贡体系在古代海上交通中扮演了何种角色？

3. 技术进步与航海知识的积累是如何推动海上丝绸之路发展的？

参考文献

[1]　王巍 . 中华文明探源研究主要成果及启示 [J]. 大众考古 , 2022(6): 90-91.

[2]　李庆新 . 从考古发现看秦汉六朝时期的岭南与南海交通 [J]. 史学月刊 , 2006(10): 10-17.

[3]　杨勇 . 东南亚地区出土的汉朝文物与汉代海上丝绸之路 [J]. 四川文物 , 2023 (4): 75-87.

[4]　王能宪 . 汉字与汉字文化圈 [N]. 光明日报 , 2011-01-17(15).

[5]　班固 . 汉书 : 第六册 [M]. 北京 : 中华书局 , 1962:1671.

[6]　李康华 , 夏秀瑞 , 顾若增 . 中国对外贸易史简论 [M]. 北京 : 对外贸易出版社 , 1981: 100.

[7]　孙玉琴 , 常旭 . 中国对外贸易通史 [M]. 北京 : 对外经济贸易大学出版社 , 2018: 139.

[8]　叶文程 . 宋元时期中国东南沿海地区陶瓷的外销 [J]. 海交史研究 , 1984(6): 32-38.

[9]　刘新园 . 元青花特异纹饰和将作院所属浮梁磁局与画局 [J]. 景德镇陶瓷学院学报 , 1982, 3(1): 9-20.

[10]　沈光耀 . 中国古代对外贸易史 [M]. 广州 : 广东人民出版社 , 1985: 97-102.

[11]　李金明 , 廖大珂 . 中国古代海外贸易史 [M]. 南宁 : 广西人民出版社 , 1995: 217-224.

[12]　晁中辰 . 明代海外贸易研究 [M]. 北京 : 故宫出版社 , 2012: 96-103.

● 　　**本讲作者：刘 勇**

第九讲 全球海洋商贸网络的形成

从1500年前后的地理大发现开始，西欧国家就不断地尝试开拓新的海外市场。葡萄牙、西班牙、荷兰、法国与英国等海上强国，你方唱罢我登场，海上霸权几度易手。在对新世界的探索和殖民者之间利益争夺的背景下，全球海洋商贸网络逐渐形成，世界局势正悄然发生着重大变化……

第一节 新航路的开辟

在漫长的中世纪里，地中海上的海洋贸易网络向四方延伸，连接着东欧、北欧、西非等邻近地区，并通过海陆丝路与更遥远的东方相连，毛皮、黄金、香料与丝绸等商品经由这些渠道输入欧洲。在此过程中，商路上经手的商人借此赚得盆满钵满。在欧亚大陆的最西端，西欧国家居于这张贸易网络的边缘，为谋求利润，他们自然产生了绕开既有商业势力、自主开辟新商路的诉求。

一、东方想象与新航路开辟

欧洲人对东方的向往由来已久。12世纪，号称来自印度的教士带来了东方祭司王约翰的传说。13世纪，《马可·波罗行纪》描绘了"遍地黄金"的东方国家，在欧洲人心中埋下了东方"黄金梦"的种子。14—15世纪，商品经济的发展使得贵金属货币的需求量日益增加，"黄金梦"再次火热起来。倚仗着数千年积累下来的造船、航海技术和地理知识，欧洲的航海家们迫不及待起航探索。勇士们升起船帆，怀揣着搜罗财富的个人欲望、开辟商路的生存渴望、传播基督福音的宗教责任，向着大海吹起了探索的号角。出于对开辟海上商路与对外殖民的渴望，伊比利亚半岛的葡萄牙和西班牙凭借沿海优势成为探索的先锋。

在15世纪，最先贯通东方航路的是葡萄牙航海家，他们坚持在前人的基础上继续探索向南航行、绕过非洲海岸的航路。在非洲西海岸步步为营的策略以及葡萄牙王室对航海事业的大力支持最终促成了这项壮举。

巴托洛梅乌·迪亚士是第一个取得重大突破的航海家。1487年，他率领船队沿着非洲西海岸一路向南航行。途中因风向改变，船队驶离海岸线，在不知不觉中绕过非洲的最南端，进入了印度洋。次年年初，船队到达了今南非的印度洋沿岸，不久因缺乏补给和船员疲惫而被迫返航。在归途中，迪亚士发现了非洲南端的一个海角。后来，葡萄牙国王将该海角命名为"好望角"。

经过充分准备后，1497年，达·伽马率领的船队再次绕过好望角，随后沿非洲东海岸向北航行，逐渐进入阿拉伯商人的势力范围。借助当地既有的航海知识，他们横渡印度洋，成功抵达印度西海岸。在随后

**大航海时代的先驱
——恩里克王子**

图9-1　位于里斯本的"发现者纪念碑"

葡萄牙的恩里克王子被视为大航海时代的先驱。他主要活跃于15世纪上半叶，多次资助船队探索西非沿海并开发了马德拉群岛、亚速尔群岛与佛得角群岛，为开辟绕过非洲进入印度洋以及横跨大西洋的航线打下基础。他从未真正远航，却获得了"航海家"的绰号。恩里克王子逝世500年后，1960年，"发现者纪念碑"于葡萄牙里斯本落成。纪念碑被设计成卡拉维尔帆船的形状，数十位航海家及相关历史人物的形象分立于两舷，恩里克王子则立于船头，以象征其开创性贡献。（图9-1）

的十余年里，葡萄牙在印度洋沿岸占领、建立了一系列贸易据点，随后向东驶入太平洋海域，试图控制盛产香料的"香料群岛"，并与中国明朝发生了接触。达·伽马及其后继者的探索贯通了东半球的海洋商贸网络，但也标志着欧洲国家在亚洲从事殖民活动的开端。

葡萄牙王室对航海事业的支持以及日新月异的探索成果，刺激了一些雄心勃勃的地理学家与航海家，由于错误计算了地理距离且未考虑美洲大陆的存在，他们主张从西欧向西航行抵达中国的可行性，并游说各国王室支持他们的探索。其中，意大利人克里斯托弗·哥伦布在西班牙王室的支持下，于1492年8月3日率领船队启航，中途在加那利群岛补给后，向西驶入一望无际、充满未知的海域。10月12日，在船队全员即将放弃之际，他们登陆了一座岛屿。哥伦布认为自己已经到达亚洲，但事实上这座岛属于巴哈马群岛。在探索了该群岛以及古巴岛、伊斯帕尼奥拉岛后，哥伦布返航复命。此后，西班牙王室又资助他进行了3次远航，在加勒比海沿岸探索并建立殖民地。

为划清与葡萄牙的势力范围，突破葡萄牙的贸易垄断，西班牙王室支持了葡萄牙航海家费尔南·麦哲伦的探索计划，这促成了人类首次环球航行的壮举。1519年9月20日，麦哲伦率领由5艘船和237人组成的船队横渡大西洋，沿着已被发现的南美东海岸向南航行，寻找向西绕过陆地的航路。约一年后，船队到达南美大陆的最南端，历经与寒风、巨浪、浮冰、暗礁的搏斗后，穿过被后人以麦哲伦命名的海峡，进入太平洋。1521年3月，他们横渡了广袤的太平洋，先后到达马里亚纳群岛与菲律宾。麦哲伦介入了菲律宾岛屿的内讧，在战斗中被当地人杀死。剩余的2艘船在附近继续探索，最终抵达了航行目的地——"香料群岛"。在经由印度洋与大西洋的返航途中，幸存者九死一生，终于在1522年9月6日回到西班牙，最初的船队仅剩下1艘船和18人。

西班牙跨越大西洋和太平洋的航海探索开辟了西半球的新航线，与葡萄牙的商贸路线首尾相连，这使得全球的海洋商贸网络初步贯通。

二、瓜分陆地与海洋

层出不穷的地理新发现，促使新发现地区的主权归属问题被提上议程。针对这些问题的解决方案又反过来影响了当时地理探索的策略与方向。

早在15世纪中叶，葡萄牙尚在探索非洲西海岸时，罗马教皇就曾颁布敕令，授权葡萄牙占领这些新发现的、居民未信仰基督教的地区。

1475—1479年，葡萄牙与西班牙卡斯蒂利亚王国因王位继承与领土争端等问题爆发战争，双方最终以签订《阿尔卡索瓦条约》的形式结束了战争。条约规定，葡萄牙放弃卡斯蒂利亚王国王位继承权与加那利群岛的所有权，但拥有马德拉群岛、亚速尔群岛、佛得角群岛以及西非沿岸领土的所有权，同时垄断了加那利群岛以南地区的海上探索权。换言之，西班牙人若想通过大西洋探索新的土地，必须向北或向西航行。这也是西班牙王室支持哥伦布航海计划的原因之一。

哥伦布发现新大陆后，西班牙方面为占有新发现土地采取了多种措施：哥伦布向葡萄牙宣称，他到达的岛屿实际上是西班牙所属加那利群岛的延伸；西班牙王室为了摸清新发现土地的地理信息以垄断对纬度的解释，加紧筹备下一次航海；西班牙裔的罗马教皇亚历山大六世颁布新敕令，推翻此前有利于葡萄牙的旧敕令，采用有利于西班牙的势力划分方案。1494年，西、葡两国签署《托尔德西里亚斯条约》，确定以亚速尔群岛和佛得角群岛以西370里格（约2056 km）的经线为两国势力分界线，该线以西属西班牙，以东属葡萄牙。

1497年后，随着葡萄牙人打通了前往东方的航路，西、葡两国又产生了新的疑问：根据《托尔德西里亚斯条约》，诸如"香料群岛"等富饶的东方地区，应位于哪国的势力范围内？麦哲伦的环球航行为解决这一问题提供了参考。1529年，两国签署《萨拉戈萨条约》，确定"香料群岛"以东的一条经线为两国在东半球的另一条势力分界线。

这些敕令与条约反映了西、葡两国的海权博弈，并在特定时期左右着历史的进程。然而，这些敕令与条约的执行力度有限，并随着伊比利亚半岛以外海权强国的崛起而过时。尽管西、葡两国最终达成共识，废除《托尔德西里亚斯条约》《萨拉戈萨条约》及相关教皇敕令划定的分界线，但这些敕令与条约开启了近代殖民列强罔顾当地居民意愿、瓜分世界的先河。

三、跨越海洋的殖民与掠夺

西班牙和葡萄牙分别在自己所谓的势力范围内建立了殖民地，进行资本的原始积累。在印度洋，葡萄牙闯入阿拉伯和印度商人既有的贸易体系，试图从各环节垄断香料贸易；在新大陆，西班牙没有找到可供接入的商贸体系，于是通过更加粗暴的方式进行资本的原始积累。西班牙探险家埃尔南·科尔特斯（图9-2）与弗朗西斯科·皮萨罗分别用武力征服了当时美洲最强大的两个政权——阿兹特克与印加，以

改变世界的香料

在中世纪的欧洲，香料是财富与地位的象征，社会上流行使用与收藏香料的风尚。英语中有一句古老的谚语"他没有胡椒"，意思是此人无足轻重。15世纪初，用香料之火烧掉借据成为炫耀财力的一种手段，伦敦市长曾为了讨好英王亨利五世，用丁香和肉桂作为燃料，烧掉了国王的欠条。

欧洲人青睐的香料多数来自东方，其中被称为"香料群岛"的马鲁古群岛曾是丁香、肉豆蔻等几种香料的重要产地。新航路开辟前，东方的香料在东南亚与印度洋上几经转手，到达地中海沿岸，价格逐步攀升。威尼斯人通过垄断西欧的香料贸易，取得了巨大利益。打破既有商业势力对"贵如黄金"的香料的贸易垄断，成为西欧国家开辟新航路的动力之一。[1]

图 9-2　位于西班牙麦德林的科尔特斯雕像

卑劣手段攫取了大量的财富。他们以少胜多的戏剧性胜利刺激了更多西班牙探险家横渡大西洋、深入美洲腹地，寻找传说中的"黄金国"[2]。

在直接的抢掠过后，西、葡两国开始经营殖民地，在当地开设矿山、建立种植园、开采贵金属、生产手工业原料。在美洲，两国殖民者起初依赖输入的欧洲劳动力或奴役当地印第安人工作，但前者不适应当地气候，后者因天花等传染病大量死亡，劳动力逐渐短缺。殖民者们发现，非洲黑人不仅能适应美洲的环境，作为劳动力的成本还更加低廉。于是，欧洲的奴隶贩子利用大西洋的洋流规律，将本国的手工业产品运往非洲换成黑人奴隶，再将奴隶运至美洲换成金银或者种植园产品返回欧洲。臭名昭著的"三角贸易"就此展开。

在西班牙、葡萄牙的主导下，世界历史翻开了写满冒险精神、探索欲望但又浸满血与泪的一页，此后各国依次登上世界舞台。

第二节　海洋强国的更迭

一、葡萄牙与西班牙的海上霸权

自达·伽马到达印度后，葡萄牙发现自己进入了一个历史悠久、文化多元、有条不紊地运转着的贸易系统。为与既得利益者相抗衡，葡萄牙同时动用外交与军事手段，逐步建立起在印度洋上的霸权。起初，葡萄牙利用商业城邦之间的矛盾，帮助一方打压其竞争对手，在取得立足之地后，在航线险要处占领、建立武装据点，作为进一步推进的基地。同时，舰载火炮的配备使葡萄牙舰队在海战和登陆战中占据优势，轻便的卡拉维尔帆船转向灵活、航速较快，适于近海护航或拦截商船。

葡萄牙的海上扩张与掠夺激起了部分沿岸贸易城邦的愤恨，并被依赖印度洋贸易的埃及马穆鲁克苏丹国视为威胁。在利益一致的奥斯曼帝国以及威尼斯商人的背后支持下，反葡阵营结成，试图将葡萄牙赶出印度洋。葡萄牙在初战失利后，于1509年的第乌海战中凭借训练有素的船员、高而坚固的船体、性能优秀的火炮与指挥得当的战术，最终以少胜多获得胜利，就此确立了印度洋上的海上霸权。

1578年，葡萄牙国内爆发王位争夺战。随后西班牙乘虚而入，出兵兼并葡萄牙，获得了其海外殖民地。此时的西班牙版图迅速增加，横跨大洲大洋，军事实力也不断发展，"无敌舰队"称霸海上。西班牙国王查理五世曾放出豪言——"在朕的领土上，太阳永不落下"，西班牙就此成为首个"日不落帝国"。尽管此时西班牙势力如日中天，但繁荣中也暗藏破绽。

无论是葡萄牙还是西班牙，其发展都停留在资本原始积累阶段，轻视经商与生产。荷、英、法等国都未能从西、葡划分利益的条约中获益，他们的实力逐渐增强，对西、葡的不满也与日俱增，西、葡霸权即将受到挑战。

二、"海上马车夫"的兴衰

继西、葡两国后，登上历史舞台的下一个海上强国是荷兰。

荷兰临海且地势低洼，国内种植业不发达，因此具有相对悠久的海洋商贸传统。1581年，荷兰摆脱西班牙的统治，获得独立，随后取得了充分的发展，跻身欧洲资本主义强国之列。荷兰先后从西班牙、葡萄牙等国手中夺取了海外殖民地（图9-3），逐步构建起自己的商业帝国。1670年，荷兰拥有的船只吨位与数量冠绝欧洲，其商业繁茂，船只穿梭世界各地，被称为"海上马车夫"。

不同于西、葡粗放的殖民统治，荷兰成立了东印度公司等具有准政府权力的股份有限公司，垄断性经营各地商贸。掌控东方贸易的东印度公司成立于1602年，17世纪中后期时已有相当大的体量，拥有约

前赴后继的东北航道探索

16世纪，英国与荷兰为避开西、葡两国的贸易垄断，试图从大西洋向北经由北冰洋绕行至太平洋。因为这条设想中的航道位于欧洲的东北方，所以称为"东北航道"。1553年，英国人钱塞勒率船队试图打通东北航道，最远到达了白海，最终只剩一艘船。后来，俄国与瑞典等国也组织了几次探险。一代代探险家前赴后继，乃至殒命于北极。直到19世纪末，瑞典探险家努登舍尔德才最终完成了这一壮举。

图 9-3　斯里兰卡加勒城堡（Galle Fort，最初由葡萄牙人建立，被荷兰人占领后又落入英国人手中）中遗留的带有荷兰东印度公司徽标的石雕

2万名员工与约1万名雇佣兵，投资收益率高达40%，成为当时最富有的私人公司。

17世纪中期，荷兰如日中天，拥有强大的海军与贸易网络，甚至在英国水域捕捞鱼虾，在英国市场售卖，牟取厚利。这对于同样处于上升期的英国来说，是不可容忍的。1651年英国议会通过了新的《航海条例》，规定一切输入英国的货物，必须由英国船只载运，或由实际产地的船只运到英国。这相当于将荷兰踢出本国市场，打击荷兰的商贸活动。荷兰强烈要求废除新《航海条例》，英国拒绝，英、荷矛盾空前激化，两国战争一触即发。

1652年英、荷舰队在多佛海峡发生冲突，英国攻击了荷兰商船，英国海军封锁多佛海峡和北海，拦截荷兰商船，荷兰则组织舰队为商船护航，冲突升级至争夺海权的战争。最终，在1654年两国签订《威斯敏斯特和约》宣布荷兰战败并承认《航海条例》[3]。在此后的一百多年里，两国间又先后爆发了三次战争，互有胜负，其中最后一次战争以英国胜利而告终。"海上马车夫"荷兰也逐渐没落，工业革命先锋英国后来居上，新的"日不落帝国"冉冉升起。

三、新的"日不落帝国"

英国本身地理条件优越，具有良好的发展条件。英国是一个岛国，近海航运便利，从国内任何一个地方前往海边都不超过120 km。而孤悬海外的地理位置使其与西欧相对隔绝，成为近代海洋航线的枢纽。

自15世纪末开始，圈地运动与资产阶级革命促进了英国资本主义的发展，资本主义工商业为海外奠定了物质基础。新航路开辟后，垄断了美洲贸易的西班牙攫取了巨大的财富，这令英国垂涎不已。16世纪中晚期，英国海盗经常劫掠西班牙的船只，西班牙也采取了相似的方式回击。英国政府支持荷兰的独立，更激化了英、西两国之间的矛盾。在16世纪末至17世纪初的英西战争中，双方互有胜负（图9-4）。战后，在欧陆陷入战争泥潭的西班牙债台高筑，西班牙的霸权就此衰落。葡萄牙虽趁机独立，但其海外殖民地也已风光不再。

图 9-4　与英国海军作战的西班牙"无敌舰队"

　　一山不容二虎，随着英、荷的发展，两国之间的矛盾逐渐积累。在英荷战争结束后，荷兰元气大伤。一家独大的英国不断扩张殖民地，成为第二个"日不落帝国"。

第三节　工业革命与全球化

一、工业革命与英国

　　在工业革命开始之前，英国就已经出现了比较明显的地区分工。由羊毛纺织业兴起而引起的地区劳动分工，以及商品货币关系深入农村，为工业革命的开始提供了基础。自15世纪起，随着羊毛价格的上涨，英国农村掀起了"圈地"的热潮。最初是村中的"敞田"被栅栏围起来用于养羊，发展到后来，佃户的份地也被领主收回。在资产阶级夺得政权之后，他们对圈地采取了纵容乃至鼓励的态度，使得大批农民被从土地上赶走，被迫出卖劳动力而生活。这为工厂提供了大批自由劳动力。

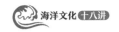

光荣革命之后，英国资产阶级夺得政权，建立了新的君主立宪制。议会就此获得控制国家财政和税收的权威。同时，荷兰执政威廉入主英国，进一步促进了英国效法商业强国荷兰的步伐。在议会的指导下，发生了诸如英格兰银行成立、现代税收改革、国债制度和股票交易制度完善等一系列后世被称为"金融革命"的改革，形成了以英格兰银行为核心的财政体系。

更为重要的是，英国的煤矿储量巨大，曾是世界上煤炭探明储量最高的国家。大量的露天煤矿具有良好的开采条件。同时，不断提升的人口数量和畜牧、耕种用地的扩张使得森林覆盖面积急速减少，人们不得不更多地使用煤炭而非木炭。日益增长的用煤需求使煤矿业蓬勃发展，改善煤炭生产的技术也成为社会所关注的问题。例如，英国煤矿所需要面对的主要问题是不断渗水的地层，为了避免矿井被地下水彻底淹没，可用于抽水的蒸汽机应运而生。

在英国的各个行业中，最早出现技术革新的行业是棉纺织业。1733年，约翰·凯伊发明了飞梭，这一发明大幅提升了织布的速度。1760年，飞梭已经广泛地应用于纺织业的各个部门，织布的速度比之前提高了一倍[4]。1765年，木匠兼织布工詹姆斯·哈格里夫斯发明了珍妮机。这些发明最初出现于棉纺织业中，随后，它们也很快被英国其他的纺织部门（如羊毛和呢绒纺织业）应用。机器的大量应用使钢铁需求量亦大量增加，用于冶铁、锻钢的煤炭，其需求量也因此而不断提升。

1763—1775年，瓦特在朋友和合伙人的帮助下不断地改进蒸汽机，并最终于1776年实现商业化。这种蒸汽机最初仍应用于煤矿的排水。1781年，瓦特公司的雇员威廉·默多克发明了一种曲柄齿轮传动系统，使得瓦特蒸汽机得以实现圆周运动。1782年，瓦特又设计了新的双向汽缸并取得专利，这使得瓦特蒸汽机真正成为"万能蒸汽机"，并广泛地运用于工业生产。

至1814年，乔治·斯蒂芬森受到矿井中的蒸汽机的启发，发明了第一台以蒸汽为动力的火车。尽管最开始蒸汽机车的速度还没有马车快，而且还会发出巨大的噪声，但是随着斯蒂芬森的不断改进，它很快展示出了自己在运输方面的潜力。1825年，随着第一条铁路在英国建成，人类进入了"铁路时代"。至1850年，英国铁路的总里程已经超过10000 km。

二、工业革命后的全球产业格局

从19世纪开始，工业革命逐渐从英国扩散到世界其他地区。

1783年，北美的原英属殖民地获得法律意义上的独立地位，美国真正获得独立。在从英国引进机器并加以改进之后，美国大约于1850年代完成工业革命，使得工厂制成为工业部门中的主导。不过，这些工业部门多集中在美国的东部和北部，南部则以种植园经济为主。这也为后来的南北战争埋下伏笔。同时，美国的西进运动与工业革命相互配合，提供了广泛的原材料产地和市场。

随着1815年拿破仑战争的结束，欧洲的政局趋于稳定。法国的工业革命随着君主专制制度的摧毁而逐步兴起，稳定的社会秩序为工业革命的发展提供了土壤。与外源型的英国工业革命不同，法国的工业革命更多依靠对国内农民进行租税盘剥实现资本积累。同时，由于英国的国内市场饱和，一海之隔的法国成为溢出的英国资本新的投资地点。不过，在法国的经济体系中，小农经济长期处于主体地位，加之煤、铁资源的匮乏，法国的工业革命规模和速度都不及英、美两国。

相较于英、法、美三国，德国的工业革命开始时间较晚。随着1834年德意志关税同盟的成立，德国才终于实现国内商品的自由流动，工业革命的条件才算成熟。在此之前，商品从一个邦国到另一个邦国需要缴纳高昂的关税。在1807年，陆续开始的农奴制改革为工业革命提供了大量的自由劳动力。相较于其他国家，政权的积极干预是德国工业革命的显著特点。在国家干预和国内战争的需求下，德国用了很短的时间就成功地从轻工业转向重工业，成为工业革命的后起之秀。

陆续发生于欧洲各国和美国的工业革命为世界格局带来了巨大的改变。在这一时期，相对于其他地区，西方各国拥有无可撼动的优势。这种优势很大程度上有赖于工业革命的发生。在这一时期，所有的新技术和新机器都来源于欧洲各民族，其他各洲的民族还未来得及形成足以与他们抗衡的力量，但这群头部国家内部却因为逐渐缩小的差距与海洋势力分布不均暗自竞争。

为了扩大工业品市场，英国改变了对外殖民的模式，从早期的直接掠夺转向经济侵略，从抢夺财富转变为商品倾销。以英国东印度公司为代表的旧式殖民方式在印度的反英起义中宣告失败，而英国人也意识到采用武力控制的方式来管理殖民地需要高昂的成本，在原料产地就地建立工厂的方式显然更加符合已经完成了工业革命的英国的需求。这种发展路径同样适用于其他的工业国，但资源和殖民地是有限的。各资本主义国家强烈的对外扩张欲望也为后来的战争埋下伏笔。

总体而言，英国的工业革命遵循着从纺织业到其他工业部门、从轻工业到重工业的路径进行。它创造了一个全新的社会，并向外扩张影响了其他国家，由此发展出全新的国际格局。

三、全球化背景下的知识传播与技术扩散

在第一次工业革命的影响下，自然科学的研究进入空前的活跃阶段。随着资本主义产业扩张和全球市场的发展，海上交通的技术进步和海洋知识的全球扩散随之发生。

早在新航路开辟之初，通过将地球平面化投影而描绘的海图技术，即具有划时代意义的墨卡托绘图法（即正轴等角圆柱投影）应运而生。进入18世纪下半叶，欧洲各国的经济与海外市场及殖民地之间的联系越来越深，拥有能够涵盖整个地球范围的海图成为海上航行的迫切要求，而作为当时世界上最大的殖民帝国的英国，这种需求尤其强烈。

在此背景下，英国于1795年在其海军内设置了海道测量局这一专门保管、整理和发布海图信息的机构，对全世界的水文进行系统的测绘，以保障英国海军和商船的利益。在19世纪和20世纪之交的英帝国全盛时期，向全世界供应基于系统测量的英国标准版海图的体制形成，许多国家也都对英国海图趋之若鹜。英国有一句"像海军部海道测量局的海图一样安全"的谚语，可见英式海图之优秀 [5]。

尽管中国古代有凭借千百年航海经验积累而成的航海资料，但在鸦片战争以前，中国并没有产生专门的海洋调查和研究机构来负责系统且科学的航海知识生产。到鸦片战争爆发之时，中国远洋航海活动以及对海洋的认识已经远远落后于西方国家。从19世纪上半叶开始，对航行安全有需求且拥有丰富航道测量经验的英、法、美、俄等国陆续参与到了中国沿海测量当中。尤其是英国海军在中国水域进行了长期连续的测量，并制作了近代中国沿海海图，作为英国海军部海道测量局全球海图系统的一部分 [6]。

《海道图说》是在英国海军部海道测量局出版的金约翰所编第一版《中国海指南》（*China Sea*

Directory）基础上，经傅兰雅和金楷理口译、王德均笔述而形成的中文海图，它大大促进了相关测绘知识在中国乃至东亚的传播。

> **思考题**
>
> 1. 为什么葡萄牙、西班牙成为了新航路开辟的先驱？
> 2. 如何理解《航海条例》对英荷关系的影响？
> 3. 科技进步在新航路开辟的过程中发挥了怎样的作用？

参考文献

［1］ 田汝英.“贵如胡椒”：香料与14—16世纪的西欧社会生活 [D]. 北京：首都师范大学，2013.

［2］ 戴蒙德. 枪炮、病菌与钢铁 [M]. 谢延光，译. 上海：上海译文出版社，2000.

［3］ 刘祚昌，王觉非. 世界史近代史编：下卷 [M]. 2版. 北京：高等教育出版社，2011: 96-97.

［4］ 刘祚昌，王觉非. 世界史近代史编：下卷 [M]. 2版. 北京：高等教育出版社，2011: 5.

［5］ 姚永超. 近代海关与英式海图的东渐与转译研究 [J]. 国家航海，2019(2): 110.

［6］ 伍伶飞. 朱正元与《御览图》：晚清地图史的视角 [J]. 中国历史地理论丛，2018, 33(1): 152-158.

● **本讲作者：伍伶飞**

第十讲　全球化浪潮中的中国

随着新航路的开辟，欧洲人"把他们的贸易马车挂在亚洲庞大的生产和商业列车上"，中国的海洋事业面临着机遇与挑战。通过海洋将欧洲、美洲与中国直接相连的贸易路线蓬勃发展，中国南海作为当时东西方交流的海上枢纽，在全球化中的地位愈加凸显。自印度洋西来的葡萄牙与荷兰商船、横跨太平洋的西班牙"马尼拉大帆船"、经营传统南海商路的中国商船往来穿梭。在与新贸易对象的博弈中，中国商人尤其是闽粤商人，搏击商海、勇立潮头，促进了商工文明与华侨文化的发展。

第一节　"中国的世纪"

一、新航路开辟前后的中国南海与海商

中国人开发利用南海有悠久历史，从渔业活动到日渐兴盛的商贸活动，中国人都是这片区域长时段的主角。及至16世纪，来自海南的居民不但在南海捕鱼，亦在海岛搭屋并兼营农业生产，如明代王佐《琼台外纪》记载："州东长沙、石塘，环海之地，每遇铁飓，挟潮漫屋淹田，则利害中于民矣。"闽粤商人、徽商、江右商人、晋商和鲁商等中国海商活跃于南海，其中闽商传承着闯荡海洋的基因，几乎掌控了该区域贸易的主导权。

在西方"地理大发现"的前夕，郑和、王景弘率船队下西洋，于明朝官方发挥了重建朝贡体系的作用，于民间则廓清了沿线地区的海氛，给从事贸易者以极大的便利。官方的船队停顿之后，民间填补贸易空缺的积极性空前高涨，参与其中的不仅仅是传统意义上的商人，也包括农民、军政官员与士大夫。在隆庆元年（1567年）漳州月港"开港"以前，由于明朝推行的海禁政策，中国海商的贸易活动都处于非法状态。

明后期到清朝前期，中国东南沿海大量移民进入南洋各国，形成广泛的贸易网络。这些商人们凭借长期以来建立的同族、同乡、同信仰的牢固纽带，不断将贸易据点网络化、密集化。从原乡到侨居国，各种宗亲会、同乡会馆迅速出现，成为华商们寄托乡情、谋划生意、集资拓业的理想场域。

到清朝时，闽南士人逐渐进入权力层，对海禁的开放产生了明显的影响，如龙溪（今漳州龙海）黄氏家族一部分人走上仕途，一部分人则下海贸易。同为龙溪人的王大海在爪哇岛与马来半岛寓居、游历十年，著有百科全书式的游记《海岛逸志》。德化的陈洪照曾随船下南洋讨生活，寓居印尼雅加达数月，著有《吧游纪略》。南靖奎洋庄亨阳在《禁洋私议》中指出了与南洋发展贸易的好处及海禁的弊端："福建僻在海隅，人满财乏，惟恃贩洋。番银上以输正供，下以济民用。如交留吧，我民兴贩到彼，多得厚利以归，以未归者，

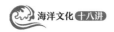

或在彼处为甲必丹转徙贸易，每岁获利千百不等，寄回赡家。其族戚空手往者，咸资衣食给本钱为生，多致巨富。故有久而未归者，利之所存，不能遽舍也，去来自便，人各安其生。自海禁严，年久不听归，于是获利者既多，徒望故乡而陨涕者，又有在限内归，而赏金过多，为官吏垂涎，肆行勒索无所控告者，皆其闭也。夫不听其归，不可。若必促使尽归，令岛夷生疑惑，尽逐吾民，则自绝利源，夺民生而亏国计，尤不可也。"

中国商人是18世纪南洋贸易活动中的主角，有学者将18世纪形容为"中国的世纪"（Chinese Century）[1]。

二、席卷欧洲的"中国热"

依靠各种纽带，中国海商纵横于以南海为中心的海洋区域，促进了东西方之间的商品流通。中国商品输往欧洲后，价格十分昂贵。据记载，1650年，英国一户普通人家一年的生活费大约5英镑，而1磅（约0.45千克）茶叶的价值就高达10英镑[2]。法国著名学者谢和耐在《中国社会史》一书中写道："一直到19世纪，中国仍是一个出口豪华奢侈品的大国，其交易激起了世界范围内的阵阵贸易潮流。"[3]

与大宗散装商品输入欧洲相伴随，大量中国的工艺美术品与艺术品也陆续进入欧洲，这些富有东方神韵的精美商品直接引领了当时的审美风尚。除了直接从中国购买、感受中国原装产品的高档之外，欧洲人力图将他们的文化元素融入其中，便有了向中国订制的模式，有的欧洲人更从节约成本的角度出发，在风格或材质上进行仿制生产，"中国风"席卷欧洲：17世纪后半叶，欧洲生产出混合式壁纸；18世纪上半叶，法国马丁家族使用其他油料与树脂来仿造中国的漆器涂层；18世纪，德国成功烧制瓷器，随后欧洲各国陆续建立了瓷厂；1823年，德国冶炼出中国的白铜，改称"德国银"；风靡于18世纪的"洛可可"（Rococo）艺术风格在一定程度上也受到了中国艺术的影响。

由漳州月港经菲律宾马尼拉再到美洲墨西哥再入大西洋进入欧洲的跨太平洋、大西洋的大帆船贸易持续了一个半世纪，漳州平和、南靖、诏安等地的窑址考古发现显示，漳州地区不仅能生产具有本地特色的瓷器，而且吸引了许多景德镇官窑厂的师傅移居过来，服务于外销瓷的设计生产和销售。克拉克瓷（图10-1）因装载它们的克拉克帆船而得名，因为是应消费国之需而定制生产，因而颇受西方国家的青睐。

图10-1 以较宽的、绘有图案的边沿条带为特征的克拉克瓷盘

随着明代中国国内商品生产和流通的发展，对贵金属白银的需求日渐旺盛，日本、墨西哥曾作为中国白银的进口国，但仍无法满足日渐增长的需要，万历年间张居正改革推行一条鞭法，更是强调以白银征收赋役，无形中从制度层面推动了白银的广泛流通。东南沿海地区的人们往往"嗜利犯禁"，走上了到海外经商牟利的道路，他们将由海外赚得的白银汇入国内，引起了市场上多种银币并行乃至有了公认的汇率。

在精神文化领域，18世纪时，欧洲"启蒙"学者对中华文明推崇备至。法国著名文豪巴尔扎克曾经说："中国人都是发明家，他们比法国人还要文明开化得多，中国人发明火药的时候，法国人还在用棍棒厮杀，中国人发明了印刷术，而法国人还不会识字。"[4] 法国的启蒙思想家伏尔泰认为：人类的历史是以中国为开端的，人类的文明、科学和技艺也是随着中国进步而发展起来的[5]。德国的著名诗人歌德则说："中国人是一个和德国人非常相像的民族，中国人在思想、行为和感情方面几乎同我们一样，只是在他们那里，一切比我们这里更明朗、更纯洁、也更合乎道德。"[6]

白铜如银

白铜（镍白铜）是一种含镍元素的铜合金，在中国有着千余年的使用历史，最早产于云南、四川一带。白铜曾因其抗腐蚀、色泽如银的特性而受中外消费者喜爱，在新航路开辟后大量输入欧洲，激发了欧洲各国化学家的研究与仿制兴趣。1751年，科学界发现了镍元素。1776年，白铜的化学成分被破解。最终，德国萨克森的化学家盖特纳攻克了白铜生产中镍供应的技术难点，于1823年成功冶炼出白铜。

"中国进口"知多少

1513—1780年，欧洲从亚洲进口的大宗商品有五类：胡椒、咖啡、纺织品、生丝、茶叶，其中生丝与茶叶主要从中国进口。1513—1621年，葡萄牙主导欧洲的东方贸易时，已通过南海与中国进行直接或间接的贸易，但官方未留下记载。1621年，荷兰开始主导东方贸易，欧洲从中国进口纺织品和生丝，二者的价值约占全部进口值的16.1%。1656年，荷兰贸易使团曾首次进京朝贡。1668年，英国打败荷兰取得对东方贸易的垄断权，欧洲从东方进口的最大宗商品还是纺织品，1668—1670年，其进口值占全部进口值的56.6%，1758—1760年仍占53.5%；不过，英国对中国生丝的进口加大，同时开始了对中国茶叶的大量进口。从统计看，1668—1670年，欧洲丝、茶的进口值仅占全部进口值的0.6%和0.03%，但是，至1758—1760年，二者分别上升到了12.3%和25.3%。可见，随着时间的推移，欧洲对中国商品的进口值越来越大。[7]

第二节　明清华南的海洋经济转型

16世纪以来，随着东西方商贸活动的日趋频繁，华南沿海成为中国对外交流的热点区域，通过海洋融入世界贸易体系，引领了大陆经济向海洋经济的转变，逐渐形成独具地方特色的商工文明。

一、山海之间的生存之道

自然环境与社会环境是塑造地域文化的两大因素。在华南沿海的多数地区，人们面对的是浩瀚的大海、贫瘠的丘陵与充满盐碱的滩地。如果说，农业文明以土地为基本生产资料，那么，沿海居民只能"以海为田"。一方面，华南沿海居民通过围垦建造了埭田与沙田耕种谷物，另一方面，宋元以来，他们在潮间带进行牡蛎、泥蚶、蛏等海产品的养殖。"煮海为盐，酿秫为酒，煮鱼虾为食"的生活方式与内地农耕地区已截然不同。同时，不宜农耕的山地丘陵可因地制宜，种植柑橘、荔枝、龙眼等本土经济作物。

受限于狭窄的耕地，华南沿海居民需要用自己的产品从湖广、四川、江苏、台湾等地换取粮食等生活必需品，海洋航运的发展为这种交换提供了便利，为沿海居民开辟了新的生存之道，进一步推进了人们生活方式的转变，正如康熙《漳州府志》所说，"滨海舟楫通焉，商得其利而农渐弛"。道光《厦门志》记载，厦门一带"服贾者以贩海为利薮，视汪洋巨浸为衽席，北至宁波、上海、天津、锦州，南至粤东，对渡台湾，一岁往来数次"。得益于海洋航运带来的跨区域分工，华南沿海经济的外向型色彩愈加浓厚，利益的厚薄成为作物种植的首要考虑，改稻田为蔗田、为烟田、为蓝田的现象越来越普遍。

人们从国内贸易日益扩大到对外贸易，活动空间逐渐增大，贸易活动半径又扩大到朝鲜、琉球、吕宋、安南、占城、满剌加、暹罗等环中国海国家。东南沿海与海外联系的密切使该地与海外连成了一个统一的整体，新传入的番薯、玉蜀黍、烟草等美洲作物很好地适应了东南沿海的自然环境，更给这种贸易提供了充足的物质基础。特别是番薯等粮食作物的种植在很大程度上弥补了粮食的不足，促进了人口增长。

明清时期华南地区手工业也跟随时代潮流而发展，"福之绸丝，漳之纱绢，泉之蓝，福、延之铁，福、漳之橘，福、兴之荔枝，泉、漳之糖，顺昌之纸"都成为远近闻名的品牌货。漳州生产"漳绒"，"以绒织之，置铁线其中，织成割出，机制云蒸，殆夺天巧"。明清时期，华南各地借助大航海时代世界市场的形成，将此前贫瘠的山海地貌转化为发展商品经济的最佳舞台，有效地实现了与国际国内市场的对接，带动了地方经济的飞跃式进步。

二、禁海与开海的官民博弈

对于明清政府而言，华南沿海地区的经济繁荣本来应是值得庆幸的事，国内贸易可以取长补短，彼此促进，海外贸易也曾"岁致诸岛银钱货物百十万入我中土"，但是，商业的发展必然要打破人口固着的社会秩序，带来人口的大量流动，增加封建统治的难度。同时，倭寇的骚扰与沿海居民的"附倭"也严重地危害了沿海地区社会秩序的安定，明末以来，郑芝龙、郑成功势力在海上日渐发展，后成为清王朝的政治对抗力量。在此背景下，明清政府首先从政权巩固角度去制定政策。显然，这样做的偏颇是很明显的：禁海政策阻绝了沿海生民的生存之径，却又给亦商亦盗的私人海商以发展与膨胀的机会；迁界政策使许多刚勃起兴盛的沿海经济区域陷入困顿，并逼使沿海人民纷纷流亡入海。明清政府曾不断地游离于这禁海与开海政策的两端，于是，朝野的舆论也忽而极力罗列开海的弊端，忽而大言开海的利益，从而使禁海与开海政策不断地处于摇摆状态。

国际的贸易更因为彼此的互补性而更加受到重视，记载明代边疆与海外国家风土人文的《殊域周咨录》认为，南洋物产丰富，若干物货均为中国人日常生活所不可缺，所谓"夷中百货，皆中国不可缺者，夷必欲售，中国必欲得之"，反之亦然。从事海外贸易就具有了巨大的空间。"望海谋生十居五六，内地贱菲无足重轻之物，载至番境，皆同珍贝。是以沿海居民造作小巧技艺以及女红针黹，皆于洋船行销，岁收诸岛银钱货物百十万入我中土。"海外贸易高额的商业利润促使闽南沿海民众不惜冒禁下海，明代漳州月港的合法化和清代厦门的繁荣都是海外贸易持续兴盛的体现。

明代成化、弘治年间，"豪门巨室间有乘巨舰贸易海外"，豪民们依仗着保护伞肆无忌惮地开展着走私贸易，获得了巨额的利润，抽取其中的一小部分贿赂官员，则多能得到官员们的庇护，于是禁令往往成为一纸空文。明代的《泾林续记》记载："闽广奸商惯习通番，每一舶推豪右为主，中载重货。余各以己资市物往，牟利恒百余倍。"在严重的两极分化逼迫下，贫户往往走投无路，被动加入出海为盗的行列中。月港"人烟辐辏，商贾咸聚"，"所贸金钱岁无虑数十万，公私并赖，其殆天子之南库也"。

到明中后期，官府也盯上了这批富裕起来的豪族，特别是万历年间的矿监税使成了无孔不入的剥夺者。时人谢肇淛评价："国家自采权之使四出，虽平昔富庶繁丽之乡，皆成凋敝。"从月港下海的商船要交纳引税及水饷、陆饷和加增饷四种税，其中仅加增饷一项，每船须纳税银一百五十两，这一政策又导致"数年来附洋船回者甚少"，"内地民希图获利，往往留在彼处"。重税政策只能驱使这些商贸人员滞留海外不归，从而形成日渐强大的华侨力量。

三、华南沿海商工文明的特征

商品经济发展形成对生产活动的巨大拉力，使生产围绕着市场而进行，哪怕是农业生产、手工业生产都具有外向性。这是商工文明的特征。华南沿海商工文明既然有其形成的特定的自然条件与社会环境，它

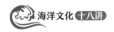

便自然带上自己的诸多特征。

1. 亦儒亦商的人生观

依照封建传统观念，商人是四民之末。然而，正像社会各阶层都竞相入海谋利一样，社会各阶层也都把业儒作为人生的终极目标，他们中许多人对儒家思想有一种天然的向慕。即使在商业活动中，这些商人处处使自己表现得具有儒雅之风，特别注重对立德、立功的执着追求，在思想中处处体现出他们恪守儒家思想的影子。他们把自己的不能入学归于家境的贫寒等原因，而希望通过他们自己的努力为同代、下一代或下几代人创造实现业儒的条件。

2. 义利兼顾的道德观

商工文明发展的原始推动力多起于对利的追求。求利本身本无可厚非，若是义利兼顾则更具积极意义。闽南沿海商人在树立义利兼顾的形象上做了大量努力，如大量修建桥渡路井、广泛兴修农田水利、全面普及书院义学、深入开展救济守御等。如晋江的蔡维坤"遗命建祠堂以妥先人，设家塾课子弟，建义田，规条明备，可赅久远"。同安吴冠世以"农商起家，富甲全邑"。独力捐修文庙，"甲于泉郡"，又独力捐修"上达同厦，下连晋江"的大盈路，又独力修建草亭、新亭二桥，修缮九日山废冢万余。本乡达于新关的大路亦是"冠世募工铺石，并建两亭为行人避风雨憩息之所"。南安徐用逢捐赀用于凤山上帝庙、东岳庙、两庑元妙观、两庑东岳五峰山神像、官桥之大桥、白安之诸母桥、功德亭、安平祖祠及郡城小宗祠等。同安蔡启昌"商于吕宋，积赀甚裕，量宏好施，捐修文庙考棚、筑造寺院桥路，恤孤怜贫，施茶舍药，倡设拯婴堂，靡不踊跃乐输"，他的儿子也秉承父志，"家赀拓张十倍，捐修文庙第院，城垣炮台数以千万计"。他们在经商中贯彻"信"与"义"，在商业之外兴办大量义举，这既使社会重新正确地认识了商业，同时又为商业的发展开辟了更广阔的道路。

3. 稳中求进的价值观

如果说农业文明追求的是周而复始的稳定的节令变化的话，那么，商工文明的发展经常要借助时局的骤起骤落。前者追求平静，后者则追求变动，由变动而派生出流动性、冒险性、开放性和斗争性。商人们凭借血缘或地缘形成一定的集团势力，既相互监督，又相互济助，从而形成共谋发展的局面。明末东南沿海的海商集团如李旦、颜思齐、

会馆

会馆是明初首先出现于京师的同乡官员聚会场所，由致仕同乡官员捐出自己的宅第而成，明中叶后，科举制度的全面推行让京师会馆增益了新的同乡举子馆舍的功能。随着商品经济的繁荣，同乡商人亦在各商业都会建立会馆，或抵御不法牙行的腋削，或祭祀乡土神灵、联络同乡籍人、制定商业规范等，清代是各类会馆大发展的时期，海外华侨也纷纷在异国他乡建立起同乡会馆，有效地应对着国外复杂的需求。

上海的漳泉会馆"建自乾隆年间，其规模之宏远，气象之堂皇，横览各帮，洵无多让"。建立会馆可以"联商情"，加强了彼此的信息联系，有利于商业活动的开展。"敦梓谊"是"联商情"的结果，反过来更使商业联系有了稳定的联系纽带。

刘香、李魁奇、郑芝龙等，都依托各自的乡族势力逐步发展壮大。奠基于家族乡族制度之上的合股经营和奠基于宗祧崇拜之上的错综复杂的神灵祭祀都体现了人们稳中求进的心理追求。有的商人力使自己或其子弟跻入封建统治阶层中去，这更为商人们的稳中求进创造了现实的条件。东南沿海商人和商人集团还善于联络政坛上的同乡官员，使其成为他们利益的代言人，从而营造对商工文明发展有利的环境。

第三节　海洋孕育的华侨文化

中国人通过海路移居外国的现象，古已有之。随着海上丝绸之路的发展与繁荣，越来越多的中国商民长期滞留于商路上的名城巨埠，侨居海外，成为华侨。明永乐、宣德年间，官方的航海活动——郑和下西洋不仅给民间海商带来了商贸上的便利，也留下了流传后世的书面文化遗产。马欢、费信、巩珍等人记录下西洋经历的《瀛涯胜览》《星槎胜览》《西洋番国志》等文献为国人描述了海洋的奇伟瑰丽以及彼岸蕴藏的机遇，大大提升了人们对外部世界的兴趣，吸引着越来越多泛海闯荡的勇敢者。

一、华侨海洋经济网络的形成

明末福建海澄（今漳州龙海至厦门海沧一带）人张燮所著的《东西洋考》为了解当时的华侨海洋经济网络提供了一扇窗口。海澄是"闽人通番，皆自漳州月港出洋"的月港所在地，张燮目睹了"农贾杂半"家乡的风尚：乡人往返于海澄与南洋之间，"走洋如适市。朝夕之皆海供，酬酢之皆夷产"；人们"不亲亲而亲释，不问医而问巫"。随着儒家文化的浸染，海澄等地的闽南人勤勉不倦地"梯航以导之，币质以要之，昵之如婴孩，收之如几席，上以佐帑需，下以广生遂。波斯之藏吐耀，紫贝之玩充轫"，极大地填补了闽南物资的短缺。

明清之际华侨海洋经济网络的形成有其必然性。明代以来以江南为中心的南方经济取得了蓬勃的发展，市场范围不断扩大，商品种类日渐繁多，与东西洋在经济上的形成互补，为航行活动提供了大量的货源。郑和下西洋打通了中国沿海与南洋地区的海上路线，此后，沿海民间商贸力量沿着这条通道继续开展海外贸易，官方与民间的航海活动产生了大量侨居海外的商民。隆庆开海标志着明朝廷将此前盛行的私人海上贸易合法化，商人携带着陶瓷、铁器、丝绸及其他日用品由漳州月港出洋，返程时带回异域的香料、奇珍异兽等，在此过程中，赚取巨额的商业利润。

东洋、西洋与南洋

"东洋"与"西洋"之名始见于元朝。及至明初郑和下西洋之时，东西两洋皆以苏门答腊岛为界，位于该岛北部的苏门答剌国被称为"西洋总路头"。当时的船舶穿过马六甲海峡西行进入印度洋前往沿岸诸国，即为"下西洋"。相应地，西起马来半岛与苏门答腊岛东海岸，东至菲律宾、朝鲜、日本的海外地区则被称为"东洋"。

到了张燮所处的明末，随着葡萄牙、西班牙、荷兰等势力东扩，中外海上交通贸易形势变化，东西洋的范围缩减，二者的分界线也东移到加里曼丹岛。《东西洋考》以始于厦门湾、终于加里曼丹岛的"二洋针路"（即两条主要的航海路线）途经的地区作为东西两洋的划分依据。

明末以降，随着世界地理知识的更新，"东洋"与"西洋"的范围仍在不断发生变化，其大致趋势是："东洋"专指朝鲜、琉球、日本等位于中国东方的海上邻国，后成为日本的别称；"西洋"逐渐被用于指代位于遥远西方的欧洲。与中国隔南海相望的诸多国家，则被统称为"南洋"。[8][9]

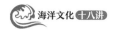

远播海外的功夫茶

功夫茶这一饮茶风尚最初形成于闽南漳浦地区，其依赖的茶具种类复杂多样，包括紫砂茶壶、粗陶或金属质的茶炉与水壶、瓷质茶船与茶杯（若深杯）等。这套茶具体现了江苏宜兴、江西景德镇、闽南与潮汕地区窑场产品的组合。随着海外移民的流动，饮功夫茶的风尚也传播至南洋，在暹罗、槟城、吉隆坡、吕宋、噶喇吧等地，在华侨社会中盛行起来。侨民们借此凝聚乡情、彰显自我的文化雅致，客观上促进了中华文化的对外传播。

南洋华侨对功夫茶的钟爱贯穿其一生，甚至在随葬品中也可窥一斑。在南洋地区相当于明末到清道光之间的华人墓葬中，普遍流行随葬功夫茶具的习俗。其中可见出自名家之手的高端茶具，也不乏仿制前者的粗陶茶具或微缩模型。在中国传统的丧葬观念背景下，随葬品表达的是死者生前的生活倾向和观念追求。南洋华人墓葬出土的茶具反映了功夫茶风尚从中国本土播及海外，成为华侨文化认同的重要载体。

二、闯荡南洋的明清华侨

随着华侨海洋经济网络的发展成熟，南洋的华侨社会欣欣向荣，在生活习俗、精神信仰等方面呈现出与祖籍地相似但又有别的特征。

较早闯荡南洋的人主要是男性。到了异域之后，他们中的一些人落籍当地并与当地的女性缔结婚姻、繁衍后代，培养出被称为"峇峇""娘惹"的新族群。囿于当地国民族政策，这类族群规模大多很难扩大，此时华人社区、华人族群更倾向于在本族群内缔结婚姻。

作为重要侨乡的福建、潮汕等地的民间信仰多元，随着移民的流动，海外华侨社会的神灵信仰依然保持这一状态。依靠这些精神寄托，侨民提升了搏击风浪的勇气，坚定了克服困难的信心。在狂风恶浪中祈求神灵后转危为安的经历，是他们兴建庙宇、奉祀神灵的巨大动力。今马来西亚马六甲的青云亭始建于康熙年间，最初作为安顿亡灵的庙宇，因当地侨领出于安定同乡侨民心态的考量而建立，其中供奉有观世音、妈祖和大道公，给予先后相继的侨民以文化认同与精神寄托。

南洋地区广布的同乡会馆是青云亭的升级版，其"祀神、合乐、义举、公约"的功能大体覆盖了侨民生活的主要方面，具体还可兼及慈善、教育、诉讼等各个方面。经商致富的同乡往往是会馆建设的主要出力者，在此过程中赢得良好的信誉，为进一步发展壮大打下基础。各地的同乡会馆蓬勃兴起、发展壮大，成为庇护华人华侨的重要组织与嵌入当地国社会管理体系中的社会治理基本单位，获得了长期延续发展的机会。

三、海禁国策下的华侨命运

张燮的同乡周起元在为其《东西洋考》作序时，深感闯荡南洋的乡人"视浮天巨浪，如立高阜；视异域风景，如履户外；视酋长戎王，如挹幕尉"之豪迈。被这些幸运儿的风光掩盖的是众多不幸者的遭遇——或溺毙于海难，或客死于异乡。在族谱中，不难看到一个家族的大量族人死于异域或下落不明，落叶归根对于他们而言则完全是奢望。在南洋各国的华人墓园里，明代及之前的墓葬较少。这或许反映了当时侨民规模较小，或许是因为当时的侨民还多能实现回家安葬的遗愿。而到了清朝，统治者出于对异族人的防范，曾试图阻断移居海外的华人与国内的交流。侨民的回归愿望与归葬遗愿被这些政策无情阻断。

康熙、乾隆朝都曾发布诏令，限定他们必须在五年或三年内归国，否则一律作为"弃民"看待。然而一旦归国，他们往往被冠以"细作"或"奸民"而遭遇流放或牢狱之灾。

康熙五十六年（1717年），朝廷发布针对南洋的禁令，禁止平民出海经商，并勒令吕宋（菲律宾）、噶喇吧等南洋地区的侨民在三年内返回原籍，否则将"行文外国，将留下之人，令其解回立斩"。绝大部分侨民并非不想返乡，但他们更希望在南洋打拼一番后再"衣锦还乡"。"一刀切"的三年期限，对他们而言难以遵从，毕竟谁也不愿意放弃自己在外打拼多年的心血。因此三年期满时，很多侨民仍然滞留南洋并未返籍。侨民们了解到，地方官员执行中央政策也时有变通，因为他们中许多人也觊觎侨民的腰包，希望分得一杯羹。但这种行为也是朝廷倍加防范的，如在雍正时期，地方官员一旦背上"勾连海外番夷，对皇朝不轨"的罪名，那无疑是断了自我的前程。雍正帝要求沿海官员对这些南洋侨民要严查严办，甚至发出过"一经拿获，即行请旨正法"的谕令。

乾隆帝在登基之初大赦天下时，也施恩于部分南洋侨民。他赦免了康熙五十六年前出洋未归的侨民，如果他们在三年内返籍，可以既往不咎。然而，这并不意味着海禁国策的变更。有侨民借这个机会返回了故乡，但也有人趁政策放松的空当，冒险出洋去寻求致富的商机。在这之后不久的1740年，噶喇吧就爆发了"红溪惨案"。

早在1619年，荷兰殖民者在占领巴达维亚之后，招募大批劳工建立自己的城堡，其中就有大量的华人劳工。然而，受到各种谣言的影响，荷兰殖民者对华人逐渐产生戒心。1740年，荷兰殖民者挑唆当地人和华人对立，在巴达维亚红溪河等地制造了屠杀惨案。城内近万名华人惨遭屠杀，仅有一百多人侥幸逃出。消息传至清廷，乾隆帝却贬损南洋侨民为"弃民"，斥其"不惜背祖宗庐墓，出洋谋利"，对他们在海外的权益"概不闻问"。在乾隆帝的定性下，这些侨民正式被故国抛弃不再被视为同族，成为了"天朝之弃民，故国之仇雠"，荷兰殖民者迫害华人的气焰渐盛。

海禁国策下的华侨命运往往因时代、政策以及侨居国的差异而不同。总的来说，泛舟海上丝绸之路的人，其中幸运者变得殷富，不幸者则破落、惨死。海上丝绸之路也不纯然是平坦的路，其中有若干经验教训值得我们去反思、总结，以便走好未来的路。

陈怡老的命运

乾隆元年（1736年），福建龙溪人陈怡老偷偷前往噶喇吧。在1740年的"红溪惨案"中，他幸运生还。

陈怡老试图回到老家暂避风头，却没有料到清廷制定了严厉的防范海外侨民回国的政策。福建巡抚上奏乾隆帝，称陈怡老私自前往南洋并一直都在为洋人服务，甚至娶了洋人为妻并生下混血子女，这不仅"大逆不道"，且可能是洋人的"细作"，回国图谋不轨。乾隆帝收到奏报后，在未进行任何调查的前提下，就命人立即给陈怡老定罪："借端恐吓番夷，虚张声势，更或泄露内地情形，别滋事端"。陈怡老在即将抵达厦门港码头时，就被以"交结外国"的罪名逮捕并发配边关充军，他在南洋辛苦积攒下来的财物也都悉数充公，一家老小三十多口人被遣返回到巴达维亚。

"泰兴"号沉船

"泰兴"（Tek Sing）号是道光二年（1822年）从厦门港出发前往巴达维亚（今印尼雅加达）的一艘巨型商船。当时，船上载有1600名乘客以及200～400名船员，载重近千吨。"泰兴"号航行至印尼北部海域时，不幸触礁沉没。[10] 路过的中国与英国船只先后救助了约200名幸存者，后者的航海日志中记录了这场海难的大致情况。1999年，英国探险家迈克·哈彻（Mike Hatcher）以历史文献为线索，带领团队找到了沉没的"泰兴"号，随后捞获了35万件中国外销瓷器。[11]

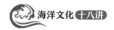
思考题

　　1. 如何理解欧洲出现的"中国热"？

　　2. 华南海洋经济的发展，与腹地的支撑有何关系？

　　3. 华侨与故土间的关系是怎样的？

参考文献

［1］　Blussé L. Chinese century: the eighteenth century in the China Sea region[J]. Archipel, 1999, 58: 107-129.

［2］　谢丰斋 . 古代"丝路贸易"的延续 : 16—18世纪中国南海"世界贸易中心"的生成 [J]. 世界历史评论 , 2020, 7(1): 80-104.

［3］　谢和耐 . 中国社会史 [M]. 耿昇 , 译 . 南京 : 江苏人民出版社 , 1995:29.

［4］　程代熙 . 巴尔扎克谈中国 [J]. 读书 , 1979(2): 97-99.

［5］　伏尔泰 . 风俗论 [M]. 梁守锵 , 译 . 北京 : 商务印书馆 , 1994: 239-251.

［6］　艾克曼 . 歌德谈话录 [M]. 杨武能 , 译 . 郑州 : 河南文艺出版社 , 2013: 112.

［7］　同 [2]

［8］　郭卫东 . 新世界观的形成 : 东、西、南、北洋的概念流变 [J]. 清史研究 , 2024(1): 10-24.

［9］　何凤瑶 . 东西洋的界域和演变 [J]. 上海大学学报 (社会科学版), 1994(5): 78-81.

［10］　中国航海博物馆 . 中国古船录 [M]. 上海 : 上海交通大学出版社 , 2020: 554.

［11］　王光尧 . 关于泰兴号沉船与所载船货的思考 : 海外考古调查札记 (五) [J]. 紫禁城 . 2022(2): 105-115.

● **本讲作者：王日根**

第十一讲　东西方文明的冲突与竞合

随着新航路的开辟与全球化进程的加快，中国的海洋事业在迎来新机遇的同时，也面临新的挑战与威胁。明朝为了应对前朝少见的海上威胁，建立完善了海防体系。西方商贸网络的连接与武装力量的介入，更使明中后期的东亚海域局势风云变幻。以郑氏家族为代表的地方海洋势力为抵御外敌入侵、维护中国海权作出了贡献。清末，西方的坚船利炮叩开国门，在剧烈的文明冲突与竞合中，中国的有识之士睁眼看大洋彼岸的世界，积极探索救国强国之道。

第一节　新航路开辟后的明清海防

在海洋交通史上，随航路而来的不仅有互通有无的商船，亦有虎视眈眈的武装力量。为防御外敌从海上入侵，海防成为人类海洋事业的重要组成部分。

图 11-1　始建于明初、曾为永宁卫崇武千户所戍所的崇武古城

中国利用海上武装力量的历史悠久，至迟于春秋战国时期，海上军事行动在诸侯争霸中就已初露锋芒。

后期倭寇

所谓后期倭寇，是指16世纪违反海禁政策私自出海，并通过勾结日本人而形成的海盗集团。与其相对应的"前期倭寇"，则是活跃于14至15世纪的日本海盗集团。

地方政权之间围绕海洋的攻守，以及对游离于政权以外的海盗势力的防御，促成了海防建设的萌芽。

明朝从立国之始即面临倭寇的侵扰与沿海反明势力的叛乱，除实行禁止私人海外贸易的海禁政策以外，亦在沿海地区"置卫所，陆聚步兵，水具战舰"（图11-1），建立了结合主动防御与被动防御于一体的海防体系。时人认为："海之有防，自本朝始也。"随着沿海承平日久，

兼之吏治腐败，明中期的海防事务逐渐废弛。与此同时，在地球的另一端，欧洲的航海家开启了新航路的探索，中国的海防即将迎来变数。

一、从海商到海盗

15世纪初，郑和下西洋这一系列人类航海史上前所未有的壮举，将中国海上贸易推向巅峰。辉煌过后，明朝最终放弃海洋战略，海禁成为一种常态。但沿海商民为了生计，铤而走险驶向大海，成为活跃于东亚及东南亚海域的华人海商。

在海禁政策下，出海贸易即被王朝视为走私行为，从事者则被视作海盗，其中有一部分后来逐渐壮大，成为所谓的后期倭寇。海商与后期倭寇是这一时期的时代产物，他们成为这一时期海洋文明发展过程中重要的组成部分。

从16世纪初开始，随着明朝海防的松弛，葡萄牙开始在东南亚海域活跃，中国东南沿海地区的日本走私贸易也日益猖獗。这导致浙闽粤等地开始出现以岛屿为据点的海洋走私帮派，他们通过相互间的联合，组建了庞大的海洋组织。早期的海洋组织关系松散，派系斗争严重，并未形成一股强有力的势力，但16世纪中期王直的出现，彻底改变了这一点。

王直原系内陆的徽州人，本为盐商，但因经商遇阻，在广东下海转行为海商，此后他走私内陆的硝黄、丝绵等违禁品到日本及东南亚，开始游走在既商又盗的灰色地带。他仅仅通过五六年的走私活动，就在海盗世界建立了自己的威望，并成功加入当时称霸一方的许栋集团。王直加入许栋集团后，其据点从广东转移到了浙江双屿，后通过与日本朝贡团的接触，成功打通了对日走私贸易通道，一跃成为代表这一时代的大海盗。此后王直通过与沿海地方官绅建立互利关系，进一步巩固了自己的地位，且滚雪球效应使越来越多的黑白两道势力投奔王直。

王直的壮大导致浙江沿海治安出现混乱，治安与经济利益的天平开始一边倒，这随时都有可能导致官盗共生关系的破裂。1552年王直请求官府允许互市的请求被拒，就此原本既商又盗的王直彻底转变为海盗，成为中日混编的后期倭寇首领。为解决倭寇问题，明朝于1554年新设倭患总督抗击倭寇，王直成为其全力围剿的首要目标，最终王直日益觉得已无力支撑下去后，于1557年在宁波自首。

16世纪中国海洋贸易的主角无疑是浙闽粤沿海商民，但依然有许多像王直这样内陆商民的身影，他们时商时盗，封建王朝只以统治阶级利益为优先的海洋政策，决定了他们要被贴以何种标签。然而被贴上海

盗的标签而受到王朝强有力的打压后，可从事农耕与陆路贸易活动的这些内陆地区商民开始在海洋世界消失。但他们的消失，使连接内陆与海洋的贸易网络开始出现断裂，这导致以内陆为中心的封建王朝开始逐渐放弃海洋市场。

可以说16世纪是海洋贸易百花齐放的时代，内陆与海洋的连接给海洋贸易带来了无限的遐想，但由于封建王朝的海禁与海防政策，这些辉煌最终在历史中落幕，海洋逐渐成为沿海商民的专属，这也为日后海洋文明的发展奠定了基调。

二、海防的新方向

到了16世纪中叶，后期倭寇正式被明军瓦解，因"后期"两字存在的歧义，这往往会给人带来一种倭患就此终结的错觉。事实上此后在闽粤两地又出现了新的海洋势力，明朝官方称之为"新倭"，当时他们不断骚扰整个东南沿海地区，明朝军事力量开始受到蚕食。

通常封建王朝在开国早期都会呈现出一片欣欣向荣的景象，明朝自然也不例外，其仅依靠沿海卫所官军就成功击破了早期倭寇与后期倭寇。然而到了16世纪后期，建国已有200年的明朝积弊沉疴，官逼民反的政策比比皆是，但海防卫所早已名存实亡，军队早已丧失斗志，王朝不得不开始寻求借助民间力量来解决这一问题。在这样一种时代背景下，郑芝龙等民间海洋势力正式开始登上历史舞台。

郑芝龙，福建泉州人，由于小时候频繁滋事，被父亲逐出家门，后跟随舅舅学做生意，并在他18岁那年前往日本平户以卖鞋为生，后与当地日本女性结婚，生下儿子郑森，即后来因南明隆武帝赐名而改名的郑成功（图11-2）。郑芝龙的人生在他20岁那年，即1624年开始发生重大转变，该年他加入活跃于东亚海域的颜思齐贸易组织，从此正式成为海员。17世纪初是荷兰东印度公司全面进军东亚海域的时代，熟练掌握当时海洋世界通用语言葡萄牙语的郑芝龙迎来了翻身的绝佳机遇。他开始在海洋舞台上大展身手，在经历无数的激烈竞争后，最终收编颜思齐、李旦等大海盗集团，成为东亚及闽粤海域的霸主。后来郑芝龙在明政府推行的借

图11-2 位于厦门鼓浪屿的郑成功雕像

助民间力量的新海防政策下，顺势成为明朝将领。

在17世纪初的中国，郑芝龙在东南沿海享有特殊的地位，他既是海洋世界的海盗首领，同时又是明朝的海军将领，可以说这是衰败的明朝后期海防政策的缩影，这预示着王朝即将崩塌，海洋世界又将迎来重大变化。

三、明清之际海权的中兴

进入16世纪以后，欧洲各国在东亚海域的势力此消彼长。从16世纪中期开始西方势力全面进入东亚海域，1578年西班牙合并葡萄牙后，西班牙成为东亚海域的绝对霸主。但进入17世纪后，从西班牙独立的荷兰开始进入这片海域，挑战西班牙的霸主地位，为此他们于1622年试图先占领台湾海峡中的澎湖，然后要求明朝与荷兰通商。由于明朝普遍的弃岛政策，澎湖原本人迹罕至，但从16世纪中期开始的后期倭寇走私，再加上月港的开港，因此到了17世纪澎湖已成为东亚与马尼拉间西班牙贸易航道上的重要咽喉，其战略意义不言而喻。

对于当时的明朝而言，澎湖在沿海安保问题上同样具有重要的战略意义，所以明朝立即发动军队收复了澎湖。荷兰东印度公司则在撤离澎湖后，开始在台湾西南部，即现今的台南地区建立了新的据点。在此次明政府与荷兰人的冲突中，郑芝龙在中间负责交涉，全力维护了明朝的利益。

然而明朝与荷兰最终还是在1633年爆发正面冲突，双方在金门料罗湾海域展开激战，郑芝龙与郑森父子也参与了这场战争，结果明军击溃荷兰舰队，重新夺回了台湾海峡的制海权。

明末海权的中兴并未能阻止王朝走向尽头，内忧外患的明朝最终被李自成率领的农民起义军推翻，此后降清的吴三桂与多尔衮在山海关击溃李自成，清军顺势拿下北京。在南方各地则相继出现明朝宗室建立的政权，统称为南明。海洋逐渐成为无人管辖的地带。郑氏家族站在了这一时代变革的浪尖，他们从原来的海上集团，逐渐转型为东南地区的一方诸侯，最终成为南明政权的核心势力集团。

随着清军一路南下，郑芝龙认为南明气数已尽，决定降清。然而郑芝龙年轻的儿子郑成功却表示了不同的立场，他积极备战，决意抗清。此后郑成功断绝父子关系，独自走上反清与抵御西方外敌的道路。清军进入福建后，郑成功势力掌控之地只剩厦门岛海域的若干要塞，然而他依然没有放弃，继续招兵买马，几度水陆并进，发动北伐。清政府则为了应对郑成功所带来的军事威胁，通过颁布迁界令把所有沿海居民迁往内地，试图通过这一政策从源头上切断郑成功部队的军事补给。这导致当时离海岸线20里内的沿海土地荒无人烟。郑成功不得不把目光再次转向了海洋。

陆路受困之后，郑成功开始从海路寻求突破，收复受荷兰殖民者侵占的台湾，自然成为其首要目标。荷兰东印度公司从1624年开始，历经数年建成坚固高大的热兰遮城，总驻扎兵力达4000余人，后又建设普罗民遮城，继续扩充军事力量。但从军事角度而言，荷兰东印度公司因早年放弃澎湖而未能建立第一道海洋防线，这给郑成功提供了较易登陆台湾本岛的作战条件。

郑成功为收复台湾，开始在闽南海域大力造船，训练军队，最终组建起由400余艘战船与25000余军民组成的海军舰队。1661年4月，郑成功率领军队从金门料罗湾出发，进军台湾。在围攻热兰遮城长达9

个月后，终于迫使荷军投降。郑成功与荷方签订条约，以没收荷兰东印度公司所有财产与物资为条件，释放并驱逐了所有荷军俘虏。台湾受荷兰殖民统治长达40年之久后，终于重回祖国怀抱。郑成功维护了中国的海权，并通过建立海洋贸易秩序，确保了中国海商的安全与利益。

第二节　朝贡体系遭遇挑战

为建立天下秩序，明朝曾与朝鲜、琉球、日本、安南、暹罗等十余个周边国家建立过朝贡关系。清朝入主中原后，明朝的主要朝贡国从各自利益出发，最终承认了清朝的地位。清朝延续了明朝所建立的朝贡秩序，并一直维系到清末为止。

一、西方与朝贡的相遇

15世纪之前，东西方的商品贸易主要由贝鲁特、君士坦丁堡等为中转枢纽的陆路，以及由南亚沿海与地中海航线来完成。这导致贸易基本被阿拉伯人和威尼斯商人垄断，东方的瓷器、丝绸、茶叶、香料、珠宝等商品在欧洲市场严重溢价。而且随着14世纪奥斯曼帝国的崛起，阿拉伯地区与地中海地区长期对峙，连接东西方的海陆贸易网络频繁出现严重的交通危机。

所以从15世纪开始，葡萄牙、西班牙等国家开始试图开辟新的航路，到了16世纪末，荷兰后来居上，成为远东海域的霸主。而随着文艺复兴后英国的崛起，英国在17世纪取代荷兰，成功掌控了远东贸易航线。英国于1600年成立英国东印度公司，此后的两个世纪时间里，又在苏门答腊、暹罗、日本等十多个地区相继建设商馆，其商团与舰队的影响力已覆盖远东大部分沿海地区。

从葡萄牙、西班牙到荷兰，再到英国的海上权力交替过程中，它们为有效控制这片海域的航线及持续稳定的后勤补给，建设了众多的贸易网点与军事据点。所以这一时期西方的贸易和军事覆盖面与东方原有的朝贡贸易圈，开始碰撞出现火花，两者间的矛盾已无法调和。

葡萄牙人是第一个站出来的挑战者。葡萄牙人通过建立马六甲等据点，控制了通往东方的航路，而且通过在印度果阿建立远东海军总部，掌控了东南亚海域的制海权。葡萄牙人进入朝贡贸易区域后，又进一步提出要在中国领土内获得居留地，这已经严重触犯了朝贡体系的根本。从16世纪开始，葡萄牙军队多次侵入中国沿海，烧杀掠夺，并要求与中方进行贸易，但皆被中国军队击退。此后葡萄牙人通过贿赂与恭顺谦卑的低调姿态进入澳门，当时广东巡抚认为葡萄牙人的存在有利于广东贸易，所以允准他们在此经商，葡萄牙人则以此为契机，开始在澳门建设贸易据点。朝贡体系开始逐渐脱离原有的发展脉络。

二、朝贡体系的裂口

清朝因担心南明北伐，在王朝建立初期曾反复施行过海禁。1683年清军平定台湾而解除海禁后，分别在沿海地区设置了粤海关、闽海关、浙海关与江海关等四关。华商开始重新进入东南亚海域，西方商人也得以重新在中国进行合法贸易。此后尽管康熙末年曾短暂禁止过商民出海，但雍正时期很快又恢复了正常。

广州十三行

图11-3 因外销导向而产生的低温 釉上彩瓷——广彩瓷器

十三行是17世纪后期至19世纪中叶广州的十三个公行。这一商业群体的起源可以追溯到明代在广州专营洋货的华商，他们后来通过获得清政府的官方许可，享有了广州贸易的独占权。十三行的发展促进了广州手工业的繁荣，广缎、广绣、广彩瓷器（图11-3）名扬海内外。

到了乾隆年间，清政府为防止华人借助外国势力发动反清运动，从1757年开始只把对外贸易限制在了广州一口。这一规定后来一直持续到了1842年签订《南京条约》为止，所以这一时期除清朝与周边国家的朝贡往来外，合法的中外民间交流与贸易只能通过广州一口进行。

在广州口岸，负责对外贸易的华商称作公行，即所谓的广州十三行，它们的主要职责是替粤海关监督关税征收。西洋各国商人则在广州设置商馆，并设立了怡和洋行、旗昌洋行等贸易公司。当时公行独占了茶叶、丝绸等大宗出口货物与棉织品等大宗进口货物的交易。为了维持这样的地位，公行持续贿赂清朝官僚，并私自征收了附加税。可以说，广州口岸作为朝贡体系下当时西方人与中国合法贸易的唯一窗口，存在很多问题，这也为后来鸦片战争的爆发埋下了伏笔。

随着18世纪西方国家推动产业革命，洋货开始史无前例地进入亚洲市场。英国为全面打开中国市场而进行商品自由贸易，曾于1793年与1816年先后派马戛尔尼使团与阿美士德使团访华，但皆以失败告终。传统中国的经济基本处于自给自足的状态，对外贸易的依赖程度较低，所以清政府认为与外国的贸易仅仅只是作为天朝对该国的施惠，朝贡体系才是维持天下秩序的关键所在。

进入19世纪以后，因长期的安定与繁荣，中国人口增长到4.5亿，占当时世界人口的四分之一。相对于如此庞大的人口，可耕土地的不足与生产技术的停滞，导致中国封建社会开始在各个领域出现衰退的迹象。然而茶叶、瓷器、丝绸等中国商品依然在国际市场上受到热捧，西方国家的对华贸易常年面临严重的赤字问题。最直观的数据是，17到18世纪美洲生产的约11万吨白银中有约8万吨流入欧洲，但其中的近4万吨又因欧洲国家对中国的贸易逆差而再次流入中国。

为扭转这一局面，英国开始试图通过鸦片贸易来寻求突破，清政府则为了应对这突如其来的挑战，曾数次下令禁止鸦片，但效果微乎其微。民间购买鸦片导致大量白银流出，中国的经济体系与国家财政开始出现严重危机。

道光帝最终将林则徐命为钦差派往广州。林则徐到广东后，迅速以强硬手段没收鸦片，并禁止进口。西方国家则为了挽回经济损失，开始采取武力手段夺回话语权。此次中英间的矛盾给了英国政府派兵的借口，1840年第一次鸦片战争正式爆发。尽管中国军民顽强抵抗，但双方军事实力悬殊，清军最终战败。清朝就此失去关税自主权与领事裁判权，上海、厦门、福州、广州及宁波等口岸被迫开埠通商，原有的朝贡秩序开始出现裂痕。

三、中华文明的蒙尘

从1840年代开始，清朝因战败等诸多原因，与西方国家签订了一系列的不平等条约，且在经历太平天国运动与捻军起义、日本吞并琉球、中法战争与甲午战争后越南与朝鲜借机脱离朝贡体系等一系列重大事件后，原有的朝贡体系濒临崩溃，取而代之的是以英国为首的西方国家建立的国际公法体系。

1860年是一个特殊的年份，该年英法联军占领北京，这是公法秩序下的西方国家军队第一次占领朝贡秩序下的天朝首都。清朝开始意识到变局带来的危机，并开始寻求改变，总理衙门、中体西用、洋务运动等就是在这样的时代背景下应运而生，一时间同治中兴的假象开始漂浮。

从1870年代开始，清朝内部开始出现对王朝未来的担忧，当权者们开始在洋务运动的发展方向上出现分歧，李鸿章主张通过扩大洋务运动来加强海军力量，但左宗棠则主张应以举国之力加强西部防卫。中兴并不意味着清朝就此富国强兵而走向现代化，它更多的是清朝在传统世界观的执念下，设法维护原有秩序的最后努力。

然而，俄国对中国土地的蚕食从未停歇，英俄大博弈的时代背景下，英国在亚洲海域的战略布局越加激进，这使得清朝在东亚海域的活动空间不断压缩。而在亚洲内部，明治维新后日本开始崛起，甲午战争成为压倒传统朝贡秩序的最后一根稻草。此后戊戌变法曾给中国带来短暂的遐想，但现实是19世纪的最后一年发生了八国联军的入侵。

中国传统的封建制度，即有别于西欧各国领主型的那种地主型的封建制度，在19世纪中叶帝国主义侵入以前，已经处在逐渐蜕变解体过程中；资本主义的萌芽，正期待着解脱它并助长它的变革，但帝国主义势力的侵入，把这个历史道路歪曲了，它没有沿着应当发展的方面前进，而逐渐形成依属于帝国主义的半封建半殖民地经济形态了。这一阶段，国家蒙辱，人民蒙难，文明蒙尘，中华民族遭受了前所未有的劫难，中国人民无数的文明创造被列强巨额的赔款欲壑所吞噬，这是帝国主义依照强盗逻辑而欠下的血泪债务。

第三节　睁眼看世界

从1860年代开始，东亚国家间出现了定期贸易航线。英国与美国的轮船公司开通上海与长崎间的定期航线，这成为1871年中国与日本签订修好条规的重要契机。此后在欧美国家的主导下，以香港、上海、天津、仁川、釜山、长崎、神户等港口城市为中心的东亚贸易圈初步形成。在这一时期，上海一跃成为亚洲的经济与贸易中心，无数欧美资本涌入上海，外滩与苏州河两岸成为当时亚洲最繁华的街区。

在这样一种新旧秩序更迭的时代，华商同样通过适应新的环境实现了发展。1872年官督商办的轮船招

马尾船政

为应对"数千年未有之变局"，第二次鸦片战争后，清政府洋务派官员掀起了旨在"自强""求富"的洋务运动。马尾船政是洋务运动留下的重要史迹与宝贵遗产，被评价为"一部船政史，半部中国近代史"。

同治五年（1866年），在晚清名臣左宗棠的倡议下，清政府于福州马尾港一带设立船政，授沈葆桢为总理船政大臣，设局造船并培养海洋人才。沈葆桢在任期间，开展了建船厂、造兵舰、制飞机、办学堂、引人才、兴海军等一系列"富国强兵"的活动。

马尾船政由左宗棠、沈葆桢主持，聘请法国人日意格、德克碑为正、副监督。造船厂制造的第一艘轮船"万年清"号于1869年6月10日下水，其他海军舰船亦历经数次海战，见证了中华民族抵御外侮的历史。船政学堂分设制造、航海两班，要求学员达到能按图造船和担任船长的水准，并派员留学英法学习造船和驾驶技术，培养了严复、萨镇冰、邓世昌等海洋人才。

1949年后，马尾船政以福建省马尾造船股份有限公司的形象重获新生，具备设计、建造和修理3.5万吨级以下各类船舶的能力，成为我国南方重要的船舶生产基地。[1]

商局在上海成立，在短短的十余年间，它在仁川、马尼拉、新加坡等19个城市建设分局，贸易网络遍及东亚及东南亚各个角落。但由于当时清朝很难为华商提供有效的军事保护与外交支援，大部分华商最终都未能发展成为巨头企业，它们更多的是在西方洋行与日本商社的夹缝中寻求商机。

随着19世纪中期中国沿海及长江流域的天津、汉口、上海、厦门、广州等重要城市相继开埠，沿海城市开始出现西方文明的人文印迹。西方国家通过与清朝签订的一系列条约，在中国享有领事裁判权，这成为西方国家在中国领土上建立租界的法律依据。从此各大港口城市开始相继划定租界，其中最具代表性的就是上海的法租界与公共租界。

上海原本只是一个县级城市，但随着划定租界后西方商人的到来，海洋贸易快速发展，上海也很快就成为亚洲最大的贸易港，且随着资本的积累，同时又成为亚洲重要的金融中心。当时西方商人纷纷在上海租界购买土地，建设西式的住宅、医院、学校与教堂等建筑，法租界逐渐发展成为富人住宅区的象征，公共租界给人的印象则是更加商业化，上海开始呈现出西式的近代城市面貌，个别地区甚至还出现了现代意义上的城市公园与城市广场。上海在19世纪就已成为中西文化交汇的开放性城市，在生活艰辛的年代，无数的移民开始涌入上海，为追求更好的生活而寻找机遇。

1903年北美大陆迎来一批来自东方的旅行者，其中一位中国人的到来格外耀眼，此人就是梁启超。戊戌变法失败后，梁启超亡命日本继续进行救国运动，这次的美洲之旅意在亲眼考察北美的发展现状。他从加拿大温哥华登陆北美，先去了纽约等东海岸城市，然后又去了西海岸的加利福尼亚等地。在此期间他开始对美国建国史产生了浓厚的兴趣，并撰写了《新大陆游记》。梁启超在波士顿期间，曾对1773年波士顿人把英国东印度公司茶叶抛入大海的历史深感共鸣，并使他联想到了林则徐的虎门销烟。参观完波士顿美术馆后他曾写道，在美国最难忘的经历是在这里居然有如此多的中国文物。[2] 可以说梁启超的新大陆游记是当时中国知识分子睁眼看世界的缩影。民众的意识在这样的先驱者们的努力下逐渐被唤醒，中国的海洋文明也在经历短暂的黑暗后，在新中国的带领下重新找回光明。

思考题

1. 明代的海防建设，有什么划时代的意义？
2. 新航路的开辟，直接或间接地对中国的海防提出了怎样的挑战？
3. 郑氏家族这一地方海洋势力对抵御外敌入侵、维护中国海权作出了哪些贡献？

参考文献

[1] 北京市建筑设计研究院有限公司，中国文物学会20世纪建筑遗产委员会，中国建筑学会建筑师分会. 中国20世纪建筑遗产名录：第2卷 [M]. 天津：天津大学出版社，2021: 124-127.

[2] 梁启超. 新大陆游记 [M]. 何守真，校点. 长沙：湖南人民出版社，1981: 54-65.

● **本讲作者：水海刚**

第十二讲 古代中国的海洋知识与技术

中国沿海居民与海洋打交道的历史悠久，在此过程中积累了丰富的海洋知识与相关技术。对海洋生物种类的识别与习性的掌握，为海洋捕捞业和海水养殖业打下了基础。两者与制盐业一起，构成了"鱼盐之利"。对海洋气象、水文与海底地貌的认识，为海洋生产与出海航行提供了保障，借助发达的造船与航海技术，中国古代的海洋人群得以远泛重洋、以海为生。

第一节　海洋知识的积累

一、海洋生物认知

早在石器时代，中国沿海居民已将海洋动物列入食谱。先民在岩壁、彩陶和甲骨等材料上记录了物质生产与精神活动的痕迹，最后发展出经过人类智慧加工的汉字符号系统。甲骨文中已有"贝""鱼""渔"等字，汉代《说文解字》收录了110个鱼部字，清代《康熙字典》中的鱼部字则达到688个（包含异写字）。

随着文字记载的丰富，古人对海洋生物的认识得以更多地流传至今。中国最早的百科全书《尔雅》不但记载了洄游江海的鲟鱼、刀鲚等30多种鱼类，还记载了海洋藻类。汉代朱仲著《相贝经》，专门对海贝进行了分类研究。《史记》《汉书》中不仅有对海洋生物地理分布的记载，还有对海洋生物资源的评价。《博物志》《名医别录》等书籍已记载不少海洋生物，在生物分类、生长、习性、地理分布等方面都取得了重要成就。三国时期沈莹所撰《临海水土异物志》记载的50多种鱼类中，半数以上为海鱼。唐代《吴地记》《本草拾遗》新记载了许多海洋生物。宋代《三山志》《日华本草》《水族加恩簿》对许多海洋生物作了质量评价，同时记载了珍珠贝、牡蛎的人工养殖。

在历史的长河中，中国古人对于海洋生物的认识大多数时候还停留在模糊的想象层面。明清时期，人们对海洋生物认识的深度与广度均得到拓展，补充了前人没有记录的翻车鱼、旗鱼、金线鱼等海鱼品种，对于已知海鱼的生长习性有了进一步的认识，不仅注意到了部分海鱼的咸淡水广生性，而且描述了海鱼的洄游规律。

明清时期是海洋生物认识的繁荣期，这一时期有不少关于海洋生物的书籍，如明人屠本畯的《闽中海错疏》不仅记录了当时福建地区众多种类的海洋生物，而且对海洋生物进行了细致分类，分类概念很接近现代生物学的种、属两类。清人郭柏苍撰写的《海错百一录》不但参考前人著述旁征博引，而且多为亲身考察所得，并辅以民间记载，堪称一部海洋生物全志。区别于仅有文字记载的著作，清人聂璜的《海错图》

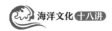
"人鱼"何时重现

儒艮（*Dugong dugon*）是一种珍稀的海洋哺乳动物。与其现生近亲——能进入淡水生活的三种海牛不同，儒艮主要活动于浅海，这也使其成为唯一严格海生的植食性哺乳动物[1]。印度洋、太平洋温暖海域的海草床是儒艮的家园，这些大腹便便的食客将扁平的唇部贴在海床上，一边优哉地游动，一边啃食、咀嚼海草的叶片与根茎，在茂密的海草丛中留下一道"辙痕"。一只儒艮平均每天扰动300～800 m²的海草床[2]，吃下28～40千克的海草[3]。可以想见，儒艮的命运与海草床息息相关。

20世纪的科学记录显示，中国的儒艮分布于广东、广西、海南与台湾等地沿海，尤以广西合浦等北部湾地区为多。古籍中诸如"人鱼"的记载显示，中国沿海居民可能很早就认识到儒艮这一生物，儒艮的历史分布区域或许更加广阔。20世纪后半叶，由于直接捕杀、渔业兼捕、水下爆破与海草床退化等原因，中国沿海的儒艮数量锐减。1986年和1992年，合浦儒艮自治区级和国家级自然保护区先后成立，旨在保护儒艮等珍稀海洋动物与海草床生态系统；1989年，儒艮名列《国家重点保护野生动物名录》。迟来的保护未能挽救儒艮种群的颓势，严重退化的海草床难以维持其稳定存在。2008—2023年，中国沿海再未发现儒艮存在的直接和可靠证据。

2023年9月以来，合浦儒艮国家级自然保护区联合中华环境保护基金会、腾讯可持续社会价值事业部碳中和实验室、广西海洋科学院（广西红树林研究中心）与厦门大学等多家单位，组建海草修复技术团队，致力于修复海草床生态系统，等待儒艮重现[4]。

则专注于对海洋生物的形态进行刻画，使人们能够直观看到那些存在于典籍中的海洋生物，是中国现存最早的一部关于海洋生物的博物学画谱。明清时期人们对于海洋哺乳动物，尤其鲸类关注颇多，明人顾岕在《海槎余录》中不但注意到鲸是胎生海洋动物，更明确记载了鲸生育的产期和地理环境条件，为前代所未有。郑和下西洋之后又进一步标记苏门答腊岛西北海域、阿拉伯海和马尔代夫群岛海域是鲸活动的区域，且是龙涎香的产地。清人更是对某些中小型鲸的重量、鲸皮坚硬程度、肉质与"喷涎"情况作了描述。对于前代很少观察到的儒艮（图12-1）也有了新的记录，明人胡世安认为其有随潮而至的习性，称其为"望潮鱼"，清人屈大均则指出儒艮在广东新安大鱼山与南亭竹没老万山多有之，为儒艮在中国近海的历史分布提供了宝贵资料。

图12-1　在海床上觅食的儒艮

二、海洋气象与水文

1. 海上风动

沿海生活与海上行船与风息息相关，中国古人对此有着悠久的认知历史。《吕氏春秋·有始览》中的"八风"之说，反映出当时人们对于风向及各方来风特点的认知，其中南方的风被称为"巨风"。六朝的《南越志》记载珠三角一带"多飓风""常以六、七月兴"，并解释其为"具四方之风"，这与如今所说的台风是较为接近的。

到了唐代，古人对风力系统有了科学的表述。唐初著名天文学家李淳风在其著作《乙巳占》中详细记录了观测风的方法，并将风划分为八个等级，成为世界上第一个给风定级的人。这一实践比西方的蒲福风级早了一千多年。唐末广州司马刘恂在其关于岭南地区风土人情的著作《岭表录异》中记载："夏秋之间，有晕如虹，谓之飓母，必有飓风。"台风来临之前有"有晕如虹"的征兆，是通过观察台风来临前的气象特征总结出来的经验规律。

古人在一定程度上掌握了风的自然规律，在生产生活中趋利避害。在风力应用方面，船帆将自然风转化为船舶所需要的能量，使得风能在海上交通运输中发挥作用。季风在海洋贸易中的重要性产生了相关的俗信，宋代泉州市舶司每年都要举办两次祈风典礼，夏天"祷回舶南风"，冬天"遣舶祈风"，以求"俾波涛晏清，舳舰安行，顺风扬帆，一日千里，毕至而无梗"，为航行在海上的商船祈求顺风和航行安全。

海洋风暴是我国近海主要的灾害性天气。古代海船抗风浪能力大多不强，清人吴震方在《岭南杂记》中称"台飓一至，挟樯覆舟，而人牲命随之"。针对海上大风，古人提出了"风期"的概念，即在某个时段内海上风力会增强。用风期这样的经验总结来预报风暴，旨在将海上风暴发生频率高的季节与月份筛选出来，让行船者得以提前回避。

2. 潮往汐来

除海风之外，沿海居民最常接触的便是每日往来的潮汐。我国春秋时期思想家管仲的学术著作《管子》一书论述了航海和潮汐的关系。东汉王充在《论衡》一书中提出"涛之起也，随月盛衰"的潮汐的月球成因说和潮月同步原理，发现了高潮间隙现象。晋代葛洪的《抱朴子》则以宇宙混一的宏观视角来看待潮汐，建立起颇有哲思的潮汐成因论。东汉马援在琼州海峡两岸刻潮汐规律于碑，供两岸商民使用。唐代窦叔蒙所撰《海涛志》是现存最早的中国潮汐学专论，此书依据王充提出的潮月同步原理，在潮候计算和理论潮汐表制订方面作出了杰出贡献。

潮波自太平洋抵达中国海域后，在中国近海复杂的海底形态和海岸轮廓影响下形成了明显的地区差异。整体而言，渤海、黄海、东海潮汐性质接近，以半日潮为主，潮差较大，潮流较盛，南海潮汐以全日潮为主，潮汐强度不及前者。江浙沿海是典型半日潮，钦州、廉州所在的北部湾是典型全日潮，琼州海峡是混合潮。正是因为不同海区存在不同类型的潮汐，宋元至明清，沿海区域的文献记录中保留了针对潮汐规律的潮汐表与潮候图，甚至为了便于人们记忆潮汐规律，沿海居民编写了潮候歌。与周期性的潮汐活动不同，突发性的海啸或是风暴潮对沿海居民造成了极大的侵扰。为了对抗潮汐灾害，人们开始修筑海塘，明人黄光升在《筑塘说》中就介绍了海塘修筑的纵横交错法，清代则是在海塘条石交接处，凿成槽榫，用铁锔嵌合连贯，合缝处用油灰、糯米浆抿灌，以防渗漏。

在一些喇叭形河口出现的潮汐，常常潮端陡立，来势汹涌，异常壮观。潮汐学上把这种潮汐现象称作"涌潮"。西汉枚乘在《七发》中曾描写了长江口的涌潮。钱塘江的涌潮至迟在东汉已形成，王充《论衡·书虚》记载："浙江、山阴江、上虞江皆有涛。"东晋顾恺之《观涛赋》首次描写了钱塘江涌潮，当时已有钱塘江观潮的风俗。唐代钱塘江观潮之风更盛，并形成了观潮胜地，《元和郡县志》记载："浙江东在县南一十二里，江涛每日昼夜再上。常以月十日、二十五日最小，月三日、十八日极大。小则水渐涨不过数尺，大则涛涌高至数丈。每年八月十八日，数百里士女共观，舟人、渔子泝涛触浪，谓之弄潮。"宋代观钱塘江潮之风更盛，文人墨客吟咏甚多。

关于涌潮的成因，历代观点不一：王充主张由于河口地形"殆小浅狭"，"水激沸起，故腾为涛"；东晋葛洪认为，远道而来的潮水力大、势大，"乍入狭处，陵山触岸从直赴曲，其势不泄，故隆崇涌起而为涛"；唐代卢肇认为，倒流的海水"夹群山而远入"，与江水在曲折狭窄的江道里相遇，两者"激而为斗"形成涌潮；北宋燕肃认为是由于河口"有沙弹，南北耳连，隔碍洪波，蹙遏潮势"而形成的，这一观点与今日的科学认知相符。明代宣昭的《浙江潮候图说》把上述几种观点综合起来，比较全面地阐明了钱塘江怒潮的成因："浙江之潮独为天下奇观，地势然也。浙江之口有两山焉，其南龛山，其北曰赭山，并峙于江海之会，谓之海门。下有沙弹，跨江西、东三百余里，若伏槛然。潮之入于浙江也，发乎浩渺之区，而顿就敛束，逼碍沙弹，回薄激射，折而趋于两山之间，拗怒不泄，则奋而上跻。"清代周春的《海潮说》认为："海自东来，经东南大洋，入尖山口而一束，其势远且猛；江自西来，前扬波后重水，出翁赭海门而亦一束，其势隘且急。两潮会于（海宁）城南，激荡冲突。"[5]

3. 洋流暗涌

古代文献对黄海洋流虽然没有明确的记载，但元代海运三次改道，说明当时航海者已知黄海除了有自北向南流的黄海沿岸流之外，还有自南向北的洋流。元代第一条海运航线位于离岸不远的黄水洋，是逆黄海沿岸流航行的，故速度慢，浅沙也很多，走一个单程就需半个月或一月余。第二条航线较早进入黑水洋，避开了近海的浅滩暗沙，也部分避开了黄海沿岸流的逆流，又部分利用了黑水洋中的黄海暖流。这样船速加快，航行时间大为缩短。第三条航线远离海岸，一开始就向东行，入黑水洋，进一步摆脱了近海暗沙浅滩的阻碍，更多地避开了黄海沿岸流，又更充分地利用了黄海暖流和夏季偏南风。这样一来，航行速度加快，也更安全，航行时间更短。这是中国古代充分利用洋流，避开黄海沿岸流进行航行的典型实例。

台湾海峡的黑水沟跟黄海中的黑水洋一样，都是黑潮陆架流经过的地方。清代郁永河的《采硫日记》载："台湾海道，唯黑水沟最险，自北流南，不知源出何所。海水正碧，沟水独黑如墨，势又稍窊，故谓之沟。"黄叔璥的《台海使槎录》也说："台与厦藏岸七百里，号曰'横洋'，中有黑水沟，色如墨，曰'墨洋'，惊涛鼎沸，险冠诸海。"

古籍中记载的所谓"落漈"，也反映了古人对洋流的认识。如《元史·琉求传》云："彭湖诸岛与琉求相对……西南北岸皆水，至彭湖渐低，近琉求则谓之落漈，漈者，水趋下而不回也。"《元史》所记落漈，乃是台湾西海岸外的黑潮支流。《使琉球录》所说的落漈，是指冲绳海槽的黑潮主流。

三、海底地貌推断

对海洋地貌的记录与航海实践密切相关。岛屿、滩涂、礁石等海上地貌可作为天然航标，而正确识别并回避暗礁等海底地貌则攸关航运安全。受到技术条件限制，后者多是凭借长期以来的航行经验，而非水下实地勘测。

人们对于海底地貌的认识集中于水下暗沙或是暗礁这类地貌。明代的黄渤海区域有"登莱之海，危礁暗沙不可胜测"的说法。清人顾祖禹在《读史方舆纪要》中提到，"吴淞而南，虽有港汊，每多砂碛"，"海州之东北，有大北海，不惟道里迂远，且沙碛甚多，掘港、新插港之东，亦有北海，沙碛亦多，不堪重载"，浙江的"海中山沙""南起舟山，北至崇明，或断或续，暗沙连伏，易于搁浅"，除此海段外，其余水下地貌相对平坦。至于南海地区，宋人周去非的《岭外代答》曾记载"钦廉海中有砂碛，长数百里……隐在波中，深不数尺，海舶遇之辄碎"，《清史稿》载海南岛周围更是"沿海多沉沙，行舟至险"。

在大量的海上航行经验积累下，人们关注到海水颜色与深度以及地貌的关系。宋人吴自牧在《梦粱录》中归纳："相色之清浑，便知山（海岛）之远近，大洋之水，碧黑如淀，有山之水，碧而绿，傍山之水，浑而白矣。"在今天的黄渤海区域，古人更是区分为黄、青、黑三色海域，黄河入海区域被称作黄水洋，宋人徐兢的《宣和奉使高丽图经》记载，"舟人云，其沙自西南而来，横于洋中千余里，即黄河入海之处"。青水洋离岸较远，海水更深，海底泥沙不容易被波浪卷起，水质清澈，故称为青水洋。黑水洋离岸更远，海水更深，海水之色"黯湛渊沦，正黑如墨"。

第二节　造船与航海技术的发展

一、造船技术

中国古代造船技术在唐宋时代趋于成熟，其特点是船舶种类齐全、制造工艺精良，在国内运输和海外交通方面都起到了重大的作用。早在晋代，至晚在唐代，中国船舶就出现了隔舱板即水密舱壁这一构造。水密舱壁的出现具有多种优势：首先，水密舱壁保证了船舶更具有整体性，从而提高了船体强度；其次，即使某一舱因破洞而进水，也不致波及邻舱；再次，水密隔舱也便于船上分舱，不同货物可以分别放入不同货舱内；最后，舱板与船壳板紧密连接，并取代了加设肋骨的工艺，使得造船工艺进一步简化。

考古发现的船舶遗存向我们展现了宋代海船精密的制造技艺。如泉州湾出土的宋代古船（图12-2）有以下特点。一是使用了二重、三重板技术。若用单层板，不仅弯板困难，还会因板材具有残留应力而削减强度。二是选材讲究。龙骨用马尾松，取其纹理直、结构粗壮、耐腐蚀的特点。舷侧板、船底板、舱壁板等主要采用杉木，取其纹理直、疤节少、材质轻的特点。周边肋骨、首柱、舵杆承座、桅座、舱壁最下一列板、临龙骨的第一列和第二列壳板以及绞车轴等，均采用樟木，取其结构细致、坚实和耐腐蚀的特点。三是壳板的钉连技术。

图12-2　1974年泉州湾后渚港宋代古船出土现场

沙船、福船和广船

沙船是发源于长江口及崇明一带的方头方梢平底的浅吃水船型，多桅多帆，长与宽之比较大。逆风行船必须走之字形的航迹，利用逆风行船时，帆除获推进力之外，还附带产生使船横向漂移的力。由于沙船吃水较浅，其抗横漂的能力有限，遂必须使用披水板，放在下风一侧，用时插入水中，以阻遏船体横向漂移。

福船是福建、浙江沿海一带尖底海船的统称，据茅元仪《武备志》所述，福船船型中，以苍山船体积最小，若敌船窜入内海洋面狭窄处，大福船、海沧船皆不能自如应对，必用小苍船追捕。北京军事博物馆复原的戚继光抗倭大福船，该复原船吃水为3.5 m，相当于吃水一丈一二尺之数，水线长29.5 m，总长40 m，宽10 m，深4.3 m。

广船是南海区域较普遍的民用船只，后进一步改进为战船。《武备志》客观评价了广船的优劣："广船若坏，须用铁力木修理，难于其继。且其制下窄上宽，状若两翼，在里海则稳，在外海则动摇，此广船之利弊也"。广船的帆形如张开的折扇，为了减缓摆动，广船采用了在船体中部深过龙骨的插板，此插板能起到抗横漂的作用。广船的舵叶上有许多菱形开孔，也称为开孔舵，可以大大提高转舵的便捷程度。[10]

钉连船板使用的是挂锔，作用在于将外板拉紧并钉连在舱壁上，做法是先在舱壁上预先开锔槽，在外板上开孔缝，把锔钉由外向内打进锔槽内，再用钉将锔钉钉在舱壁上。四是水密捻缝技术。采用麻丝、桐油灰捻缝，以保证水密并减缓铁钉锈蚀。泉州湾沉船的捻料均用到了桐油与石灰，只是与麻丝组合后更适用于填塞板缝和较大的缺损部位，单纯的桐油与石灰则适用于表面修补和密闭。[6]

在风浪中航行的海船，需要减轻横向的摇摆以避免倾覆。唐代的"海鹘船"在两侧设置浮板以减轻摇摆，宋代的海船开始使用减摇龙骨（清代称"梗水木"）。减摇龙骨通常是顺着流线安装在船底和船舷过渡区域的长条板，它是靠船舶横摇时的流体动力作用产生稳定力矩的一种被动式的减摇装置。宁波出土的宋代海船中减摇龙骨是由半圆木构成的，最大宽度90 mm，贴近船壳板处的厚度为140 mm，残长达7.1 m，用两排间隔400～500 mm的参钉固定在第7列和第8列壳板的边接缝上。[7]与国外使用的近现代意义上的减摇龙骨相比，中国要提早了近千年。

元代继承了宋代的船舶制造技术，并无太多创新。明初，郑和下西洋为当时造船技术的全面呈现提供了契机。在郑和船队中，除郑和乘坐的长四十四丈四尺、阔一十八丈、有九桅十二帆的一号宝船外，另有四种较为主要的船型：二号马船长三十七丈、阔一十五丈，有八桅；三号粮船长二十八丈，阔十二丈，有七桅；四号座船长二十四丈，阔九丈四尺，有六桅；五号战船长十八丈，阔六丈八尺，有五桅[8]。郑和船队的这些名号不同的船舶，在船舶形制上确有不同，但是这些船型均脱胎于明代最为主要的三种船型——沙船、福船和广船。

南京宝船厂遗址是了解明代造船业的一扇窗口。对十余条作塘（船坞）中六作塘的发掘揭露了塘底支撑船体的木构支架，出土了大量船用构件与造船工具、耗材。出土文物中最引人瞩目的是几条长逾10 m、粗近半米的巨型舵杆。它们与长逾400 m、宽近50 m的作塘遗址（图12-3）一起，向今人昭示着郑和宝船的雄伟壮观。[9]

由此可见，明代的船舶制造已经非常成熟，在将前代技术融入的同时，针对当时海上航行的需要补充、改进了船舶制造的具体工艺。不过，在明清时期的海禁政策影响下，海洋船舶制造并没有太大的进步。从1760年代开始，英国进入工业革命后，西方船舶制造技术逐渐取得进步，并越发威胁到中国传统帆船在东亚海域的海上贸易地位。

西方制造的"夹板船"，是指船板在水线以下用铜皮包裹，具有抗海水腐蚀性能的船只。清代中国沿海多见此船只，如周凯在道光《厦门志》中记载了"吕宋夹板船"（即西班牙船）的船式："头尾系方形，大者梁头约扩三四丈，长十丈，高五丈余。……小者梁头约扩二三丈，长八丈，高四丈余……船用番木，制造坚固，不畏飓风。船皮船底俱用铜板镶钉，底无龙骨，不畏礁浅……船尾有番木舵一门，船头铁碇二根，船中番桅三枝，每枝长九丈、十丈不等……遇飓风用桅一节，微风用桅二节，无风用桅三节……"

中式帆船与西洋帆船的区别就在于通过风帆利用海上风力的方式。西式软帆在受到来自船尾方向的风（顺风）时船速很快，但是来自侧向的风则对软帆不起多大作用。中式帆船的硬帆则是"风有八面，惟当头风不可行"，即使遇到斜逆风，也可以"调戗使风"，即走"之"字形航迹。中式帆船的风帆是优劣并具、一体两面的：由于中式帆船的硬帆帆竹很重，扬帆时很费力，要许多人配合，且经常要用到扬帆绞车，这就极大增加了起航的难度；但是落帆比较容易，偶遇狂风时可以迅速落帆以求安全，遇到大风或是风向不稳定时可以选择扬半帆继续利用风力。

图12-3　南京宝船厂遗址鸟瞰（三条作塘遗址的大致轮廓清晰可见）

二、指南针与罗盘

海上航行尤惧不辨方向。战国时期，我国人民已经发现磁石指南北的特性，制出了"司南"，用以确定准确的方向。汉代的航海者已能利用北斗星和北极星来进行定向导航。宋元以来的海上航行不再处于一种摸着石头过河的摸索阶段，而是在海上航行的过程中辅以各类专业的航海技术。海上航行辨别方向的重要方法之一就是依靠指南针。宋代有人工磁化的指南鱼，但是其磁化程度较弱，实用价值不高，另有利用天然磁场的钢针磁化法。

从航海角度来看，以水浮针最为简易实用。寇宗奭在《本草衍义》中记载其意为"以针横贯灯芯，浮

水上，亦指南，然常偏丙位"，由于不论船舶在海中如何晃动，容器中的水面始终保持水平，因而水浮针能够进行稳定指向。同时，宋人所谓的指南针"常微偏东"或"常偏丙位"（即正南偏东15°），表明宋代已注意到地磁偏角的存在，这对于提高海上导航的精度意义重大——比1492年哥伦布到达新大陆时发现地磁偏角早4个世纪左右，是我国古代磁针航海技术走在世界前列的证明之一。

至南宋时，指南水浮针改进为水浮式磁罗盘，也就是针盘。针盘是早期罗盘的一种形式，其由水浮针与圆形方位盘两部分上下嵌合而成。方位盘上，依十二地支（即子、丑、寅、卯、辰、巳、午、未、申、酉、戌、亥）将整个圆盘十二等分，在十二地支之间再以天干八字（甲、乙、丙、丁、庚、辛、壬、癸）与八卦四字（乾、艮、巽、坤）等分，构成各字间相差15°的二十四方位罗盘图。如再以每两字之间等分处继续细分，则可构成四十八方位罗盘图。在使用时先以子午定南北，再分辨航向与所对应方位字的关系，如完全吻合，则为"丹针"，称"某针"或"丹某针"，如航向在两个方位字之间，则为"缝针"，称"某某针"。明清时期，西方改造后的旱罗盘传入中国，出现了中西合璧式旱罗盘。

三、铅锤测深与"更"的计程

两宋以后，指南针与罗盘便普遍应用于当时的海上航行，只是指南针并不是一个万全的导航工具。指南针或者罗盘提供的航向是固定的，但在有异常海流、不定风向与恶劣天气，且暗礁密布的海域，实际航行便需要考虑多种因素，如果掌针者误判了海域状况，导致海船不能及时有效避险，或是被海风与洋流带到偏离原定针位的不明地点，就可能造成海船遇难[11]。因此，指南航海还需要配合其他航海技术。

用长绳系铅锤探测海水深度与海底状况，是宋代以后中国航海活动中常见的做法。这种方法是将油脂涂抹在铅锤的底部，绑在数十丈长的绳索一端，放入水中测量深浅。铅锤沉底后，油脂会黏附海底泥沙，提绳而上，黏附物质可反映海底基质。虽然这种技术最晚在宋代就已经传入中国，但在明代之前的航海书中，能看到中国航海者使用的工具并不统一，除以"托"为计量单位的铅锤外，航海者还会使用长竿测水，其计量单位是丈和尺，这应是铅锤测深法自地中海区域传来前本土的测深方法。对比铅锤和水竿，可知铅锤测深的范围更大，用绳子放入海底，可以达到六七十丈的深度。而水竿受材质所限不会太长，即使将数根长竿连接在一起，其上限亦较为有限。但长竿也有其优势，即测量者可以通过下戳长竿时的手感判断水底的状况。

除去测深，还有测定船速的方法，即流木测速法。明人所著《顺风相送》中载有"凡行船先看风汛急慢，流水顺逆。可明其法，则将片柴从船头丢下与人齐到船尾，可准更数。每一更二点半约有一站，每站者计六十里"。按照明代郑若曾《江南经略》的说法，流木测速的关键之处在于预设一个标准船速作为参照，人按此速度从船头走到船尾：如果木片漂流的速度与人一致，就叫作"合更"；如果人已到船尾而木片未到，说明船行速度缓慢，低于标准船速，叫作"不上更"；如果人未到船尾而木片已到，则说明船行速度较快，高于标准船速，叫作"过更"。

"更"实际是一种用较短时间段表示航距的单位。于是，"更"具体代表多少里，成为理解当时海上航行计程的重点。目前对于一更是四十里还是六十里存在争议，但按照有关学者的计算，当一更为四十里时，与木帆船正常情况下的航速相似，而当一更为六十里时，与木帆船实际航速或有较大差距。

四、过洋牵星术

商代先秦历书《夏小正》中频繁出现有多处对"斗柄"朝向的记录，说明当时人们对北斗七星在天文历法中的作用已有所认识。《汉书·艺文志》中收录了与海中星宿观测相关的书籍目录，共计136卷，侧面反映出此时人们已经具备海上天文观测的能力。西汉刘安的《淮南子·齐俗训》中更是直接记载："夫乘舟而惑者，不知东西，见斗极则寤矣。"足见汉代航海依靠此时观星定位已是常识。及至明代，依靠天文导航定位技术进行的航海被称为"过洋牵星"，其使用的牵星术留下了相对丰富的细节记录。其实天文与海洋的关系是非常紧密的。

牵星术是通过牵星板来实施的，牵星板以乌木制成，共12块小方形板，最大的一块每边长约24 cm，最小的一块每边长约2 cm，其间各块边长依次递减。使用时，观测者手臂伸向前方，手持牵星板，令板面与海面垂直，板下端引一定长之绳（定长取决于观测者的臂展）以固定牵星板与观测者眼睛间的距离，观测时，令牵星板下边缘与海天交线重合，上边缘与所测天体相接，便可得到天体离海平面的高度。[12]

从实操方法看，牵星术的关键在于用牵星板确定星辰在某一高度，然后保证这个星辰在每次牵星时始终在这个高度上，本质是让船沿固定纬度前进。在那个时代，航海者只要保持星辰的高度在相对固定位置，就可以基本实现同纬度航行，至于这个高度具体多高，对应哪个纬度，即使不甚清楚也不会影响航向。毕竟每个领航员只对自己的船负责，由于个人身材上的差异，不同人即便采用同一牵星板测量同一纬度的同一星辰高度，也可能测出的结果大相径庭；但若是这些数据只由单一固定测量者使用，那么对他而言，这些数据就是真实可信的。

五、航用海图的绘制

航用海图是专门为海上航行绘制的地图，它一般能反映出一定海域范围内与航行有关的资料和说明。早在宋代就已有海图出现，只是早已散佚，无可稽查[13]。

元代海图，幸得在明人《海道经》中留存有一卷《海道指南图》，这是目前所见中国古代海图中成图时间最早的一幅。它的范围包括东部海域大部分区域，所绘示意航路，东南起自浙江宁波与江苏南京，然后出长江沿苏、鲁海岸北上，并以山东半岛成山角为转折，北上直入渤海湾抵达辽东半岛。整幅海图并未采用经纬度，沿江岸与海岸沿途标明各处港口、岛屿及可停泊处共61个，并以"正东""正南""正西""正北""西南"等字样指示方位，"在成山头附近的咀海卫"岸线旁注有"白蓬头激浪如雪""见则回避"的提醒文字。

古代官方绘制最为重要的海图是《郑和航海图》，此图收录于明人茅元仪的《武备志》中（图12-4）。海图中记载了地名530多个，其中海外地名300个，远在东非海岸的就有16个，标出了城市、岛屿、航标、滩、礁、山脉和航路等，其中更是明确标明了南沙群岛（万生石塘屿）、西沙群岛（石塘）和中沙群岛（石星石塘）。

《郑和航海图》突出了与航行有关的要素：一是突出标明航行的针路（航向）和更数（航程）；二是为了定位导航的需要，将显著目标均画成对景图，以便于识别、定位；三是用文字说明转向点的位置和测深定位的水深，以及牵星数据。此图是我国最早不依附于航路说明而能独立指导航海的地图，从航海学和地图学的角度看，该图内容非常广泛，涉及大陆和岛屿岸线、浅滩、礁石、港口、江河口，沿海的城镇、山峰，陆地可作航标的宝塔、寺庙、桥梁等。图中列举自太仓至忽鲁谟斯（今伊朗附近）的针路共56线，返程针路共53线。对于这些针路，大部分附有针位和航程，根据针位和航程，即可知针路所经地方的方位和相互之间的里程；而且船队往返针路完全不同，说明当时已灵活采用多种针路，具有较高的海洋科学水准。[14]

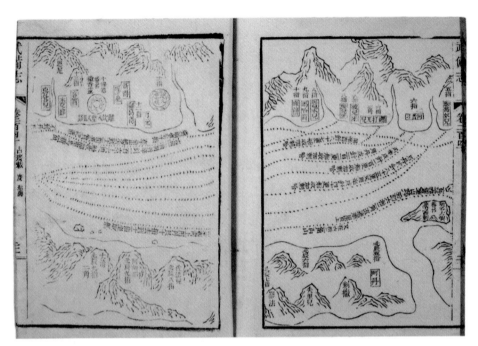

图12-4　《武备志》载《郑和航海图》

《郑和航海图》的性质在某种意义上属于呈交给朝廷的出使报告，这就促使其内容进一步向细致和规范化方向发展，影响了海道针经的书写体例，并形成了此后500多年间中国风帆时代航海指南的基本体例。此后民间航海者在此基础上进一步开拓发展，细化填充各地针经细节，形成了诸如《更路簿》这样的民间航海指南。

《更路簿》是帆船时代海南渔民在南海航行的航海指南，一般由船长或火表私人珍藏，多以家族代代相传或师徒传继的方式流传至今。根据海南渔民的解释，并结合明清时代造船与航海技术，《更路簿》中的"更"，即一更合2小时，风帆渔船在南海行驶一更时间的距离约合10海里（1海里=1852 m）。"路"则记载的是航海罗盘显示的针路，即指针的方向，亦即航向。《更路簿》中分两类形式记载有4种针路：单针、缝针、线针、三向并用针。第一类形式：只记载从甲地到乙地的航向，如"用巽字"，即朝东南方的巽方向行驶，相当于135°方向，簿中名之为"单向针路"。第二类形式：记载甲乙两地之间的对针，如"乾巽"，相当于315°~135°，二者方向相反，相差180°，具体取哪个方向，要根据哪个是起航地、哪个是目的地来决定，簿中名之为"对针"。[15]

《顺风相送》和《指南正法》这两本海道针经是记载中国人航海线路及沿途山川地形的史地类书籍，收藏于英国牛津大学博德林图书馆。1935—1936年间，我国著名历史学家向达先生被北平图书馆派往英国牛津大学博德林图书馆作为交换馆员，协助整理馆藏中文图书，在此期间，重新发现了《顺风相送》与《指南正法》，遂抄录回传国内。

《顺风相送》收录了127则航海气象观测、航行用针情况及国内外航路岛礁信息，具体内容包括神明祭祀、航行禁忌、逐月恶风、四季四方雷电、太阳太阴出没、潮水消长、观测日月星辰等气象、潮水观测方法，行船更数、定风用针等航行技术，以及各州府山形水势深浅泥沙地礁石、航路沿线各海域情况说明。《顺风相送》还详细记述各处往返针路、日清、各海域行船罗经方向、更数针位、山屿远近、路程距离、能否停泊等情况。据相关学者考证，推测该抄本成书时间大约在16世纪中叶的隆庆至万历初年之间 [16]。

《指南正法》收录了87则航海祭祀祝文、气象观测、航行用针情况及东西洋岛礁航路信息，具体内容包括定罗经中针祝文、观电观星、太阳太阴出没、定针风云的方法，及逐月恶风、逐月水消水涨时候的记录，航行用针、船行更数的操作技术，以及唐山并东西二洋山屿水势、对坐图等，此外还详细记录东西洋航线及沿途岛礁、海域水深等来回海道的山形水势、更数针位、可否靠泊等情况。

第三节　渔、盐的生产加工

一、海洋捕捞业

考古发掘表明，新石器时代的先民已将钓具、网具用于海洋捕捞。至迟于春秋时期，驾驶渔船驶离海岸一定时间、距离的海洋捕捞业形成，生产力显著提升。如《管子·禁藏》记载："渔人入海，海深万仞，被彼逆波，乘危百里，宿夜不归者，利在海也。"

针对一些主要经济鱼类，陆续产生了相对应的捕捞技术。黄鱼作为东海主要的经济鱼类，当时人们已掌握鱼群旺发时节和具体地域，如明人朱国桢《涌幢小品》中有"海鱼以三四月间散子，群拥而来，谓之黄鱼……初至者为头一水，势汹且猛，不可捕，须让过一水，方下网，簇起，泼以淡水，即定，举之如山，不能尽"。同时，还掌握了利用黄鱼产卵发声来探捕鱼群的技术，光绪《玉环厅志》就记载"黄花鱼，一名石首，春月生子，声如群蛙，聒耳，渔人听声放网，听声之法以竹筒测之，其头向上，即举网两头收合，无不就擒，若头向下，皆从底逸去"。

带鱼具有昼夜垂直迁徙的习性，其产卵与索饵洄游又在秋末冬初，长期以来的捕捞难度较大。明清时期创造的延绳钓解决了这一问题，清代郭柏苍的《海错百一录》记载："截竹为筒绾索，索间横悬钓丝，或百或数十，相距各二尺许，先用布钓，理饵其中，或蚯蚓或蝌蚪，或带鱼尾，投其所好也"。

从明代开始，捕鲸方法亦见于记载，为标捕法。清人朱仕玠的《小琉球漫志》记载，时人"用舴艋装载藤丝索，为臂大者，每三人守一茎，其杪分縶逆须枪头二三支于其上，溯流而往，遇则举枪中其身，纵索任其去向，稍定时，复以前法施射一二次，毕则棹船并岸，创置沙滩，徐徐收索。"不过，捕鲸并不是

当时沿海地区普遍的渔业模式，多见于南海区域。

明清时期海洋捕捞业迅速发展，成为沿海地区的重要产业之一。沿海海域形成了海洋中固定的渔业生产作业区——渔场，其中著名者，广东有涠洲岛、琼州、东沃等，福建有深沪澳、崇武澳、北桑列岛等，浙江有瓯江、黑山群岛、象山港、长涂岛等，山东有威海卫港、芝罘等。辽宁、河北等省亦有渔场。[17]

二、海水养殖业

人们意识到出洋捕捞的难度并不低，而且产出取决于当季鱼汛的盛衰。于是，人们开始研究通过人工手段增殖海产品。

海鱼港养是利用沿海有海水进入的河港进行养殖的一种方式。明代黄省曾的《养鱼经》中记载了鲻鱼养殖："松（上海）之人于潮泥地凿池，仲春潮水中捕盈寸者养之，秋而盈大，腹背皆腴，为池鱼之最。"连横在《台湾通史》中记载了当时台湾地区养殖遮目鱼的方法："清明之时，至鹿耳门网取鱼苗，极小，仅见白点，饲于埙中，稍长，乃放之大埙，食以豚矢……至夏秋间，长约一尺，可取卖。"

贝类养殖方面，明清时期，牡蛎（蚝）养殖有两种方法：第一种是插竹养蚝，明人冯时可的《雨航杂录》载"于海浅处植竹扈，竹入水累累而生，斫取之名曰竹蛎"；第二种是投石养蚝，先将石块暴晒数十天，每年农历三月置于螺田中，两周后便会有蚝苗附着其上，四个月后大如铜钱，七八个月后壳渐成长方形，二三年后可采收。另有在水田和滩涂中养殖泥蚶的记录。

藻类养殖方面，目前所见人工养殖紫菜的较早记录是在清代。清乾隆年间福建平潭有近百个"紫菜坛"，由藻农向业主承佃养殖。嘉庆至道光年间，闽人又摸索出洒石灰水来保证坛周清洁的办法，逐步推广为一种独特的紫菜养殖技术。闽南东山岛又研究出坛上养紫菜、坛下养海萝的技术，形成两类海藻同时生产的高效率养殖模式。[18]

三、海盐制造业

我国古代的海盐生产，经历过一个漫长的、低效率的阶段。传说中，山东地区的夙沙氏"煮海为盐"，是这一传说的文学写照。后世元杂剧还诞生了《张生煮海》的故事，并在故事中对从海水中人工提炼出食盐这一情节，赋予了"人定胜天"的哲思内涵。

刘恂所撰《岭表录异》记载的唐代制卤方法是用海水溶解被晒干的卤土中的盐分，过滤出卤水。在这个方法中，自然晒干的卤土或卤沙，含水量一般偏高，含盐量相对偏低；随后方法改进为在退潮后将湿沙疏松，通过卤土或卤沙的表面积扩展来加速水分蒸发。改进后的办法不仅提高了获盐率，而且整个过程不再受潮位和潮水涨退时间的限制。

海盐生产发展到宋元时期已相对成熟，当时的沿海地区均有生产海盐的盐场存在。宋时滨海取盐有三种方法：一为海潮积卤法，指在覆盖茅草的卤坑上，堆积卤土，利用潮汐自然的动力冲淋卤土，让卤水自然滴入卤坑中；二为刮咸淋卤法，是将沿海卤土堆聚成"卤溜"，下挖卤池，然后引海水浸烧咸灰，灌入后形成浓度较高的盐卤；三为晒灰淋卤法，不同于刮咸淋卤法之处在于，是把将要干燥的草灰铺满在卤土上，曝晒令盐卤聚集于草灰，然后以海水烧煮草灰。元代海盐生产则为两种办法：一种是煎盐，一种是晒盐。晒盐与宋代的晒灰淋卤法几乎一致，煎盐之法则是卤煎锅位于灶门处，温锅位于烟道处，煎时冷卤进温锅，温锅倒煎锅，由煎锅熬盐，煎锅以芦苇或蓬草为原料，昼夜兼作，烧沸卤水，蒸发水分，随干随添，至满锅投皂荚或麻仁数片，卤即凝聚成盐，至结晶出锅为止。[19]

不论是何种海盐生产方法，其关键在于卤水的盐度，盐度多少直接影响海盐生产的性价比。宋代就已出现测定卤水盐度的办法，宋人姚宽以莲子比重作为卤水质量管理的工具，嘉靖《浙江通志》记载"以莲子试卤，择莲子重者用之，卤浮三莲四莲味重，五莲尤重，莲子取其浮而直，若二莲直，或一直一横即味差薄，若卤更薄，即莲沉于底，而煎盐不成"。元人陈椿进一步改良了这个方法，《熬波图说》中记载，"采石莲先于淤泥内浸过，用四等卤分浸四处，最咸卤浸一处（第一等），三分卤浸一分水浸一处（第二等），一半水一半卤浸一处（第三等），一分卤浸二分水浸一处（第四等）"，然后分别装入四根竹管并封口，接触所用卤水，根据各管中莲子沉浮来分别卤水咸淡。陈椿之法改进之处有二：一是莲子经过处理，本身比重变化变小，使得莲子比重计更标准化；二是利用已知不同浓度盐水对莲子进行测试与分级，进而以已知等级的莲子测试卤水，使盐度测定进一步精确。

到了明清两代，除煎盐法外，晒盐法也得到了较之前更大面积的推广。晒盐分为"掘井取卤"与"挖池取卤"。"掘井取卤"是在滩涂中开凿一口主井，并围绕主井，依次挖掘五个一样大小的环状沟壑，在最外侧沟渠的东、南、西、北分别挖出四个与之相通的长方形水池，海水从主井中抽取，随后逐层将环形水渠注满，海水流到最外圈，水中含盐量相对较高，接着将卤水引入四个长方形蓄水池中曝晒，几天后便有盐晶析出。"挖池取卤"是在海边挖掘一个环形水渠，并在一端开掘环形水池，用来储蓄沟渠中的咸水，在环形水池中央挖掘一个方形的较大面积的晒盐池，并挖四个与之相连的小方池，将环形池中的咸水导入中央大晒盐池，经一两天曝晒得到卤水，再将卤水引入四个小方形池，几天后便会沉淀成盐。[20]

晒盐法与煎盐法自宋元至明清一直是并行不悖的，两种方法各有利弊。晒盐法很容易受到阴雨天气的影响，一旦空气湿度过大，晒盐难度会变高，这也就使得晒盐法在北方相对干燥的沿海地区推广较远，在东南沿海则不能顺利实现。煎盐法虽不会受到天气因素影响，但是煎盐需要大量的柴草以及灶户的日夜看管，其煎盐成本是不低的，而且清代不少盐场的卤化滩涂在减少，柴草获取难度也增大，致使部分盐场在清代逐渐走向破落。

思考题

1. 明清时期对海洋生物的认识，取得了哪些进展或成就？
2. 历代对河口涌潮的认识经历了怎样的变化？
3.《郑和航海图》的重要性体现在哪些方面？

参考文献

[1]　Marsh H, Penrose H, Eros C, et al. Dugong: status reports and action plans for countries and territories[M]. Nairobi: UNEP, 2002: 1.

［2］ Marsh H, Grech A, McMahon K. Dugongs: seagrass community specialists[M]//Larkum A W D, Kendrick G A, Ralph P J. Seagrasses of Australia: structure, ecology and conservation. New York: Springer, 2018: 646.

［3］ Marsh H, De'ath G, Gribble N, et al. Historical marine population estimates: triggers or targets for conservation? The dugong case study[J]. Ecological Applications, 2005, 15(2): 483.

［4］ 徐萍钰，吴沅珈. 儒艮：曾繁盛于北部湾的"美人鱼"[J]. 森林与人类，2024(3)：54-61.

［5］ 杨金森. 漫谈钱塘潮研究 [J]. 中国科技史料，1981(2)：90-93.

［6］ 席龙飞. 宋元时期泉州的造船与航海 [C]//"泉州港与海上丝绸之路"国际学术研讨会论文集. 泉州：中国航海学会，2002: 396-413.

［7］ 席龙飞，何国卫. 中国古船的减摇龙骨 [J]. 自然科学史研究，1984(4)：368-371.

［8］ 王海洲，潘望. 郑和的时代 [M]. 苏州：古吴轩出版社，2005: 110-123.

［9］ 南京市博物馆. 宝船厂遗址：南京明宝船厂六作塘考古报告 [M]. 北京：文物出版社，2006: 219-229.

［10］ 席龙飞. 中国古代造船史 [M]. 武汉：武汉大学出版社，2015: 318-320.

［11］ 陈晓珊. 长风破浪：郑和下西洋航海技术研究 [M]. 济南：山东教育出版社，2020: 140-157.

［12］ 任杰，滕飞. 过洋牵星术研究回顾 [J]. 海交史研究，2022(1)：21-35.

［13］ 朱鉴秋. 中国古代航海图发展简史 [J]. 海交史研究，1994(1)：13-21.

［14］ 同 [13]

［15］ 《南海更路簿：中国人经略祖宗海的历史见证》编委会. 南海更路簿：中国人经略祖宗海的历史见证 [M]. 海口：海南出版社，2016: 97-153.

［16］ 刘义杰.《顺风相送》研究 [M]. 大连：大连海事大学出版社，2017: 1-270.

［17］ 闵宗殿. 明清时期的海洋渔业 [J]. 古今农业，2000(3)：14-21.

［18］ 胡可杰. 耕海牧渔：明清时期福建沿海居民渔业活动研究 [D]. 桂林：广西师范大学，2021.

［19］ 鲍国之. 长芦盐业与天津 [M]. 天津：天津古籍出版社，2015:94.

［20］ 林树涵. 中国海盐生产史上三次重大技术革新 [J]. 中国科技史料，1992(2)：3-8.

● **本讲作者：王日根**

第四篇

海洋与当代
人类社会

"向海而兴、背海而衰，不能制海、必为海制。"海洋蕴含着丰富的资源，可持续利用海洋资源是人类发展的必由之路。本篇"海洋与当代人类社会"，将围绕当今人类社会发展海洋科学技术和从事海洋经济活动的各个方面，从技术、资源和可持续发展等角度，全面展示当前人类利用海洋的基本情况，期望能引起各位读者对海洋相关技术和经济活动的思考。

　　科技创新是人类社会发展的重要引擎。第十三讲回顾自第一次工业革命以来海洋科技的发展，介绍与社会生活息息相关的现代海洋科技，并畅想明日人类社会中的海洋科技，引领读者畅想明日的海洋学与人类社会。

　　海洋为人类社会提供了丰富的资源。第十四讲分别从海洋为人类社会提供的生物资源、矿产资源、新能源等维度展开，从资源环境的角度具体介绍海洋与人类社会之间的关系。海鲜是多数人接触海洋资源最直接的途径。第十四讲由此引入，讨论了近年来全球海洋渔业资源的利用现状，探究了海洋捕捞渔业和水产养殖技术进步状况以及过度捕捞的恶果。基于海洋生物资源的现代利用，分享了海洋生物仿生学和海洋生物医药的部分进展。围绕海洋丰富的矿产资源，介绍了油气资源、砂砾资源以及海底金属矿物资源等资源的开发和利用潜力。此外，海洋也是各类新能源发展的"可行集"，海洋动能、盐差能与温差能、氢能以及核工业的技术进步，也呈现出丰富的经济利用场景。

　　海洋经济正在成为经济发展的新引擎。第十五讲主要聚焦海洋经济可持续发展，重点阐述蓝色经济的概念，分析金融与数字技术在蓝色经济可持续发展中扮演的重要角色。由海洋交通运输业、海洋船舶工业、海洋化工业、海洋渔业、海洋工程建筑业等组成的海洋经济产业体系等行业蓬勃发展，已然并将长期成为全球经济发展的重要支撑力量。然而，传统的海洋经济活动不可避免地对海洋生态环境产生威胁，在日趋重视可持续发展的全球背景下，"可持续蓝色经济"应运而生，其未来发展的经济与金融潜力巨大。同时，各类数字技术的成长与成熟，也催生出海洋经济与数字技术融合发展的重要方向。

　　人类在海洋科技和经济领域的探索实践必将永不止步！

第十三讲 海洋与现代科技

海洋是连接大气圈、生物圈、冰冻圈和岩石圈乃至地球深部的重要组成部分，是全球气候的调节器、生物多样性的中心、资源和能源的巨大储库，更是世界经济增长的新引擎。理解海洋这个包含多圈层、多尺度的复杂系统，必然离不开技术的创新发展和多学科手段的应用。纵观海洋科学史，其创立与发展始终与三次科技革命紧密相连。新型探测取样技术、大数据和人工智能的不断发展，正有力推动着海洋科学全新研究范式的形成。

第一节　照进海洋学的光

人类接触和认识海洋的历史几乎和人类自身的历史一样悠长。然而，在相当长的一段时间内，人类的关注点多集中在海洋资源的认识与利用，例如海盐提取、航海活动、海洋生物捕捞与养殖等。15世纪中叶，造船技术、地理制图术和天文学取得进步，由此引发了伴随着探险和地理发现的航海活动热潮。但在这个时期，航海主要由风力驱动的帆船完成，其动力有限且具有较大的不稳定性，因而航行范围受到了一定限制。此时的海洋科学研究停留在随船观测并进行定性的海表气象和洋流记录上，或基于数学、物理学原理进行分析，如牛顿利用万有引力定律解释潮汐等。第一次工业革命以来，动力技术、材料技术、通信技术的革新引发了海洋学领域的深刻变革，改变了我们与海洋的互动方式[1]。

一、第一次工业革命与海洋

18世纪中叶，第一次工业革命在英国率先发生，以蒸汽机的发明与蒸汽动力的运用为显著标志。科技的进步促使造船技术取得长足发展，蒸汽机被应用到航海领域。1807年，美国的富尔顿成功制造出世界上第一艘蒸汽机轮船"克莱蒙特"号，它堪称现代轮船的鼻祖，成为了人类航海技术从人力和风力迈向机械化时代的关键标志。这一创举不仅改变了人类在海上的交通方式，还加速了海洋科考的进程。

四次科技革命

人类历史上曾发生过四次科技革命：

第一次科技革命，即第一次工业革命，约于1760年代兴起，一直持续到1830年代至1840年代。其主要特征为蒸汽机的发明和蒸汽动力的运用，促使人类从主要依赖自然能转变为依靠机械能。

第二次科技革命，即第二次工业革命，时间跨度约为1860年代末至20世纪初，以电力的广泛应用和电磁通信的出现为代表，有力地推动了规模化生产的出现。

第三次科技革命，又称信息技术革命，于1950年代左右兴起，以原子能、电子计算机、微电子技术的出现为主要标志，极大地增进了工业制造的精准化与自动化。

21世纪以来，第四次科技革命孕育兴起。它由信息技术、生物技术、新能源技术、新材料技术等交叉融合所引发，以其中的信息技术为核心，主要表现为机器人与人工智能、物联网、新能源、新材料等的快速发展。

当时，人类对占地表面积达70.8%的海洋仍知之甚少。大海究竟能有多深？在人类从未目睹过的海底，又生存着什么样的动植物？为探索这个未知的世界，当年的英国皇家学会慷慨拨款20万英镑（约相当于现在的1000万英镑）资助环球远洋科考。1872—1876年，原为警备炮舰的"挑战者"号被改装成调查船。该船排水量为2306吨，木质船壳，采用混合动力方式（兼用三桅纵帆和一台有两个气缸的蒸汽机），极大提升了船的航行性能与应变能力。"挑战者"号在大西洋、太平洋和印度洋展开了长达3年5个月的环球海洋考察（图13-1），在三大洋和南极海域的362个测站进行测深、测温、采水、取样和拖网等工作。这是首次利用科学仪器和方法对海洋进行多学科综合调查，其中测深和采泥是借助以蒸汽机为动力、装配采泥管的开尔文测深仪实现的，进而编制出第一幅世界大洋沉积物分布图。此外，还在太平洋最深部的马里亚纳海沟测量到4475英寻（约8184 m）的深度。后来，人们运用现代测深技术重新勘测，发现这里的实际深度约为10911 m。为纪念"挑战者"号的发现，人们将其命名为"挑战者深渊"，至今这里仍是地表最深处。[2]

图13-1　航行中的"挑战者"号

"挑战者"号调查获得的全部资料和样品，经过76位科学家长达23年的分析和研究，最后形成了50卷共计2.95万页的调查报告《挑战者号航海考察科学成果报告》[3]。这份报告被视为现代海洋科学的开端，使海洋科学从传统的地理学领域分离出来，逐渐成为一门独立学科，极大地丰富了人们对海洋的认识。"挑战者"号环球考察采集的标本和样品目前被妥善保管在伦敦的英国自然历史博物馆，时至今日，对其中一些标本的研究工作仍在持续进行。

二、第二次工业革命与海洋

19世纪末至20世纪初，第二次工业革命将科学技术与工业生产推向全新高峰，人类自此迈入电气时代。内燃机、发电机、电动机的出现再次提升了船舶动力，电力推进装置相较于已有的蒸汽机速度更快、效率更高[4]。在通信领域，基于电磁波传递的电缆（图13-2）以及无线电等技术得到发展，使信息能够快速传播，位于不同水域的船舶之间能够进行高效的信息传递，进而促进了造船和运输行业的飞速发展。技术革新使渔业得到极大发展，船只的航行范围扩大、海上作业时间延长。19世纪中叶，捕鲸船及船载捕鲸工具的更新使捕鲸人能够深入南大洋等偏远海域，追逐、猎捕游速更快、体型更大、更偏好远洋活动的鲸类，最终导致更多鲸类物种的种群规模急剧缩减[5]。

图13-2　罗伯特·查尔斯·达德利（Robert Charles Dudley）绘制的油画，描绘了1857—1866年大西洋电缆的铺设场景

第二次工业革命也推动了海洋调查研究，世界各国开始建设专门的海洋调查船，设计制造各种海洋观测和分析仪器，掀起了世界性的海洋调查研究热潮。其中有两次行动尤为突出且影响深远，分别是1893—1896年挪威"前进"号进行的北极探险以及1925—1927年德国"流星"号开展的南大西洋考察。"前进"号横跨北冰洋的考察提供了来自北极中央的第一批数据，特别是发现海冰漂移方向并不与风向平行，而是沿着风向右方20°～40°的方向移动。1905年，瑞典物理海洋学家埃克曼对这一现象进行研究并建立了著名的漂流理论，该理论被公认为海洋环流理论的起点。"流星"号在南大西洋考察过程中，运用了各类电子技术与近代科学方法。凭借极高的观测精度，这次科学考察奠定了划时代的意义。

水下声学和电子学的发展，促进了世界上第一台电子回声测深仪于1914年诞生。在"流星"号此次南大西洋考察中，该回声测深仪首次得到应用，获取了7万余个海洋深度数据。基于这些数据，考察团队发

现海底轮廓起伏不平，就此改变了以往"平坦海底"的固有认知。此后，回声测深仪得到了广泛的应用。

海洋科学是一门以调查观测为基础的科学。基于声学、光学、电磁学等技术的新式观测仪器被应用于海洋物理、海洋化学、海洋生物学领域数据的获取。随着自然科学不断进步，海洋调查已全面扩展到水文、气象、地质等多个领域。这些领域的资料和技术积累不仅使人们能够观测到许多新的海洋现象，还推动了物理海洋学、海洋化学、海洋生物学和海洋地质学等分支学科的形成与发展，从而使海洋科学逐渐演变为一个多领域交叉的综合性学科。

第二节 海洋学新时代

自1950年代后期以来，在信息科技革命的有力推进下，海洋调查研究工作迈入了全新的历史阶段。信息科技革命通常被视作第三次科技革命，以原子能、电子计算机、微电子技术等为主要标志。在这些先进技术的促进下，人类对海洋的探测能力再次实现突破。

此时，随着海洋学各分支学科的蓬勃发展，综合性海洋调查船已难以满足深入调查的需求，于是各种专业调查船和特种调查船陆续登场。这些船在设备、性能、布置以及实验室与专用设备的配置等方面均有显著改善。例如美国第一艘配备多波束系统的调查船"测量员"号，同时还拥有声呐导航系统和水文数据回收系统等，并且分别设置了干湿海洋学实验室、重力实验室、摄影实验室等。[6]

1960年代至1980年代，随着电子技术的飞速发展以及造船质量和技术水平的大幅提升，调查船出现了自动化、电子化和计算机应用的趋势。1962年，美国建造的"阿特兰蒂斯Ⅱ"号科考船首次安装了电子计算机，标志着海洋科学正式步入现代化高效率海洋调查时代。船舶动力定位系统利用计算机和船舶定位自动检测数据进行计算，自动产生控制信息保持船舶位置不动，从而将船稳定精确地控制在作业点上，使海上作业稳定可靠，极大地提高了调查的时空精度。

与计算机技术相伴的，是网络技术的发展。通过计算机网络，能够实现系统软硬件资源共享、数据库资料共享以及调查数据交换。借助视频交互系统，陆地控制室、船舶实验室和作业甲板可以进行互动，科学家们可以远程指导海洋调查活动，同时还能开展海洋调查科普公开课等，有力地推动了海洋研究的深入开展与公众传播。

卫星海洋遥感是这一时期推动海洋科学重大进展的关键技术之一。1960年，美国航空航天局发射了第一颗气象卫星"泰罗斯Ⅰ"（TIROS-Ⅰ）号，该卫星在获取气象资料的同时，还获取了无云海区的海表面温度场资料，由此拉开了利用卫星遥感资料进行海洋研究的帷幕。1978年，第一颗海洋卫星Seasat-A提供海表温度、海面高度、海面风场、海浪、海冰等海洋信息，堪称卫星海洋遥感的里程碑。卫星遥感技术为海洋研究提供了大面积、长时间序列的数据，摆脱地理和气候条件的限制，实现了对海洋表面的连续、实时检测，改变了全球海洋研究的方式。

大规模的海洋科考、遥感观测以及锚系和浮标组成海洋观测网，给海洋学带来了巨大的"数据革命"，数据量因此增加了$10^4 \sim 10^6$倍。随着观测数据数量和种类的增加、对海洋过程的深入理解以及高性能计算技术的快速发展，数值模拟技术已经和理论研究、观测研究共同成为支撑海洋学研究的三大手段，目前已成为理解海洋过程和预测未来变化的重要工具。2021年，真锅淑郎和克劳斯·哈塞尔曼（Klaus Hasselmann）两位科学家因"对地球气候的物理模拟、量化变率和可靠地预测全球变暖"的贡献而被授予诺贝尔物理学奖，这也是诺贝尔物理学奖首次颁发给大气与海洋科学领域的研究者[7]。

尽管人类已经实现了太空遨游，但对于近在咫尺的海洋尤其是深海环境知之甚少。这一方面是由于深海环境属于极端环境，另一方面是因为先前缺乏有效的作业工具。随着海洋技术特别是深潜技术的发展，人们才开始有可能下潜到深海亲自观测和取样。其中最具代表性的潜水器是美国"阿尔文"号[8]。1977年，"阿尔文"号下潜至东太平洋加拉帕戈斯洋中脊，首次发现了海底热液区，同时对其周围典型的生物群落进行了研究。这一发现震惊了世界，让人们意识到深海并非"生命的荒漠"，也颠覆了"万物生长靠太阳"的传统认识，被认为是20世纪后期最显著的科学发现之一。由于热液口环境与地球早期的海洋环境（酸性、还原性）极为相似，这也为解释生命的起源提供了潜在的可能。[9]

得益于众多新技术（如电子计算机技术、红外技术、微波技术、声学技术、激光技术、遥感遥测技术和深潜技术等）的应用，新时代的海洋研究已由过去的单一科考船变成由无人机、卫星、海面调查船、浮标、水下潜水器、海底实验室、海底深钻和取样设备组成的立体观测系统。一大批先进的海洋观测仪器，如盐温深测量仪、抛弃式温深计、声学海流计、水下摄影机和地球物理调查仪器等的出现，经常颠覆人们对海洋的经典理论认识，极大地促进了海洋观测与科学研究的迅速发展[10]。

社会需求的激增和海洋观测技术的快速发展，使得20世纪中期以来的海洋研究呈现出前所未有的国际性和全球性。一系列围绕海洋中的物理、化学、生物和地质过程及其对气候和生态系统影响的国际大科学计划层出不穷。例如：1980年代的世界大洋环流实验开始了以了解大尺度海−气相互作用为中心的全球性研究；1990年代的全球海洋通量联合研究计划建立了生物泵和微生物圈理论；1968—1983年的深海钻探计划通过一系列钻探直接验证了海底扩张学说和板块构造理论。进入21世纪以后，影响最大的当数ARGO计划。该计划于1998年提出，

如何测量大海的深度？

从古至今，人类对于海洋深度的好奇与探索从未停止。先后出现的海洋深度的不同测量方法，是海洋科技发展的侧影。

1. 结绳测深

在绳索上捆扎重物沉到水底，是人类传统的测深方法。但在海洋深度测量的实践中，存在因绳索粗细、海流影响而产生的误差以及效率极低的问题。1872—1876年，英国"挑战者"号考察船首次进行了环球海洋科学调查，在12.75万千米的总航程中，仅有492个绳索测深点。到20世纪初，累积的测深点有1.8万个，在茫茫大海中，也只是沧海一粟。

2. 回声测深技术

1920年代，德国"流星"号考察船在南大西洋首次使用回声测深仪，使海底地形测量成为可能。海水中的声速约为1500m/s。如果能测定发声与回声的时间差，就可轻易地计算出水深来。在船航过程中，如果不间断地发声并接收回声，就可绘制出一条海底地形曲线。如果将大量等间距的海底地形曲线组合起来，通过计算处理就可以获得海底立体图像。

3. 侧扫声呐技术

自回声测深技术被广泛应用后，又出现了许多水声学技术，其中侧扫声呐技术具有广泛的应用。侧扫声呐利用呈扇形的超声波束，对航线两侧一定宽度的海域进行连续扫描，显著提升了探测效率。

4. 卫星重力测高

卫星测高技术是利用卫星载体携带的高度计，实时测量地球表面高度随时间的变化信息。通过测量海面起伏，计算重力异常，能够间接绘制海底地形。

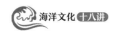

期望通过在全球大洋中每隔300 km布放一个卫星跟踪自沉浮式剖面探测浮标，总计3000个，建成全球海洋实时观测网。2007年11月1日，这个目标已经实现。截至2024年7月26日，全球ARGO观测网在30多个国家的努力下，已累计获取300万条温、盐度剖面数据，从而提高了气候预报的精度，被誉为"海洋观测手段的一场革命"。

新时代的海洋学有更明显的多学科交叉、渗透和综合倾向，致力于解决资源、环境、气候等与人类生存发展密切相关的重大问题，趋于国际化和全球化。观测与分析手段的持续革新，基础科学理论的不断建立，前沿研究领域的积极拓展，不仅能助力众多学科关键问题的解决，开辟新的研究领域，还将推动生命科学、信息科学、材料科学、能源科学、空间科学、社会科学等诸多学科领域的发展。

第三节　明日海洋与人类社会

尽管海洋研究已步入快速发展阶段，但时至今日，无论是对海洋的认识还是治理，大多仍处于点状和线状的探索状态，大部分海洋空间仍亟待被认知。

当前海洋研究的一大难点，是数据的获取受到较多环境因素的限制，且已获取的数据来源广泛、种类繁多，数据量已达拍字节（PB，1 PB=1024 TB=2^{50} B）量级。随着大数据时代的来临，极大地促进了海洋学研究与人工智能的结合。人工智能能够辅助海洋观测数据收集、处理与演示，生成模型和多模态数据处理技术，提升了数据的完整性和准确性。此外，人工智能技术支持的"数字孪生"平台，集成了遥感数据、现场观测和数值模拟，可实现对海洋的精确模拟和预测。通过机器学习和深度学习，人工智能还可以显著提升对海洋系统复杂关系的推理和预测能力。[11]

1999年，美国首先提出了物联网的概念——"万物相连的互联网"，即将各种信息传感设备与互联网结合而形成的一个巨大网络，实现互联互通。海洋物联网则是以物联网技术为核心，利用互联网将各种传感设备相互联通，构造出一个立体覆盖海洋环境、目标和装备三大板块信息的物物互联的感知网络，实现海洋透彻感知。2017年，美国国防部高级研究计划局提出"海上物联网"计划，希望通过部署数以千计小型、低成本的智能浮标形成一个分布式传感器网络，收集舰船、海上设施、装备和海洋生物在该海域的活动状态信息，通过卫星定期传送数据到云网络进行存储和实时分析，从而提升海洋持续态势的感知能力[12]。在我国，物联网技术在海洋领域的应用同样得到了空前的关注。同期，我国科学家提出"透明海洋"战略，围绕我国海洋环境综合感知与认知、资源开发与权益维护等国家重大需求，以"海洋物联网"技术为核心，将现代信息技术、人工智能技术和物联网技术应用于海洋观测，构建海洋立体观测系统（图13-3），实现海洋环境、资源、目标、活动等高密度、多要素、全天候、全自动的信息获取，从而预测海洋资源、环境和气候的时空演变，达到海洋的状态透明、过程透明和变化透明，为海洋强国建设提供有力支撑[13]。

海洋观测技术装备目前正沿着高度模块化、谱系化、信息化和智能化的趋势发展。例如，新概念智能浮标系统可以自动传输信息，可根据海况来自动选择工作模式；智能的水下无人自主航行器（autonomous underwater vehicle，AUV）可根据出现的目标自动激活并进行跟踪。可以预见，第四次科技革命即将迎来计算能力、基因组分析与操作、纳米技术、通信、机器学习、传感器技术和"万物互联"等领域的全面发展，并大大拓展人类认知和利用海洋的深度与广度，人类有望实现对海洋空间的全面系统认识和治理。[14]

海洋科学的发展与人类社会的快速发展关系密切。随着陆地资源日益枯竭，人类对海洋资源的需求愈发迫切。与此同时，由于人类活动的加剧，温室气体、污染物（如重金属、持久性有机污染物、微塑料）等排放量增加，海洋正面临前所未有的威胁。海洋是一个复杂且非线性的动态系统，其各个子系统在较长时间内可能维持相对稳定的状态。然而，一旦达到特定的临界点，这些子系统将迅速进入加速退化阶段。例如，南极冰盖所含水量足以导致全球海平面上升数米，而不仅仅是几厘米，一旦冰盖融化超过某一临界点，其退化速度将显著加快，并最终变得不可逆转。国际社会已经充分认识到，全球性海洋问题无法依靠一国之力解决，海洋治理和保护问题往往超越国界，需要跨国应对，只有加强国际交流合作才能永续发展。因此，新时代的海洋科学研究需要通过广泛的国际合作，从而拓宽研究领域的时空尺度。2017年底，第72届联合国大会通过决议，确定2021—2030年为联合国"海洋科学促进可持续发展十年"（以下简称"海洋十年"），旨在为全球海洋治理提供科学解决方案，以遏制海洋健康不断恶化的态势，使海洋继续为人类长期可持续发展提供强有力支撑，以实现"科学至实、海洋可期"。我国积极参与联合国"海洋十年"计划，截至2024年，"海洋十年"共批准了55项大科学计划。

当今世界正处于百年未有之大变局，不稳定性、不确定性明显增加，人类社会将长期面临海上安全形势复杂和海洋生态环境持续恶化的双重挑战。基于此，我国提出了构建海洋命运共同体的重要倡议。2024年世界海洋日（6月8日）的主题为"新深度唤醒"（Awaken New Depths），旨在唤醒人类对海洋的理解、同情、合作和承诺的新深度，其中理解和合作同样强调加强对海洋本身的认识和全球的共同应对。当前，

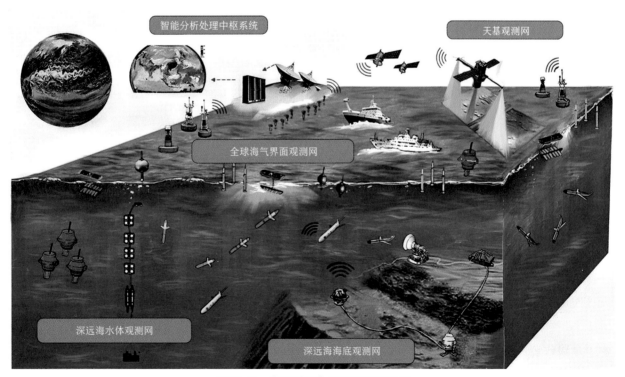

图13-3　"透明海洋"立体观测网概念图

我国组建的世界上最大的区域海洋观测系统——"两洋一海"立体观测网、"雪龙2"号极地破冰船以及新一代超级计算机等相继建成投入使用,"蛟龙""奋斗者"等载人深潜器,"梦想"号大洋钻探船以及谱系化水下无人观测探测技术与装备均取得一系列突破。在此硬件基础上,瞄准海洋多尺度相互作用与气候变化、健康海洋、海洋生命过程、跨圈层流固耦合、快速变化的极地系统、海岸带可持续发展等重大科学前沿开展研究,加快推动国际大科学计划和大科学工程,有望显著提升我国在海洋科学研究领域的国际影响力,提高保障国家安全和服务社会经济发展需求的能力,为建设海洋强国、构建人类命运共同体提供重要科技支撑[15]。

思考题

1. "挑战者"号的环球海洋考察有什么划时代的意义?
2. 第二次工业革命期间,海洋科学与技术有哪些重要的进展?
3. 人工智能在海洋学领域面临哪些挑战?在海洋中使用人工智能是否存在道德问题?

参考文献

[1] Degnarain N, Stone G S. The soul of the sea: in the age of the algorithm[M]. Sedgwick: Leete's Island Books, 2017: 41.

[2] 中国海洋学会 . 中国海洋学学科史 [M]. 北京 : 中国科学技术出版社 , 2015.

[3] 默里 . 挑战者号航海考察科学成果报告 [M]. 上海 : 华东师范大学出版社 , 2018.

[4] 郑海琦 , 胡波 . 科技变革对全球海洋治理的影响 [J]. 太平洋学报 , 2018(4): 37-47.

[5] Degnarain N, Stone G S. The soul of the sea: in the age of the algorithm[M]. Sedgwick: Leete's Island Books, 2017: 45.

[6] 孟庆龙 , 杨维维 , 孙雅哲 , 等 . 国外海洋调查船发展历史和趋势以及对我国的启示 [J]. 海洋开发与管理 , 2016, 33(11): 63-67

[7] 周天军 , 张文霞 , 陈德亮 , 等 . 2021年诺贝尔物理学奖解读 : 从温室效应到地球系统科学 [J]. 中国科学 : 地球科学 , 2022, 52(4): 579-594.

[8] 杨波 , 刘烨瑶 , 廖佳伟 . 载人潜水器 : 面向深海科考和海洋资源开发利用的"国之重器"[J]. 中国科学院院刊 , 2021, 36(5): 622-631.

[9] "中国学科及前沿领域发展战略研究（2021—2035）"项目组 . 中国海洋科学2035发展战略 [M]. 北京 : 科学出版社 , 2023: 97.

[10] "中国学科及前沿领域发展战略研究（2021—2035）"项目组 . 中国海洋科学2035发展战略 [M]. 北京 : 科学出版社 , 2023: 5.

[11] Chen G, Huang B X, Chen X Y, et al. Deep blue AI: a new bridge from data to knowledge for the ocean science[J]. Deep Sea Research I, 2022(190): 1-13.

[12] 姜晓轶 , 符昱 , 康林冲 , 等 . 海洋物联网技术现状与展望 [J]. 海洋信息 , 2019, 34(3): 7-11.

[13] 吴立新 , 陈朝晖 , 林霄沛 , 等 . "透明海洋"立体观测网构建 [J]. 科学通报 , 2020, 65(25): 2654-2661.

[14] Degnarain N, Stone G S. The soul of the sea: in the age of the algorithm[M]. Sedgwick: Leete's Island Books, 2017: 113.

[15] 吴立新 , 荆钊 , 陈显尧 , 等 . 我国海洋科学发展现状与未来展望 [J]. 地学前缘 , 2022, 29(5): 1-12.

● **本讲作者: 陈蔚芳**

第十四讲 海洋资源与能源

海洋是支撑人类发展的资源宝库。早在旧石器时代，海洋生物资源就已经被人类利用，至今仍是世界粮食安全的重要保障。数十年来，应用生物学的发展赋予了海洋生物资源新的价值。随着海洋探索的深入，人类逐渐认识到海洋矿产的丰富储备，海洋清洁能源的开发使海洋与人类的未来命运愈加紧密相连。合理开发海洋资源与能源，在追求经济利益的同时履行环境保护的责任，方能推进人与自然的和谐共生。

第一节　海洋生物资源

自古以来，海洋丰富的物种多样性与庞大的生物量吸引着人类，海洋生物资源因此成为人类最早利用的海洋资源类型之一。海洋生物资源主要以食物的形式进入人类社会，海贝、珊瑚、海水珍珠、海兽毛皮也有着悠久的利用历史，鲸脂、鲸须、鲸骨曾为近代工业提供了大量原料。联合国粮食及农业组织（简称"联合国粮农组织"）制定的《国际水生动植物标准统计分类》（International Standard Statistical Classification of Aquatic Animals and Plants，ISSCAAP）是国际上普遍使用的水产品分类标准[①]。ISSCAAP 根据生物分类、生态和经济特征将水产品分为9大类，其下包含50子别，传统海洋生物资源在其中占据了相当大的比重（见表14-1）。

一、"游"向餐桌的"鱼"

时至今日，享用餐桌上的鱼类、虾蟹、贝类等海鲜菜肴，是多数人利用海洋生物资源最常见的途径。同时，进入21世纪后，传统海洋生物资源在维护全球粮食安全和保障居民营养状况等方面发挥的作用日渐显著。面对世界人口快速增长的客观现实，继续推动这一资源的可持续利用将成为实现全球可持续发展目标的重要举措。联合国粮农组织作为引领国际消除饥饿的联合国专门机构，其下设有"渔业及水

改变世界的鳕鱼

图14-1　大西洋鳕（*Gadus morhua*）

鳕鱼（图14-1）是冰岛极其重要的海洋经济资源。为保护自身的渔业权利，冰岛在1958年单方面宣布了海岸线12英里（19余千米）范围内的专属捕捞区。彼时的海洋强国英国反对这一行为，派遣了舰艇与士兵为渔船护航，著名的"鳕鱼战争"（Cod Wars）拉开了序幕。这一系列持续近20年的争端促进了关于国际海洋法的讨论，1982年通过的《联合国海洋法公约》规定，一国可对距其海岸线200海里的海域拥有经济专属权。作为海洋可再生资源的鳕鱼，竟能引发两国数十年的交锋，并间接改变了全球海洋开发治理的"游戏规则"，海洋生物资源对国家经济的重要性可见一斑。

---

① https://www.fao.org/fishery/static/ASFIS/ISSCAAP.pdf

表 14-1 《国际水生动植物标准统计分类》中的传统海洋生物资源摘录

种 类	子 别
洄游鱼类 Diadromous fishes	鲑、鳟、胡瓜鱼（Salmons, trouts, smelts）
	鲥（Shads）
海洋鱼类 Marine fishes	比目鱼、鲽、鳎（Flounders, halibuts, soles）
	鳕鱼、无须鳕、黑线鳕（Cods, hakes, haddocks）
	其他近岸鱼类（Miscellaneous coastal fishes）
	其他底层鱼类（Miscellaneous demersal fishes）
	鲱、沙丁鱼、凤尾鱼（Herrings, sardines, anchovies）
	金枪鱼、鲣、剑旗鱼（Tunas, bonitos, billfishes）
	其他中上层鱼类（Miscellaneous pelagic fishes）
	鲨、鳐、银鲛（Sharks, rays, chimaeras）
	未确定的海洋鱼类（Marine fishes not identified）
甲壳动物 Crustaceans	蟹、海蜘蛛（Crabs, sea-spiders）
	海螯虾、龙虾（Lobsters, spiny-rock lobsters）
	帝王蟹、铠甲虾（King crabs, squat-lobsters）
	长臂虾、对虾（Shrimps, prawns）
	磷虾、浮游甲壳动物（Krill, planktonic crustaceans）
	其他海洋甲壳动物（Miscellaneous marine crustaceans）
软体动物 Molluscs	鲍鱼、滨螺、海螺（Abalones, winkles, conchs）
	牡蛎（Oysters）
	贻贝（Mussels）
	扇贝（Scallops, pectens）
	蛤、鸟蛤、蚶（Clams, cockles, arkshells）
	鱿鱼、墨鱼、章鱼（Squids, cuttlefishes, octopuses）
	其他海洋软体动物（Miscellaneous marine molluscs）
鲸、海豹与其他水生哺乳动物 Whales, seals and other aquatic mammals	蓝鲸、长须鲸（Blue-whales, fin-whales）
	抹香鲸、领航鲸（Sperm-whales, pilot-whales）
	海狮、海豹、海象（Eared seals, hair seals, walruses）
	其他水生哺乳动物（Miscellaneous aquatic mammals）
杂项水生动物 Miscellaneous aquatic animals	海鞘和其他被囊动物（Sea-squirts and other tunicates）
	鲎和其他蛛形类动物（Horseshoe crabs and other arachnoids）
	海胆和其他棘皮动物（Sea-urchins and other echinoderms）
	其他水生无脊椎动物（Miscellaneous aquatic invertebrates）
杂项水生动物产品 Miscellaneous aquatic animal products	珍珠、珍珠母、贝壳（Pearls, mother-of-pearl, shells）
	珊瑚（Corals）
	海绵（Sponges）
水生植物 Aquatic plants	褐藻（Brown seaweeds）
	红藻（Red seaweeds）
	绿藻（Green seaweeds）
	其他水生植物（Miscellaneous aquatic plants）

产养殖司"，并定期发布《世界渔业和水产养殖状况》，为了解传统海洋生物资源的开发与利用情况提供了翔实的数据[1]。

1."鱼"从何来

过去70多年间，传统海洋生物资源产量增势迅猛。根据联合国粮农组织统计估算，全球传统海洋生物资源总量由1950年的近1700万吨（鲜重当量，下同）增加至2021年的约1.13亿吨，年均增幅超2.7%。

从获取方式来看，海洋捕捞业始终为传统海洋生物资源主要的来源，而养殖的传统海洋生物资源占比不断增加，从2011年的35%稳步增至2021年的46%，有望替代前者的地位。

从资源种类来看，海洋鱼类仍然是传统海洋生物资源生产的主流，其年产量约7000万吨，在传统海洋资源总产量中占比接近50%。以大型藻类为主的"水生植物"，产量增势明显，由2000年的1200万吨迅速提升至2021年的3600多万吨。近年来，甲壳动物年产量增长迅速，洄游鱼类、软体动物年产量平稳增长，但鲸鱼、海豹和其他水生哺乳动物捕获量快速下降，约为巅峰期的一半。海洋鱼类获取以捕捞生产为主，水生植物和甲壳动物获取以养殖生产为主。

2."鱼"往何处

对于人类生活和生产而言，传统海洋生物资源举足轻重。据联合国粮农组织估计，截至2019年，鱼类和海洋无脊椎动物为世界人口提供了15%的动物蛋白，对于亚洲和非洲地区，这一占比则超过20%。截至2020年，有89%的渔业和水产养殖产品供人类直接食用，相较于1960年代的67%显著增长。在剩下的11%中，加工成作为饲料的鱼粉、提取油脂生产鱼油制品则是最主要的用途（见图14-2）。

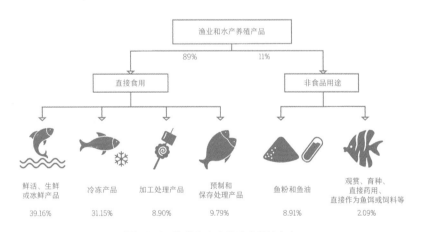

图14-2 渔业和水产养殖产品的去向

二、捕养结合，年年有"鱼"

人类一度以为，广袤海洋中蕴藏的渔业资源是取之不尽的。但随着捕捞技术的进步、捕捞需求的增加以及栖息地的丧失或破坏，传统海洋生物资源可持续发展状况正在恶化。多年来，由于捕捞技术的提升和捕捞效率的增加，总捕捞量历经了一个增长高潮，随之而来的是过度捕捞带来的种群数量骤减问题，近海渔业资源岌岌可危。而水产养殖技术的进步，在减轻海洋生物资源捕捞压力的同时，也带来了环境污染等

穿在身上的海洋纤维

图14-3 固着于海床上的大江珧

在中国，江珧因其硕大味美的闭壳肌"江珧柱"而知名，但它们用于固着生长的足丝却被地中海沿岸居民用作纺织原料。使用大江珧（*Pinna nobilis*，图14-3）足丝织成的纺织品呈金黄色，光泽动人。这种独特而稀少的海洋纤维材料被称为"sea silk"，颇具传奇色彩。

无独有偶，随着对海洋生物资源的深入研究与开发，从虾蟹壳、海藻中分离出的海洋动植物纤维逐渐崭露头角，因其可再生性与优良性能而具有广泛的应用前景，以独特的方式续写着海洋纤维的传奇。

问题。可持续利用海洋生物资源的有益模式仍待探索。

1. 渔业捕捞技术创新

渔业捕捞科技进步是一把双刃剑。1960年代至今，从围网到现代化电子设备，渔业捕捞技术不断革新。如今，高科技声呐与渔具传感器帮助渔民们精准找到鱼群，减少搜寻盲区。渔网与长线的巧妙设计不仅提升了特定鱼类的捕捞效率，还有效控制了非目标物种的误捕率。船舶动力系统的升级不仅加快了航行速度，还因燃油效率的提升降低了运营成本。船上装备与处理流程的现代化减少了渔获损失，确保了海鲜的新鲜度和价值[2] [3]。

2. 不容忽视的过度捕捞

当人类的捕鱼活动使得水域中的鱼类等水生生物种群降低到某一水平，并在该水平上无法通过自然繁殖维持自身种群的稳定存在时，这一状态被称为过度捕捞。过度捕捞不仅会对生物多样性和生态系统造成不利影响，而且还会减少渔业产量，随后导致负面的社会和经济影响。由于管理上的困难，对于那些高度依赖洄游、跨境分布以及完全或部分在公海捕捞的渔业资源，形势显得尤为严峻。

在过度捕捞的状态下，将捕捞量降低至一定程度，使生物在受到捕捞后还能保持可持续的种群规模，这一临界值是最大持续产量（maximum sustainable yield，MSY）。当捕捞量低于MSY水平时，渔业种群还有潜力产出更多的渔获量，而不会威胁到它们的长期生存和繁衍。[4]

据联合国粮农组织数据，全球每年因过度捕捞造成的损失高达889亿美元。从1974年至2019年，处于生物可持续水平的渔业种群占比从90%下降至64.6%。在监测的已评估种群中，生物可持续种群仅占2019年上岸量的82.5%。据估算，将过度捕捞的种群重建至能够实现最大可持续产量的生物量，可使渔业产量增加1650万吨，年收益增加320亿美元。[5]

3. 水产养殖技术创新

海洋捕捞业面临的困境，直接推动了海水养殖业的发展，海水养殖的规模在最近数十年间显著提升。养殖业同样经历着技术革命。近海养殖（图14-4）、深海网箱、多物种综合养殖等技术，不仅拓展了养殖空间，还减轻了对近海生态的压力，同时提升了产量与品质。[6]深海网箱在低温、高氧环境中培育出更健康的鱼类；多物种综合养殖模式模仿自然生态系统，实现了资源的高效循环利用。此外，自动化、数字化技术与环保饲料的引入，让养殖变得更加智能与绿色。通过物联网和人工智能技术，养殖者能远程监控水质、预测疾病，确保海鲜安全与养殖的可持续发展。

海水养殖虽然减轻了海洋生物资源捕捞的压力，但也带来了新的生态环境问题，例如养殖废水的排放、滨海湿地空间的侵占等。如何科学地进行海水养殖，在保证产量的同时最大限度地减少对海洋环境的影响，是海洋渔业迫切需要解决的问题。

三、以"鱼"为师，深度开发

随着科学的发展，人类逐渐意识到，除直接消费以外，通过生物技术手段对海洋生物资源进行利用，能使其产生更多价值。

图 14-4　福建东山岛附近的海上养殖鱼排

1. 海洋仿生学

生物是人类发明的重要灵感来源。随着生命科学与技术科学的发展，海洋仿生学在20世纪中叶应运而生。海洋仿生学是模仿海洋生物系统的原理建造技术系统，使技术系统具有类似海洋生物系统特征的一门技术科学。该领域研究已经在防护、浮力、运动、感官和隐身等领域取得了部分进展。[7] 这些创新具有巨大的经济价值，与可持续的蓝色经济理念相吻合，有助于推动人类对海洋生物资源价值的更广泛认识、保护和管理。随着深海探索的深入，海洋生物的生活习性和适

东海大黄鱼遭遇的过度捕捞

图14-5　大黄鱼鱼苗的增殖放流

大黄鱼（*Larimichthys crocea*）是我国知名的海洋经济鱼类，浙江、福建等东海沿岸地区是大黄鱼的传统产地。1970年代之前，我国大黄鱼平均年捕捞产量约为12万吨，这基本与我国东海大黄鱼最大可持续产量持平。1950年代至1960年代，我国东南沿海地区盛行的"敲罟"渔法开始引发大黄鱼资源的枯竭。通过敲击船舷外的竹杠产生在水中传播的声波，引起鱼类头骨内耳石的共振，以破坏其平衡觉。在1973年末至1974年初的渔汛中，仅一处渔场的大黄鱼捕捞量就高达25万吨，这加速了我国大黄鱼资源的消亡。1970年代至1980年代初，"机动大围网"的歼灭性围捕则使得我国东南沿海地区的大黄鱼渔汛彻底断绝 [8]。1980年代开始，建立大黄鱼繁殖保护区、实施伏季休渔等保护措施先后施行；大黄鱼的人工育苗、养殖技术也于1990年代取得了突破，在供应餐桌的同时也用于增殖放流（图14-5）补充野生种群。然而，增殖放流的效果及其对自然生态的影响，仍有待深入评估。

159

应极端环境的机制也日益成为该学科的重要灵感来源。

2. 海洋生物医药

海洋生物医药开发历史较早，仍处于上升阶段。20世纪70年代，海洋天然产物化学和药理学的基础科学研究启动，并指导了药物开发。至21世纪，第一代海洋药物逐步进入临床试验阶段。2004年，第一种来自海洋的药物 Prialt 开始获准在市场上销售，该药物由幻芋螺（*Conus magnus*）产生的神经毒素开发而成，可用于治疗与脊髓损伤相关的慢性疼痛。大多数源自海洋的药物开发用于抗癌化疗：曲贝替定（ET-743）于2015年获得美国食品药品监督管理局批准，用于治疗软组织肉瘤和卵巢癌；普立肽（Aplidin）于2018年获得澳大利亚药品管理局批准，用于治疗多发性骨髓瘤、白血病和淋巴瘤；2020年，卢比替定（Lurbinectedin）则获准用于治疗转移性小细胞肺癌。[9]

第二节　蓝色资源"聚宝盆"

海洋中会有气态的水吗？据《地球物理研究快报》（*Geophysical Research Letters*）报道，中国科学院海洋研究所研究人员在深海热液区，透过"发现"号潜水器的高清摄像头发现气态水。这些气态水被一层热液硫化物覆盖，形似一只倒扣的碗，奇妙地将气泡封存其中。[10]

深海热液区因孕育了珍贵的海洋金属矿产等资源而备受全球科学界的瞩目。其实，不仅是在深海热液区，在广袤的海洋中，种种生物资源及丰富的矿产资源等待人类一探究竟。

一、油气资源

在全球石油和天然气供应日益紧张的背景下，海洋油气资源变得格外重要。截至2023年，全球范围内已发现1372个深水／超深水油气田，这些油气田的总可采储量为408.01×10^8吨油当量[11]。这些油气田主要分布在墨西哥湾、大西洋东岸和西岸、东非、北非、黑海、孟加拉湾、澳大利亚西北大陆架以及南海等区域。这表明深水和超深水区域是全球油气勘探和增加油气储量与产量最重要的领域之一。全球离岸地区的勘探程度普遍较低，未发现的离岸油气资源约占世界未发现资源总量的43%[12]。深水区域发现的石油和天然气资源占到了新探

明总量的一半左右。预计到2040年，全球范围内海上天然气产量将增加约7×10^{11} m^3，占全球总产量的比例将超过30%[13]。

随着技术不断创新，环境管理要求日趋严格，海洋油气资源的勘探、钻探与生产技术正以前所未有的深度和广度拓展。

在勘探方法上，近海地震勘测手段提供了重要支持：配备气枪和其他声源的专门船只，可以利用反射回来的地震脉冲确定富含油气的地质构造；超级计算和全波形反演技术方面的进展显著提高了资源储量的估算精度，可构建更为详尽的地下岩层模型；四维地震技术的进步则使得开发者对储层特征有了新认识。

钻探与生产技术方面也取得了突破：定向钻井和多分支井等海底钻完井和增产技术的进步也显著提升了采收率和经济效益；光纤实时监测优化井筒性能等技术的应用，降低了设备故障风险；浮式生产系统的革新，如张力腿平台、单柱式平台等复杂技术设计设施，可以适应更极端的海洋环境条件，进一步推动了深水区和超深水区海洋油气资源勘探生产活动的发展；预测分析和人工智能工具等自动化和数字化技术的应用，可以实现远程操作中心对远离海岸线的设施进行实时监测和控制，分析优化生产流程，有效提升了作业效率。

沙砾"填出"的新加坡

图14-6　由多个小岛填海相连而成的裕廊岛工业区

自1965年以来，新加坡启动了一场规模空前的土地扩张项目，通过填海造陆显著地拓展了其领土面积。如今，许多耳熟能详的新加坡地标，包括樟宜机场、圣淘沙环球影城、莱佛士坊、裕廊岛工业区（图14-6）等，都离不开填海造陆的贡献。在这一过程中，海床沙砾扮演了至关重要的角色。

二、沙砾资源

海床沙砾，包括沙、砾石和碎石等，广泛用于混凝土、砂浆等现代基础建设与建筑材料生产，是建造房屋、桥梁、道路、隧道、港口以及各种公共设施的重要基础原料。在许多沿海地区，当地居民使用海床沙砾填充洼地和平整土地，从而扩大居住区域和实现城市开发。荷兰和新加坡等国均通过填海造陆，实现了国土面积的增加。在低收入和中等收入国家，海床沙砾资源则对当地经济发展起到关键作用，它不仅支撑着建筑业的繁荣，还为数百万从事小型采矿业的居民提供了就业机会[14]。除了直接作为建筑材料，海床沙砾也是其他行业的重要原材料，其在电子、制药和化妆品等行业中的应用，推动了相关产业链的发展。

不容忽视的是，海床沙砾的开采也带来了一系列严重的环境影响。例如：改变自然地貌，引起河岸侵蚀加剧、沙滩消失、沿海防护功能减弱，导致海岸线后退、滨海湿地丧失、地面沉降和海水入侵；破坏海床并使水体浑浊，干扰海洋生物光合作用和生殖繁衍，影响生物多样性，威胁渔业资源和生态系统[15]。此外，使用沙砾填海造陆也会带来土壤盐碱化和土地质量下降等问题。

三、海底金属矿物资源

19世纪，英国的科考船"挑战者"号在大西洋加纳利群岛的海域海底采集到一种褐黑色结核状物质。当时的科学家尚未意识到，这种呈椭球状或不规则状的"石头"，将打开人类研究深海金属矿产资源的大门。

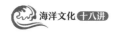

1. 多金属结核

1960年代以来，随着研究的陆续开展，科学家发现，诸如"挑战者"号采集到的结核，竟蕴藏着大量锰、铜、钴、镍等金属元素，于是将其命名为多金属结核。

多金属结核主要形成于水深3500~6500 m处的深海海底沉积物覆盖区域，它们由海水中的金属离子经过化学反应后沉淀积累而成，其形成过程需要数百万年甚至更长时间。据估计，全球分布于海洋底部的多金属结核储量达3万亿吨，其中的铜、锰、镍、钴等金属资源储量是陆地相应矿藏储量的几十到几千倍。据评估，约有700亿吨的多金属结核具有工业开采价值[16]。目前，大规模的商业开采尚未展开，这一方面是开采技术所限，另一方面则是因为陆地相应矿藏储量还没紧缺到要国际社会向深海迈步的程度，并且多金属结核开采也可能对深海环境带来巨大影响。

2. 富钴铁锰结壳

1948年，科学家在太平洋进行海底山脉调查时，发现了另一种深海固体矿产资源——富钴铁锰结壳。

富钴铁锰结壳是海水中的金属离子与底质岩石长期作用而形成的硬壳状沉积物，它们通常生长在火山成因的硬岩基质上，分布的水深广泛，在400~5000 m深处都可发现它们的身影。

由于富钴铁锰结壳广泛存在于海山之上，且分布相对集中，开采过程引起的环境影响可能相对较小。富钴铁锰结壳蕴含的关键金属在新兴技术领域如风力涡轮机、电动汽车和太阳能电池等方面发挥着重要作用。但由于这些结壳通常附着在基岩上，开发技术难度较大，目前尚处于研究的初级阶段，其开发利用能否先于多金属结核，还有待时间的印证。

3. 多金属硫化物

不同于"低调"的多金属结核与富钴铁锰结壳，海洋深处的多金属硫化物则相当"张扬"。2007年，中国科学家首次在西南印度洋中脊发现了新的热液活动点，那里耸立的一些"黑烟囱"正向外喷发滚滚"浓烟"。这些主要由金属硫化物矿物组成的"黑烟囱"不仅富含铜、铁、铅、锌等多种金属元素，还含有金、银等贵重金属，是名副其实的"吞金吐银"宝库。

科学家经勘查发现，"黑烟囱"并非在海底随处可见，多金属硫化物的形成过程涉及海底地壳板块分离、岩浆活动以及海洋水体与地壳物质的化学反应。该矿产资源通常位于200~5000 m深的海底区域，深水矿床沿扩张中心分布，而浅水矿床则集中于火山弧附近。多金属硫化物在全球各大洋均有分布，其中红海海底的亚特兰蒂斯二号海渊可能拥有与大型陆地矿藏相媲美的海底硫化物矿床。

自1970年代末发现"黑烟囱"以来，全球已经确定了350多个高温热液喷口地点和大约200个硫化物大量堆积的地点。目前，全球多金属硫化物总积累量约为$6×10^8$吨，其中铜和锌约$3×10^7$吨[17]。多金属硫化物矿床富含对现代工业和未来技术发展至关重要的关键金属，因此被视为实现可持续发展目标的重要资源。多金属硫化物所富含的铜、锌、金、银、钛、锂、锆元素等及稀土元素，对于新能源技术的发展至关重要。

第三节　蓝色能源"可行集"

广袤的海洋不仅蕴藏着丰富的矿产资源，而且孕育了强大的能源发展潜力。2022年，英国北部约克郡海岸外，当前世界最大的海上风电场开始全面运行。该风电场由165个风力涡轮机组成，能为超过140万个家庭提供低成本、清洁和可靠的可再生能源。在守护自然生态、倡导可持续发展的今天，海洋新能源无疑为人类提供了"柳暗花明又一村"的希望，为人类社会的低碳转型和环境保护贡献着重要力量。

一、海洋动能

1. 海洋风能

海洋的广阔空间容纳了强劲的风力资源。海上风电技术是通过风力涡轮机捕捉海洋风能并转化为机械动能，进而转换为电能。在海上，风速通常比陆地稳定且更高，这使得海洋风能具有更强的能源产出潜力。

海上风电机组主要包括固定式和浮动式两大类。固定式机组一般安装在水深较浅的近海区域（图14-7），采用打桩或沉箱等结构以稳固基础；而浮动式机组则适用于深海环境，利用浮筒、半潜式平台或张力腿平台等创新设计，使风力发电机能够随波浪浮动，同时保持稳定发电。目前，固定式风电机组已然步入大规模发展阶段。而由于浮动式风电机组可以布局在广阔的远海地区，已然成为未来海洋风电发展的重要技术选择。

图 14-7　福建平潭岛附近的固定式海上风电机组

2023年11月发布的《全球海上风电产业链发展报告》显示，当前中国的风电机组产能占全球市场的60%，发电机产能占全球市场的73%，中国已成为全球海上风电累计装机规模最大的国家，驱动着全球海

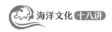
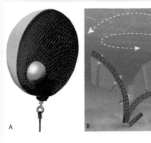

上风电的发展，并已形成完整的海上风电产业链[18]。显然，在乘"风"破浪的路上，中国已经走在了前列。

2. 海洋潮汐能

潮汐能来源于地、月、日间引力作用所导致的海洋水体周期性垂直升降运动。涨潮时，大量海水涌入海湾或河口，形成高水位；落潮时，海水流出，形成低水位。潮汐能发电则利用这一势能与动能的转化过程，通过建设潮汐坝、潮汐流发电机等设施，将海水涨落产生的动能转化为机械能，再进一步转换为电能[19]。由于潮汐具有一定的规律性和可预见性，这使其成为一种可靠且可持续的能源来源。

现有的潮汐能利用技术包括潮汐坝和潮汐流涡轮技术。潮汐坝技术通过在河口或海湾建造大坝，利用涨潮时蓄水形成水库、落潮时释放水流以驱动涡轮机发电。潮汐流涡轮技术也称为潮汐流发电机技术，该技术则不依赖于大坝结构，而是在强潮汐流区域如海峡、河口等处安装类似于风力发电机的涡轮设备。这些涡轮机通常固定在海底，随着潮汐水流的方向变化自动调整叶片角度，从而高效捕捉并转化潮汐水流产生的能量。

3. 海洋波浪能

波浪能是海水质点相对于静水面位移的势能和水质点运动的动能的总和。海洋波浪能发电技术通过专门设计的装置，以捕捉并有效利用波浪起伏运动产生的动力，将其蕴藏的机械能经过一系列物理转化最终变为可供人类使用的电能[20]。

二、海洋盐差能与温差能

1. 海洋盐差能

基于渗透压原理，当两种含盐量不同的水体接触时，水体自然会从低盐度向高盐度一侧渗透流动。若通过特定装置，可利用这种流动过程中的能量转化，获得电能或机械能。

盐差能的现有技术设备主要包括压力延迟渗透（pressure retarded osmosis，PRO）和反向电渗析（reverse electrodialysis，RED）。在PRO系统中，淡水侧和海水侧由一层半透膜所分隔，淡水透过膜流向海水侧时，将产生高压水流，进而驱动涡轮发电机发电。而RED系统则是利用多对离子交换膜将盐浓度梯度转化为电压差，直接生成电能。

盐差能资源在全球沿海地区广泛分布：河流入海口处拥有大量淡水与海水混合的环境条件，对于远离主电网的偏远沿海地区居民而言，利用盐差能发电是一种理想的提供基础负荷电力的解决方案。尽管盐差能具有巨大的理论潜力，但高昂的膜材料成本和技术整体成本是阻碍该领域商业发展的主要原因。

2014年11月，荷兰特文特大学纳米研究所的第一座RED盐差能试验电厂投入使用。这家电厂位于荷兰阿夫鲁戴克（Afsluitdijk）大坝中段。大坝东南面的艾瑟尔湖为人工淡水湖，其西北面瓦登海的盐浓度则高得多。当淡水经过电厂安装的半渗透膜与海水相遇时就会产生渗透压，形成淡水不断流入海水的水流势能，进而推动水轮发电机产生电能（图14-9）。虽然这家电厂产生的电能尚无法满足自身用电需求，但其试验前景却引起了足够的重视[21]。

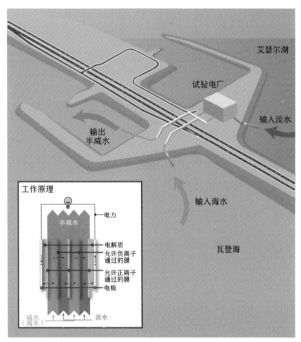

图14-9　阿夫鲁戴克大坝RED盐差能试验电厂原理示意

2. 海洋温差能

海洋温差能转换（ocean thermal energy conversion，OTEC）技术是一种利用海洋表层与深层水体间显著温度差异来产生电力的可再生能源方案。这种技术主要分为三种类型：开式循环、闭式循环和混合式循环。其中，闭式循环系统更接近实现日常使用。OTEC电站的成功部署依赖于较大的海洋温差条件，即需要至少20 ℃的温差，因此热带和亚热带地区最具备该技术的开发潜力。

1979年8月，美国在夏威夷沿海搭建了第一座"MINI-OTEC"号海水温差发电船，利用深层海水与表面海水21～23 ℃的温差，连续进行了3个500小时的发电过程，共产生50 kW的电力，这是历史上第一次通过海洋温差能得到具有实用价值的电能[22]。

目前，全球一些特定区域的海洋温差能潜在功率密度可以达到250~350 W/m^2。高昂的建设和运维成本、技术难题及地理位置局限性则是当前制约海洋温差能转换全面商业化的重要挑战。

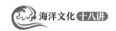

三、海洋氢能

海水电解制氢是利用海水资源，通过外加电场进行电解以生产清洁氢能的一种技术路线。在电解过程中，阳极发生氧气生成反应，即水分解为氧气和氢离子；阴极则出现氢气生成反应，氢离子在此获得电子还原成氢气。为了将电能高效转化为氢能，研究者聚焦于改进电解水技术。不同类型的电解技术，由于各自的优势和特性，共同构成了推动未来全球氢能源产业发展的重要技术蓝图[23]。

2023年6月，福建福清兴化湾海上风电场，全球首次海上风电无淡化海水原位直接电解制氢技术中试成功。该方案不仅解决了直接从海水中提取氢气的技术难题，还为低成本绿色氢气的生产敞开了大门。这意味着，眼前这片波光粼粼的海面，有望变成取之不尽的能源宝库。

从海洋能源到绿色氢气生产的转换过程中也存在一些技术瓶颈。如何有效解决风能和波浪能的不稳定性问题，确保电解过程持续稳定供电是首要挑战[24]。尽管海洋新能源制氢技术展现出巨大的潜力和应用前景，但仍需克服技术成熟度、经济性和环境影响等方面的挑战，以期其在未来全球能源转型中发挥核心作用。

除海水电解制氢外，海洋生物制氢技术和微生物电解池制氢技术也不容小觑。海洋生物制氢技术利用海洋生物质衍生化合物和生物质本身的化学转化及生物转化途径来生产氢气，涉及的化学转化过程包括醇类（如甲醇、乙醇）和甘油的重整反应，以及甲烷的重整，其中自热重整是一个重要的高效产氢方法。但是，海洋生物制氢也面临着产量低、生产成本较高、水成分复杂带来的腐蚀问题、海洋生物资源采集和预处理难度较大，以及对特定微生物菌株的选择和优化等技术挑战[25]。

四、海洋核工业

根据经济合作与发展组织核能机构与国际原子能机构联合发布的"铀红皮书"数据，截至2021年1月1日，全球已查明开采成本低于260美元/kgU的铀资源总量为791.75万吨。陆地上可被开采的铀矿逐渐减少，但对铀的需求量却日益增加，"蓝色聚宝盆"有没有可能成为新核"燃料供应商"？据估算，海水中的铀储量高达45亿吨，是陆地上铀储量的近1000倍，足够人类使用7.2万年，发展海水提铀技术有望成为核工业可持续发展的关键支撑。

经过近几十年的不懈探索和技术发展迭代，海水提铀的研究已在多个方面取得进展。海水中的铀主要以铀酰离子形式存在，其化学性质稳定，用常规方法难以有效提取。因此，采用吸附技术来提取海水中的铀酰离子并通过脱附来实现材料的循环利用，被公认为是当前最具可行性的技术路线。然而，要实现海水提铀技术的大规模商业化应用，仍需克服诸多挑战。[26]

总体而言，海洋风能、潮汐能、波浪能、盐差能、温差能、氢能以及海洋核工业的开发不仅展现出巨大的潜力，也面临着显著的技术和经济挑战。

海洋新能源丰富且对环境友好。海洋覆盖了地球表面70.8%的面积，强劲稳定的风力、规律性的潮汐运动、持续不断的海浪起伏、表层与深层水体间的温度差异、淡水与海水间的盐度差异、从海水中转化为氢能源或提取核燃料铀等，都为人类开发清洁能源提供了潜在的长期解决方案。

然而，开发这些海洋新能源并非易事。高昂的经济成本是海洋开发过程中普遍存在的问题，包括材料成本、建设费用、设备制造和维护成本等。开发海洋新能源的技术仍处于研发或试验阶段，距离大规模商业化应用还存在一段距离。例如，波浪能装置的设计、海水提铀过程中的吸附材料循环使用效率等问题都需要进一步突破。地理条件也限制了一些特定能源形式的应用范围，对环境影响的评估也不可忽视，任何新的能源开发过程都必须从短期和长期的角度考虑其对生态系统的影响。

尽管存在诸多挑战，海洋新能源的发展前景依然光明。依托科技的进步和政策的支持，这些海洋新能源将在未来的全球能源转型中发挥重要作用，并为应对气候变化贡献力量。

> **思考题**
> 1. 我国大黄鱼野生渔业资源枯竭的过程，可以给未来可持续渔业管理带来哪些启示？
> 2. 海洋矿产资源的开发利用可能给人类社会带来什么影响？
> 3. 不同类型的蓝色新能源可以形成怎样的组合生产方式？

参考文献

［1］ FAO. The state of world fisheries and aquaculture: towards blue transformation[M]. Rome: FAO, 2022.

［2］ Squires D, Vestergaard N. Technical change in fisheries[J]. Marine Policy, 2013, 42: 286-292.

［3］ Eigaard O R, Marchal P, Gislason H, et al. Technological development and fisheries management[J]. Reviews in Fisheries Science & Aquaculture, 2014, 22(2): 156-174.

［4］ Murawski S A. Definitions of overfishing from an ecosystem perspective[J]. ICES Journal of Marine Science, 2000, 57(3): 649-658.

［5］ FAO. The state of world fisheries and aquaculture: towards blue transformation[M]. Rome: FAO, 2022: 16.

［6］ Yue K N, Shen Y B. An overview of disruptive technologies for aquaculture[J]. Aquaculture and Fisheries, 2022, 7(2): 111-120.

［7］ Blasiak R, Jouffray J B, Amon D J, et al. A forgotten element of the blue economy:marine biomimetics and inspiration from the deep sea[J]. PNAS Nexus, 2022, 1(4): 196.

［8］ 刘家富. 大黄鱼养殖与生物学 [M]. 厦门 : 厦门大学出版社 , 2013: 6-7.

［9］ United Nations. The second world ocean assessment: world ocean assessment II[M]. New York: United Nations, 2023: 366-374.

［10］ Li L F, Zhang X, Luan Z D, et al. Hydrothermal vapor-phase fluids on the seafloor: evidence from in situ observations[J]. Geophysical Research Letters, 2020, 47(10): 1-9.

［11］ 温志新 , 王建君 , 王兆明 , 等 . 世界深水油气勘探形势分析与思考 [J]. 石油勘探与开发 , 2023, 50(5): 924-936.

［12］ U.S. Department of Energy. Gas hydrates R&D program factsheet: key information and program strategy[R]. Washington: United States Department of Energy, 2020.

［13］ IEA. Offshore energy outlook[R]. Paris: OECD/IEA, 2018.

［14］ Bendixen M, Iversen L L, Best J, et al. Sand, gravel, and UN sustainable development goals: conflicts, synergies, and pathways forward[J]. One Earth, 2021, 4(8): 1095-1111.

［15］ Sengupta D, Choi Y R, Tian B, et al. Mapping 21st century global coastal land reclamation[J]. Earth's Future, 2023, 11(2): 1-13.

［16］ Hein J R, Mizell K. Deep-ocean polymetallic nodules and cobalt-rich ferromanganese crusts in the global ocean: new sources for critical metals[C]//The United Nations Convention on the Law of the Sea: Part XI Regime and the international Seabed Authority: a twenty-five year journey. Leidon: Brill Nijhoff, 2022: 177-197.

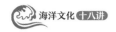

[17] 张海桃，杨耀民，梁娟娟，等 . 全球现代海底块状硫化物矿床资源量估计 [J]. 海洋地质与第四纪地质，2014, 34(5): 107-118.

[18] 李纵 . 我国已形成完整海上风电产业链 [N]. 人民日报，2023-12-02(2).

[19] Chowdhury M S, Rahman K S, Selvanathan V, et al. Current trends and prospects of tidal energy technology[J]. Environment, Development and Sustainability, 2021, 23: 8179-8194.

[20] Farrok O, Ahmed K, Tahlil A D, et al. Electrical power generation from the oceanic wave for sustainable advancement in renewable energy technologies[J]. Sustainability, 2020, 12(6): 2178.

[21] 中国新能源网 . 荷兰首家盐差能试验电厂近期发电 [J]. 农业工程技术，2015(15): 19.

[22] Rehman S, Alhems L M, Alam M M, et al. A review of energy extraction from wind and ocean: technologies, merits, efficiencies, and cost[J]. Ocean Engineering, 2023, 267: 1-38.

[23] Martinez-Burgos W J, de Souza Candeo E, Medeiros A B P, et al. Hydrogen: current advances and patented technologies of its renewable production[J]. Journal of Cleaner Production, 2021, 286: 1-14.

[24] 同 [22]

[25] Pal D B, Singh A, Bhatnagar A. A review on biomass based hydrogen production technologies[J]. International Journal of Hydrogen Energy, 2022, 47(3): 1461-1480.

[26] 蓝芳芳，李贤辉，杨阳 . 海水提铀技术研究进展与挑战 [J]. 广东工业大学学报，2023, 40(6): 139-146.

● **本讲作者：孙传旺**

第十五讲 可持续发展与海洋经济

海洋是人类开展经济活动的重要场所。当前，海洋经济已经成为全球经济发展的重要增长点，由海洋交通运输业、海洋船舶工业、海洋化工业、海洋渔业、海洋工程建筑业等组成的海洋经济产业体系是现代经济活动的重要组成部分。传统海洋经济活动的开展不可避免地影响了全球海洋生态环境，在环境保护与经济发展并重的全球背景下，可持续发展的"可持续蓝色经济"应运而生，其未来发展前景与金融投资潜力巨大。随着数字技术的成熟，海洋经济与数字技术的融合成为今后海洋经济发展的重要方向。

第一节 从海洋经济到可持续蓝色经济

从"鱼盐之利"到"耕海牧渔"，从海上贸易到海滨旅游，从古至今，海洋以种种方式支撑着人类社会的经济发展。随着社会的发展与科技的进步，人类不断发掘出海洋新的经济价值。"可持续发展"理念的广泛普及为海洋经济赋予了新的内涵，"可持续蓝色经济"应运而生。

一、海洋经济

1. 海洋经济产业分类

海洋经济的范畴涵盖了开发海洋资源、依赖海洋空间的生产活动，以及与海洋资源和空间开发相关的产业活动[①]。这些经济活动构成了现代海洋经济的基础。海洋经济产业主要包括海洋渔业、海洋交通运输业、海洋船舶工业、海盐业、海洋油气业、滨海旅游业等。

2021年12月31日，由国家海洋信息中心负责起草的《海洋及相关产业分类》（GB/T 20794—2021）国家标准正式发布。此标准将产业分类细化为海洋产业、海洋科研教育、海洋公共管理服务、海洋上游相关产业、海洋下游产业等5个产业类别，下分28个产业大类，突出了海洋产业链的结构关系（图15-1）[1]。

2. 海洋经济发展现状

近年来，海洋经济正在成为世界经济发展的新引擎。保守估计，全球海洋资产价值至少达24万亿美元，且实际价值更高，因为许多关键的生态系统服务价值目前难以量化。若将海洋视为一个国家，其每年可提供的产品和服务的总值达2.5万亿美元（相当于GDP），堪称"世界第七大经济体"。根据经济合作与发展

---

① 由于海洋经济的定义及范畴存在多种界定，因此统计口径也存在差异。此处参见 https://www.gov.cn/zhuanti/2014-03/20/content_2642460.htm。

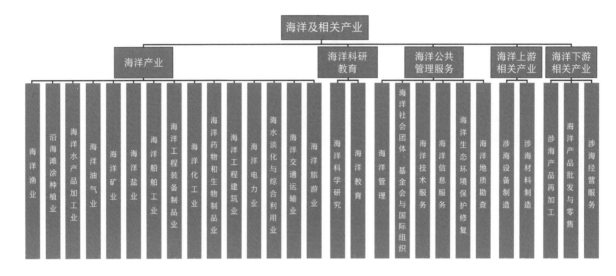

图 15-1　海洋及相关产业的划分（据《海洋及相关产业分类》）

组织预测，到2030年，海洋经济增长潜力将超越全球经济的整体增速[1]。在沿海国家和地区，海洋经济已成为增长的新动力。放眼世界，美国拥有漫长的海岸线和广阔的专属经济区，其海洋经济高度发达，主要集中在海事运输、渔业水产、滨海旅游、油气开采、海洋工程、海洋可再生能源等领域。美国经济分析局数据显示，2022年美国海洋产业的总产值达4762亿美元[2]。欧盟海洋经济的主要特色为海事服务业、海洋工程、海洋可再生能源和滨海旅游。2021年欧盟海洋经济解决就业450万，总增加值为1840亿欧元[3]。

据历年《中国海洋经济统计公报》，2014—2022年，我国海洋生产总值[4]增长显著，从59936亿元增至94628亿元。海洋经济保持着稳步增长的势头，展现出了强大的潜力和活力。2023年我国海洋生产总值达99097亿元，占国内生产总值比例为7.9%[5]。

从我国海洋产业发展情况来看，2022年，海洋传统产业中，海洋渔业、海洋水产品加工业实现平稳发展，海洋油气业、海洋船舶工业、海洋工程建筑业、海洋交通运输业以及海洋矿业均实现了5%以上的较快发展，海洋电力业、海洋药物和生物制品业、海水淡化等海洋新兴产业继续保持较快增长势头。根据《2023中国海洋发展指数报告》发布的数据，2022年我国海洋新兴产业增加值比上年增长7.9%[6]。

二、可持续蓝色经济

可持续发展是关系到社会发展和人类福祉的全球性议题。蓝色经济和绿色经济一样，是不同时期为促进可持续发展而提出的经济发展理念。在全球气候变化的背景下，若缺乏有效监管，当前的海洋经济可能会对海洋的生态环境健康造成威胁，因此海洋经济部门亟须向可持续的蓝色经济转型。海洋经济产业的历

---

[1]　https://www.visualcapitalist.com/human-impact-ocean-economy/

[2]　https://www.whitehouse.gov/ostp/news-updates/2024/06/10/icymi-biden-harris-administration-releases-slate-of-new-actions-to-kick-off-ocean-month/

[3]　https://aoc.ouc.edu.cn/2022/0601/c9829a371711/pagem.htm

[4]　我国的海洋生产总值与欧美的统计口径不同。

[5]　https://www.gov.cn/yaowen/liebiao/202403/content_6940912.htm

[6]　https://www.nmdis.org.cn/c/2023-11-13/79809.shtml

史源远流长。随着科技、经济和法律的发展，海洋经济产业蓬勃发展，为可持续蓝色经济的实现提供了坚实的基础。

1. 可持续蓝色经济定义

可持续蓝色经济主要包括海洋经济、海洋科技、海洋能源、海洋生态环境等多个领域。可持续蓝色经济以海洋经济为基础，具有海陆资源互补、海陆产业关联以及海洋生态环境健康可持续等特点。[2] 可持续蓝色经济可以被视为一种区域经济，旨在实现"保护和可持续利用海洋及海洋资源，促进可持续发展"的目标，包括但不限于渔业、水产养殖、海上运输、旅游、沿海开发、生物技术等以及依赖于海洋及其资源的各种活动。

可持续蓝色经济这一概念在全球范围内的广泛传播，发展可持续蓝色经济的国际共识日益增强。[3] 随着蓝色经济逐渐被纳入各种区域发展战略框架，相关国际组织也陆续提出可持续蓝色经济发展的指导原则、重点优先领域及具体建议等。例如：世界自然基金会于2015年发布了《可持续蓝色经济原则》，并于2018年与欧盟委员会、欧洲投资银行及国际可持续发展联盟共同制定了《可持续蓝色经济金融原则》；自2019年以来，联合国环境规划署通过财政倡议一直在推广"可持续蓝色经济"的财务原则；2023年，二十国集团发布《二十国集团可持续和气候适应型蓝色经济高级别原则》。[4]

2. 可持续蓝色经济特征

相对于一般的海洋经济，可持续蓝色经济有以下特点：

（1）可持续性。可持续蓝色经济是一种可持续发展体系。其核心要求是通过减少环境影响、提高资源配置效率，以及防止生物多样性丧失和破坏生态系统平衡的方式来促进经济增长。这种经济模式强调资源的有效利用和生态环境的维护，体现了对可持续发展的追求。在当今严峻的资源局限和气候危机背景下，可持续蓝色经济系统被视为一个可持续的系统，海洋及其相关产品、产业和地区等都被看作系统的基础单元。

（2）动态性。由于人类对可持续蓝色经济的认识是逐渐完善和变化的，可持续蓝色经济系统的演化是一个与时间相关的复杂过程，它包含了各子系统内部和子系统之间的关联关系。随着时间的推移，这些相关联的互动关系呈现出动态变化，推动可持续蓝色经济不断趋于完善。

（3）丰富性。可持续蓝色经济的内涵更加丰富。首先，可持续蓝色经济要协调好海洋开发与保护，更加注重海洋可持续发展方式。其次，可持续蓝色经济要融合新兴技术与新兴领域，培育高端海洋产业，发展可持续的海洋经济活动。再次，可持续蓝色经济还将创造出新的发展机遇。最后，可持续蓝色经济更加注重海陆统筹，从空间视角促进海洋经济与陆域经济在环境、产业等多方面的协调发展。

发展可持续蓝色经济的必要性

作为地球上最大的生态系统，海洋在经济发展、食物获取、资源利用等方面与人类社会息息相关。可持续发展需要平衡生态环境保护和社会经济增长之间的关系，而发展可持续蓝色经济需要我们在合理利用海洋的基础上，积极采取一系列措施，以保护海洋生态与生物资源。主要措施包括：

1. 严格控制排污。规范企业事业单位和其他生产经营者排污行为，控制污染物的排放，是维护海洋生态平衡、保障海洋资源可持续利用以及人类社会稳定发展的必然要求。

2. 合理利用海洋资源。对于海洋食物资源和海洋矿产资源的获取与利用，需要采用科学的管理措施和制度，严格控制过度捕捞和"竭泽而渔"式的开发，鼓励进行可持续的人工育种和养殖。

3. 增强国际交流合作。相对于陆地，海洋具有较强的流动性，海洋可持续发展更需要多边协商与合作开发。国际社会的共同参与有利于推动海洋可持续发展。[5]

第二节　蓝色金融

随着全球对海洋可持续发展的需求不断增加，蓝色金融在全球范围内的重要性日益凸显。蓝色金融不仅为海洋经济发展提供了资金支持，也在促进海洋资源合理利用和海洋保护等方面发挥着重要作用。蓝色金融产品主要包括蓝色信贷、蓝色债券、船舶融资租赁、海洋产业投资基金、蓝色保险以及蓝色生态产品等。

一、助力可持续蓝色经济的蓝色金融

蓝色金融是与海洋资源开发、海洋保护、海洋生态修复等相关的金融活动和金融服务。[6] 蓝色金融的内涵主要包括海洋产业的融资支持、海洋生态环境的金融投入以及海洋科技创新的金融保障。[7]

蓝色金融强调环保与可持续性，致力于支持绿色海洋项目，确保资金流向对海洋环境有益的项目。作为新兴金融领域的重要组成部分，蓝色金融在可持续发展和海洋环境保护方面发挥着重要作用。蓝色金融通过提供创新的金融产品工具，为海洋保护项目和生态修复工程提供了坚实的资本支持。无论是海洋生物多样性的恢复，还是海洋生态系统的保护，蓝色金融都是不可或缺的推动力。

蓝色金融作为海洋经济的金融支撑体系，对海洋产业具有重要的支持和促进作用。首先，蓝色金融为海洋产业的发展提供必要的资金支持，能有效缓解海洋产业发展中的资金短缺问题。其次，蓝色金融为海洋产业提供智能化金融服务、风险管理工具和综合解决方案，推动海洋产业向智能化、高效化方向发展，提高海洋产业的整体运营效率和风险控制能力。再次，蓝色金融所提供的国际金融服务、汇率风险管理和境外投融资支持，为海洋产业的国际化提供有力保障，推动海洋产业的跨境合作和国际交流。

此外，蓝色金融倡导以金融力量守护蔚蓝，通过设立海洋生态保护基金、蓝色债券等金融工具，支持海洋生态修复项目、海洋污染治理工程和生物多样性保护行动。这些举措不仅可以促进海洋生态的恢复与保护，还能激发公众的海洋环保意识和热情。同时，蓝色金融在海洋科技创新方面也有所助力。聚焦于海洋观测技术、海洋环境保护技术、海洋资源高效利用技术等领域的研发与应用，通过风险投资、科技贷款等金融手段，激发海洋科技的创新活力，推动海洋经济的智慧升级。蓝色金融不仅可以为海洋科技的创新提供源源不断的资金支持，还能促进海洋科技成果的转化与应用，加速海洋经济向可持续发展转型。

总体而言，蓝色金融在多方面支持和促进海洋产业的发展，其在资金支持、产业转型和国际化发展方面发挥着重要作用，为海洋产业的可持续发展和跨越式发展注入了强劲动力。

二、蓝色金融产品分类

1. 债务融资工具

债务类融资是重要的融资来源，包括贷款、债券、融资租赁等。

蓝色信贷是海洋相关产业中首要的资金来源渠道。以江苏省沿海三市（盐城、连云港、南通）海洋领域的融资渠道为例，贷款约占资金供给来源的50%，其中以国家开发银行、中国农业发展银行为主要放贷方。2024年中国农业发展银行大连市旅顺口区支行向大连蔚澜渔业有限公司投放贷款2亿元，用于大连市旅顺口区海洋牧场建设项目[①]。

历史上，发行债券并非海洋产业的主要融资渠道，这主要是由于资本市场发展还不完善，同时债券市场对企业主体规模和经营状况的要求相对较高。[8] 近年来，蓝色债券成为当前蓝色债务融资中的主要创新金融工具，其主要适用主体为海洋新能源等工业化程度较高的中大型企业。[9] 截至2023年末，国内市场累计发行蓝色债券27只，发行规模达172.63亿元[②]。

融资租赁将使用权和所有权分离，承租人可以只通过支付相对少量租金的方式获得物品的使用权。船舶融资租赁发展迅猛，几十年间迅速占据全球重要地位。[10] 截至2021年年中，中国船舶租赁公司拥有船舶共计2380艘，价值总额约为974亿美元，其中存量船舶共2172艘，占全球船队总规模的7%；未交付船舶208艘合计1550万总吨，占世界手持订单的11%。[11]

2. 股权融资工具

股权融资也是海洋相关企业和项目重要的融资工具，以企业上市融资、海洋产业投资基金为主。

上市融资逐渐受到海洋企业青睐，海洋领域IPO（首次公开募股）呈现增长趋势。根据自然资源部数据，"2023年上半年12家海洋领域IPO企业完成上市，融资规模174亿元，占全部IPO企业融资规模的8.3%"[③]。

海洋产业投资基金是一种分散投资于特定海洋产业的融资工具，通过向市场发行基金筹集资金，并交由专业基金管理公司运作。[12][13]由于海洋产业的高风险性和海洋资源的复合性、公共性，相关基金主要以政府、国有企业牵头发起，政府引导社会资本参与的模式开展，投资领域方面，海洋生物医药、海洋可再生能源、现代海洋渔业等技术密集的海洋新兴产业及服务业受到关注[④]。

3. 蓝色保险产品

蓝色保险是指一种特殊类型的保险，它主要针对非传统的保险需求，如环境保护、海洋保险、气候变化等。与传统保险相比，蓝色保险更注重环境和社会的可持续发展，以及对海洋和地球的保护。在保险服务中系统性地加入对环境合规、生产设备和技术、生产强度等环境表现指标的要求，充分考量投保机构的环境风险，可以推动产业主体进行设备技术升级、污染治理等。当前还有相关国际机构倡议实践《海

塞舌尔的"海洋自然债务"项目

为保护海洋和适应气候变化，位于印度洋西部的群岛国家塞舌尔率先实施了全球首例的"海洋自然债务"（ocean-based debt-for-nature swap）项目。该协议要求塞舌尔政府承诺在其140万平方千米的专属经济区范围内开展海洋空间规划，不仅要前瞻性地考虑气候变化带来的影响及当地适应性问题，还要将其中30%的海域面积划为保护区，以促进蓝色经济的发展和相关国家战略的实施。该计划由塞舌尔环境、能源和气候变化部领导，大自然保护协会负责规划及推动，联合国开发计划署和全球环境基金通过资助塞舌尔环境项目参与。方案资金来自包括大自然保护协会和其他慈善基金会等机构在内的慈善捐赠和发行的蓝色债券。该项目旨在为塞舌尔应对气候变化的措施和环境保护项目提供资金，也为实施海洋空间规划提供部分资金，有助于在国家或社区范围内改善、维持生态系统健康，以适应气候变化。[14]

---

① https://www.cet.com.cn/zhpd/ncjr/10022485.shtml
② http://ccxgf.com.cn/article/105.html
③ https://www.mnr.gov.cn/dt/ywbb/202308/t20230804_2796411.html
④ https://www.mnr.gov.cn/gk/zcjd/202304/t20230413_2781421.html

海洋赋能，蓝碳交易再探索

2024年6月7日，腾讯可持续社会价值事业部碳中和实验室（以下简称"腾讯碳中和实验室"）和广西壮族自治区合浦儒艮国家级自然保护区（以下简称"儒艮保护区"）在厦门大学举行了海草床生态修复项目蓝碳生态系统碳汇意向认购签约仪式。

自2018年11月30日以来，儒艮保护区第一期28.12公顷的海草床修复项目产生的所有碳汇量，将全部由腾讯碳中和实验室意向认购，这是中国第一笔公开的海草床生态系统碳汇减排量交易意向认购。该海草床蓝碳项目依托腾讯碳中和实验室资助、厦门大学领衔的BLUE-CARE（Blue Carbon Ecosystem Assessment, Restoration and Accounting Project）进行开发。BLUE-CARE项目旨在深入研发蓝碳碳汇计量方法，开发蓝碳方法学，并在儒艮保护区内开展海草床生态修复和交易示范工程。广西海洋科学院（广西红树林研究中心）团队在BLUE-CARE项目的支持下，已成功开展了2.18公顷的海草床修复工作。BLUE-CARE项目的海草床交易机制的探索开启了我国蓝碳交易新篇章。

上保险波塞冬原则》（The Poseidon Principles for Marine Insurance, PPMI），要求保险公司披露并评估其承保的业务组合的碳排放情况，从而指导投保的航运业企业进行减排、减少环境影响。

4. 蓝色生态产品价值实现

海洋生态系统提供了碳汇、气候调节、景观等多种生态产品。生态产品价值实现是指"基于生态补偿和市场化开发，将生态产品所具有的价值体现出来"。但基于目前的研究，很难将生态系统的服务价值准确、合理地完全体现。蓝色碳汇（简称"蓝碳"）交易是当前主要的海洋生态产品价值实现形式。"蓝碳"的概念是2009年联合国教科文组织政府间海洋学委员会等在《蓝碳：健康海洋固碳作用的评估报告》中提出的，海洋生物所捕获的碳被称为蓝碳[1]。目前全球范围内普遍采用的能够被量化的、形成蓝碳资产的蓝碳主要集中在红树林、海草床和潮间带盐沼等滨海湿地，即政府间气候变化专门委员会在《特别报告》中重点关注的"海岸带蓝碳"（coastal blue carbon）。

蓝碳可以作为碳资产参与金融活动，具体可以通过两种方式为海洋保护作出贡献。一方面，通过将蓝碳纳入碳交易机制，利益相关方可以通过购买蓝碳的形式支持海洋生态系统保护和修复；另一方面，碳汇价值可以成为海洋相关资产的估值依据，为其他金融工具落地时的定价提供参考。蓝碳理论上可以参与碳交易——通过海岸带生态系统保护、修复等方式增加碳汇，此碳汇增量可以被核证并进行交易。在交易机制方面，当前蓝碳主要通过自愿交易机制进行交易，主要交易的碳汇种类为红树林碳汇、渔业碳汇，主要的卖方包括水产企业、地方政府、集体、海洋保护区管理部门，买方包括环保公益组织和企业[2]。

兴业银行青岛胶州湾碳汇贷是我国第一单湿地碳汇贷。青岛胶州湾湿地作为青岛市的重要生态资源，承载着丰富的土壤、水体和植被碳储备。兴业银行青岛分行与胶州湾上合示范区发展有限公司达成合作，以湿地增加碳储备的未来收益权为抵押，根据全国碳排放权交易市场的实时交易价格测算贷款额度。胶州湾上合示范区发展有限公司最终成功获得1800万元的贷款，用于购买增加碳吸收的高碳汇湿地作物。

二、蓝色金融投资与发展展望

随着海洋经济的繁荣发展，促进蓝色金融投资与发展可以从以下四个方面进行完善。

① https://wedocs.unep.org/xmlui/handle/20.500.11822/7772
② https://gi.mnr.gov.cn/202004/t20200427_2510189.html

1. 完善蓝色金融基础法律和优化行业标准

建立健全的法律框架能够为蓝色金融的发展提供有力保障，包括专门针对海洋经济的金融立法，并与其他相关法律互相配合。此外，不断优化行业标准和规范也是提升蓝色金融质量和发展的关键一步。

2. 夯实蓝色金融数据基础并提高技术水平

需要建立全面、准确、可靠的海洋经济数据体系，实现多部门数据的整合共享与互通。在数据管理和技术应用方面，需要提高数据处理与分析的技术水平。尤其需要加强海洋领域金融数据的采集和分析，这将为金融机构提供更为准确和可靠的市场信息，从而提高其决策的科学性和精准性。

3. 丰富蓝色金融产品谱系

一方面，需要积极创新蓝色金融产品，包括但不限于海洋保险、海洋债券、海洋资产证券化产品等，以满足可持续蓝色经济发展中的资金需求和风险管理需求。同时，应该加大对蓝色金融创新产品的宣传和推介力度。另一方面，充分发挥公共资本撬动作用，需要政府制定有利于蓝色金融发展的政策，促进蓝色金融产品的开发和创新。同时，鼓励引导社会资本积极参与蓝色金融投资，通过政府引导基金、风险补偿机制等方式，吸引更多投资者参与蓝色金融领域。

4. 赋能蓝色金融机构并发展第三方服务

首先，蓝色金融机构需要不断优化机构治理结构，强化内部管理和风险控制。其次，发展第三方服务也是推动蓝色金融行业发展的重要手段。第三方服务机构可以根据市场需求，为金融机构提供数据分析、风险评估、投资顾问、资产管理等专业服务，有效提升金融机构的综合服务能力和专业水平。最后，政府可以加大对蓝色金融机构和第三方服务机构的政策支持力度，鼓励金融科技企业加强在蓝色金融领域的创新和应用，促进蓝色金融与科技的深度融合，推动蓝色金融业务的数字化、智能化和多元化发展。

第三节　海洋经济的数字化进程及前景

海洋经济在数字化浪潮的推动下，展现出巨大的发展潜力与创新活力。加快建设数字经济是国家战略规划中的重要发展内容之一，相关政策的支持将助力海洋经济迎来新的发展机遇，推动海洋经济的蓬勃发展。新兴的海洋基础设施，例如海底数据中心、海底光纤电缆和海洋通信网络系统等，正迅速发展壮大。随着这些基础设施的不断完善，海洋数字经济必将迎来快速发展，加速推进海洋产业数字化进程。

黄岐智慧渔港

福州连江县港口资源丰富，其中的黄岐国家中心渔港可供700多艘渔船停泊和避风。福建省首个智慧渔港项目正位于此。黄岐智慧渔港项目按照"1+3"架构模式进行建设，即渔港综合决策指挥中心、智慧渔船管理系统、智慧港区管理系统和智慧港区移动应用小程序，借助大数据分析、人工智能和物联网等信息技术，极大提升了渔港信息化管理水平。通过引入先进的监管技术，黄岐智慧渔港项目实现了对渔港、渔船和出海渔民的全面监控，能及时发现渔港火情，清晰追踪一定范围内渔船的航行轨迹，极大地提高了进出港效率、船舶管控与港口安全管理水平，有效保障了渔民的生命和财产安全。[1]

[1] https://fjrb.fjdaily.com/pc/con/202409/17/content_398410.html

一、深远海数字养殖平台

受环境条件的限制，近海养殖鱼类的品质和产量不及深远海，使用大型渔业装备，在深远海进行规模化高效水产养殖是大势所趋。深远海数字养殖平台利用先进的数字技术和智能化设备，将传统海洋养殖与现代信息技术相结合，实现对海洋养殖全过程的数字化管理和精细化运营，是海洋养殖业技术革新的重要途径之一。

二、智慧渔港

在渔业捕捞旺季，有成百上千的渔船同时在海上作业。渔船出入港口、航行海上，需要有效的监管。智慧渔港运用先进的大数据分析、人工智能和物联网等信息技术，建立综合管理平台，可以全面监管港口、船只和人员，实现对船舶进出港口的监控管理、船员上船的职务监管、港口安全保障以及重点海域监控等。

思考题

1. 从海洋经济到可持续蓝色经济，有何重要特征变化？
2. 蓝色金融产品主要有哪些？有什么重要作用？
3. 数字技术如何赋能我国海洋经济发展？

参考文献

[1] 国家市场监督管理总局，国家标准化管理委员会. 海洋及相关产业分类：GB/T 20794—2021[S]. 北京：中国标准出版社，2021: 12.

[2] Narwal S, Kaur M, Yadav S D, et al.Sustainable blue economy: opportunities and challenges[J]. Journal of Biosciences, 2024, 49: 1-16.

[3] 何广顺，周秋麟. 可持续蓝色经济的定义和内涵[J]. 海洋经济，2013, 3(4): 9-18.

[4] 中国环境与发展国际合作委员会. 碳中和愿景下可持续海洋治理：海洋治理专题研究[R]. 北京：中国环境与发展国际合作委员会，2024.

[5] Bennett J N, Cisneros-Montemayor M A, Blythe J, et al. Towards a sustainable and equitable blue economy[J]. Nature Sustainability, 2019, 2(11): 991-993.

[6] Keen M R, Schwarz A, Wini-Simeon L. Towards defining the blue economy: practical lessons from Pacific Ocean governance[J]. Marine Policy, 2018(88): 333-341.

[7] 阳立军. 浙江舟山群岛新区海洋经济与蓝色金融发展研究[M]. 北京：海洋出版社，2015: 18-20.

[8] 张涛，雷方宇. 海洋新兴产业投融资发展研究：基于江苏实践的模式及对策[J]. 当代经济，2021(12): 66-69.

[9] 李磊磊. LNG 船项目融资租赁模式应用研究[D]. 哈尔滨：哈尔滨工业大学，2019.

[10] 邹睿. 融资租赁在我国船舶融资中的应用[J]. 科技和产业，2011, 11(1): 25-28.

[11] 蒋仲，邹雪莲. 我国船舶租赁行业现状与发展趋势[J]. 世界海运，2022, 45(1): 31-34.

[12] 郇长坤，史娜颖，余姝. 海洋产业投资基金运行机制分析与政策建议[J]. 中国渔业经济，2015, 33(2): 44-51.

[13] 赵昕，白雨，李颖，等. 我国海洋金融十年回顾与展望[J]. 海洋经济，2021, 11(5): 76-89.

[14] Winther J-G, Dai M H, et al. Integrated ocean management[R]. Washington: World Resources Institute, 2020.

● **本讲作者：**孙传旺

第五篇

海洋与治理

随着科技的发展与社会的进步，人类利用海洋的能力不断增强，新的问题也随之浮现。这些问题一方面体现在人-海关系上，一方面体现在海洋事业中人与人、国与国之间的关系上。

海洋是世界上最大的自然生态系统，也是人类发展过程中最重要的"伙伴"，对推动经济发展、维持生物多样性有着重要意义，对海洋进行可持续管理是保护蔚蓝地球的关键。因资源过度开发和环境保护不力，海洋环境面临着严重的威胁，形势相当严峻。第十六讲通过分析海洋资源多样性的重要价值以及开发和管理不当造成的环境问题，全面阐述海洋科学管理的重要性，并逐步阐释海洋科学管理的内涵，如何解决海洋环境可持续问题，何为科学的海洋管理模式，有助于读者了解如何科学地管理海洋。

在全球各国多年的探索实践下，一种新型的海洋管理模式诞生。作为推进全球海洋可持续发展的有效工具，海洋综合管理的实施意义深远，涉及主体广泛。第十七讲主要介绍海洋综合管理的概念，探讨海洋综合管理在全球尺度的发展历程，呈现具有中国特色的海洋综合管理实践。具体将从海洋综合管理的基础理论、国际层面合作及中国实践三个部分较为全面地介绍海洋综合治理，使读者从中获取海洋管理的相关知识。

海洋法是国际法中最古老的部门法，也是与各国海洋权益的维护密切相关的国际法。根据《国际法院规约》第38条第1款，国际海洋法的渊源包括国际条约、国际习惯、一般法律原则，以及作为辅助渊源的司法判例和国际公法学家学说。第十八讲将从国际涉海条约与制度、区域涉海条约与制度以及主权争端和海洋划界等三个方面对海洋法与海洋权益问题进行介绍。

第十六讲 科学地管理海洋

海洋慷慨无私地给予人类赖以生存的有限资源，然而不当的资源开发方式给海洋环境带来了种种问题。海洋资源开发需要管理，但没有科学理念的管理往往难以取得成效，缺乏有效的约束和追责机制使得全球海洋管理形同虚设。为守护我们共同的海洋，除了"保护海洋，人人有责"的口号，科学知识的作用亦不可小觑。了解海洋并寻找科学有效的管理方式，对于实现海洋开发和保护并存、人与自然和谐共生的可持续发展意义重大。

第一节 海洋可持续发展面临的问题

在地球上，人类的发展步伐已经从陆地迈向了大海。但由于粗放、无序的海洋开发与管理方式，这颗美丽星球的蓝色部分也受到破坏，间接影响了海洋的可持续发展。

一、海洋资源过度开发

海洋资源并非无穷无尽，一些案例展示了海洋资源过度开发导致的恶果。

1."消失"的金枪鱼

作为最具代表性的海洋生物类群，海洋鱼类以多种形式进入了人类的生活，从直观的鱼肉食用，到提取鱼类成分制药品、化妆品、肥料、饲料乃至建筑材料，人类已经与海洋鱼类紧密相连。而在这一切的背后，隐藏着人类对鱼类资源的过度索取。

在全球范围内，金枪鱼罐头是消费者喜闻乐见的鱼类罐头食品，来自海洋的优质蛋白质以这一形式输往内陆、登上餐桌。巨大的需求量刺激了全球金枪鱼捕捞业的发展，其产量与交易额在全球海洋捕捞渔业与全球海产品总交易额中均占据显著比重。

菲律宾的金枪鱼相关产业发达，金枪鱼罐头的加工与出口为其国内劳动力提供了大量岗位，带来了不少利润。然而，非法捕鱼在菲律宾屡禁不绝，这些缺乏监管的捕鱼业很可能为金枪鱼资源敲响丧钟。

非法捕鱼的渔船通过放浮标吸引鱼群，用底拖网围捕它们。其中混杂的大型金枪鱼体型尚小的幼鱼，并没有被放回海里，而是与小型金枪鱼一起被加工成罐头。这使得许多大型金枪鱼还未有机会繁衍下一代就被捕获，进而逐步导致种群规模锐减。久而久之，渔民能捕到的金枪鱼体型越来越小，金枪鱼捕捞业的产量不断下降。若放任这一状况，由金枪鱼带来的繁荣也将随金枪鱼资源的枯竭而衰落。这样的悲剧在人类共同生活的蓝色星球上并非个例。

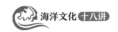

2. 沙砾有尽

作为当代土木工程最主要的材料之一，混凝土在城市建设中厥功至伟。沙砾可谓是混凝土的"骨骼"，建筑领域对其需求巨大。海沙相较于河沙具有储量上的优势，经过淡化等处理后，海沙的应用场景广泛。根据联合国环境规划署的统计，人类每年从采石场、矿坑、河流、海岸线和海洋环境中开采400亿～500亿吨沙子①，用于制造混凝土和玻璃或建造人工海滩、修复海岸线，但其中海沙的开采速度远远超过了其补充速度，这样的开发方式是不可持续的 [1]。曾几何时，哲人以恒河之沙比喻无穷之数，如今，人们愈加意识到，即使是更加广袤的海洋中的沙砾，也并非无穷无尽。

随着河沙资源日益枯竭，马来西亚政府相继颁布了多项针对河床采沙的禁令。然而，这些措施并未能有效遏制非法采沙活动，反而促使采沙集团将目光转向更为辽阔的海洋，加剧了海沙的非法开采问题 [2]。2017年，马来西亚槟城至柔佛州的马六甲海峡水域频繁发生非法采沙行为。过度无序采沙，将会引发海岸线后退、海堤崩塌等一系列连锁反应，同时还会给沿海地区居民的生产生活带来巨大的隐患 [3]。

除以上案例外，对海洋资源的过度开发还表现为填海造地占用海洋空间资源、为获取林业资源和养殖空间砍伐红树林等形式，这些全球性的问题所产生的后果触目惊心。平心而论，人类也是自然的一部分，在资源过度开发利用带来的不良后果面前，每个人都将是受害者。

二、海洋环境保护不力

尽管海洋生态系统具有一定的自我修复能力，但随着人类改造自然能力的增强，对海洋环境施加的影响超出了其短时间内的修复能力及范畴，海洋环境保护刻不容缓。

1. 海上的黑色"死神"

被誉为"工业血液"的石油是现代社会不可或缺的资源，除作为重要的动力燃料，石油化工产品也与日常生活的衣食住行密切相关。即便目前全球的能源结构正向新能源转型，但仍需正视石油仍是人类主要动力来源的现实。海洋开采石油在全球石油总开采量中占有重要地位。根据国际能源机构的数据，截至2023年，海洋石油开采量通常占全球石油总产量的30%左右。

2010年，由于油井材料使用不当，英国在墨西哥湾租用的钻井平台遇到井喷，因抵挡不住压力而产生爆炸，大量原油随后流入墨西哥湾。泄漏的原油在海洋上漂浮，面积不断扩大，导致墨西哥湾沿岸众多湿地和海滩被毁，海洋生灵涂炭，由此造成的灾难和影响短时间内难以消除 [4]。同时，由于原油泄漏的污染，渔业活动长时间无法进行，相应的水产品价格飙升也给民众日常生活增加了大量成本。

2. 珊宫螺殿的崩溃

像2010年墨西哥湾漏油事件的海洋生产安全事故也许可以预见并避免，但人类在陆地上的经济活动对海洋环境的影响却是无孔不入的。

随着工业的发展，大量温室气体被排放，导致了全球变暖，海水温度整体升高。珊瑚礁白化是这一过程最为显著的变化。当海水温度较长时间高于正常温度时，造礁石珊瑚与虫黄藻精妙的共生关系被打破，

---

① https://www.unep.org/news-and-stories/press-release/unep-marine-sand-watch-reveals-massive-extraction-worlds-oceans

失去后者营养供应的珊瑚变得苍白乃至死亡，这将对世界各地处于脆弱状态的珊瑚礁造成毁灭性的后果。[5]

此外，温度的升高增强了海水对二氧化碳的吸收能力，进而导致海水酸化。螺、贝类等软体动物利用碳酸钙构筑它们千姿百态的贝壳，以发挥保护、运动、摄食等功能。在海水酸化的影响下，贝壳的发育容易畸形，这使得螺、贝类面临着缺氧、感染和难以摄食等威胁。

除全球变暖、海水酸化等宏观变化外，人类排放生活污水、抛弃塑料包装等行为亦对海洋环境产生不容忽视的影响。2023年，日本政府单方面启动福岛第一核电站核污染水排海，其潜在危害仍未可知。海洋将各国人民连接成安危与共的命运共同体，因此海洋环境保护关乎全球生态安全和各国人民生命健康，非一国之"私事"。

第二节　海洋科学管理的必要性

通过媒体报道或经由口耳相传，人们在日常生活中对海洋可持续发展的个案有所耳闻。这些案例折射出的是与我们的生活有着千丝万缕联系的海洋科学管理的必要性问题。

一、海洋资源的多样性

海洋生态系统滋养形态各异、种类繁多的生物。每一个种群，不仅在生态系统中扮演着至关重要的角色，而且为人类提供了重要的食品来源，如鱼、贝类、海参、虾蟹等[6]。此外，海洋生物多样性蕴藏着巨大的医疗潜力，众多海洋生物体内含有可能对抗疾病的有效成分，这对于新药物的研发具有极其重要的价值。

海底蕴藏的石油、天然气以及各类矿物质，是现代工业动力与原材料的主要来源。丰富的海洋矿产资源，如金、银、铜、铅、锌、多金属结核、滨海砂矿等，对现代工业有着不容忽视的支撑作用[7]。海水中含有的盐分与矿物质，是化工生产不可或缺的原料。同时，海洋还是潜在的清洁能源库，其中的波浪、潮汐、海温差等所蕴含的能量正在被研究和利用，为寻求可持续能源解决方案提供了新的思路[8]。绚丽多彩的珊瑚礁，拥有"海底园林"之称，吸引着无数潜水爱好者。美丽的海滩，吸引着世界各地的游客。蔚为壮观的悬崖峭壁与海蚀地貌，为摄影师和探险者提供了壮丽的自然画卷。

海洋石油污染如何影响环境？

图 16-1　海滩上的油污

石油污染物进入海洋后（图16-1），会造成多方面的危害。首先，石油在海面形成的油膜阻碍大气与海水之间的气体交换，影响了海面对电磁辐射的吸收、传递和反射，同时遮挡了阳光，降低了浮游植物的光合作用强度。其次，石油污染物易黏附于海鸟、海兽体表，破坏其羽毛、毛发的保温、疏水能力，毒性物质进入体内可影响海洋生物的正常代谢。最后，石油的缓慢自然降解进一步放大了上述危害，长期覆盖在极地冰面的油膜，会增强冰块吸热能力，加速冰层融化，进而对全球海平面变化和长期气候变化造成潜在影响[9][10]。

海洋生物与非生物资源不仅丰富了食品种类，还广泛应用于饲料、化工、医药、环保、能源、旅游等行业，是满足人类日益增长美好需求及海洋可持续发展的重要基石。然而，随着开发需求的上升和生态环境的演变，这些海洋资源的处境不容乐观。

二、不当开发与环境问题

海洋生物资源的不当开发往往会引发一系列问题，甚至导致资源枯竭。其中，以渔业资源开发问题最具代表性。

渔业资源是海洋生物资源的重要成分，与人类生存息息相关。海洋渔业资源由于其生态价值和经济价值，对全球许多国家而言是不可或缺的，其不仅维持着海洋生态系统的平衡，也是人类饮食文化的重要组成部分。

从古老的竹筏到现代化的捕捞船只，人类与大海的互动关系不断变化。在早期，渔业以小规模、多样化的捕捞方式为常态，渔民驾驶扁舟捕鱼为生，每一张盈满的渔网都是海洋的馈赠。然而，随着大型渔船、声呐、底拖网等强效的捕捞工具大显身手，人类对海洋渔业资源的开发强度大幅上升。

"限网行动"迫在眉睫，因为渔业资源的衰减会影响人类经济社会的发展。以渔业为生计的民众，无时无刻不感受着资源衰减带来的深远影响。因此，为了保护海洋渔业资源，越来越多的人呼吁采取严格的管理措施，取缔不当的开发方式，采用可持续的捕捞方法。

海洋非生物资源指的是除了生物外，在海洋中发现的各种非生物性质的资源，如海水化学资源、海洋矿业资源、海洋空间资源等。这些资源在很多领域都对人类经济社会有重要价值，海水制盐、制镁、提钾很大程度弥补了陆域资源的不足，石油、天然气及海洋矿物是国家工业经济的命脉，海岛海岸线、港口港湾等海洋空间承载着生态、文化、防护和休闲等多重价值[11]。

人类社会的发展离不开这些非生物资源的开发与利用。然而，在利用这些宝贵资源的同时，我们也面临着环境挑战的考验。海上钻井的输油管道破裂会导致石油泄漏，造成严重的海洋污染；深海勘探、开发造成的海底扰动和废弃物排放会破坏海底生态环境；海洋空间的开发可能引起自然地貌破坏、生物栖息地退化。开发过程中的环境问题不仅对海洋生态系统造成严重后果，还可能对人类的健康和福祉产生长远影响。

底拖网捕捞与"投石"救海

底拖网捕捞是一种通过拖动一张大网在海底搜捕目标鱼类和底栖生物的捕捞方法。它虽然可以获得大量渔获物，但对海洋生态的损害巨大。

拖网往往配有很重的沉子纲，有些甚至会直接插入海底泥中[12]。拖网随着渔船向前推移，如同犁耙一般在海床上留下了一道道伤疤，这无异于给海底"脱了一层皮"。拖网所到之处，珊瑚礁、底栖鱼类、虾蟹类、贝类等等全部都被一网打尽。即使有些海洋生物侥幸逃过一劫，但它们原本依赖的生态系统早已遭到破坏，生存空间丧失，成活机会也大大降低。同时，由于这种捕捞方式缺乏选择性，"无辜"的非目标物种常常被捕获[13]。

面对底拖网捕捞的巨大危害，许多地区已加大管理力度对其加以限制。例如，山东省从1980年代开始，在生态严重退化的海域投放人工礁石。通过在平坦的海床上制造屏障，增加底拖网捕捞的难度，进而降低其对海洋生态带来的危害[14]。

生态环境保护与生态文明建设没有终点，最好的保护措施永远是提前预防。因此，我们需要倡导科学的海洋管理，实施有效的生态保护措施，并以可持续理念对待生态环境保护与开发利用之间的关系[15]。

三、全球海洋治理的碎片化

6世纪时，东罗马帝国颁布了《查士丁尼法典》，第一次以法律形式确立海洋的法律性质，宣布海洋为人类共有[16]。17世纪，格劳秀斯提出"海洋自由论"，认为海洋是不能因为占领而被占有的，主张海洋是国际公共领域，并且所有国家都有权自由地进行航行与贸易，无须受到其他国家的阻挠[17]。这一理论对用海权益提供了宽松的法律环境，使得人们倾向于尽可能无限制地使用海洋资源，这与当时全球海上力量追求拓展贸易路线和殖民地的时代背景相契合。

海洋管理侧重于具体的海洋资源开发和利用，而海洋治理则注重海洋的整体规划和法律的制定，海洋治理一般用于全球尺度。随着时间的推移，全球海洋活动增加，无序开发和过度利用导致海洋环境问题逐渐凸显，如海洋污染、资源枯竭、生态破坏等，人们对海洋管理的需求愈发紧迫。由此，"海洋管理论"应运而生并成为主流观点，其聚焦于通过管理和合作来确保海洋资源的可持续利用、维护海洋环境的健康以及满足后代需求，重视生态保护和资源的长期利益。海洋管理论理念促进了《联合国海洋法公约》在1982年通过，并最终于1994年生效。公约涵盖广泛的海洋治理范畴，包括海域利用、海洋界限划分、沿海国家权利、海洋资源保护、海洋环境保护等①。

从海洋自由论到海洋管理论的演变体现了人们从"海洋可以无限开发"到"海洋开发需要治理"的观念转变，也反映了国际社会在海洋利用观念和行为上的成熟，认识到海洋开发不能放任自流，需要通过适当管理手段以保持海洋资源的可持续利用。然而，对于海洋治理而言，仅有理念的转变是不够的，管理机制的不健全会造成诸如"公地悲剧"的海洋资源利用问题。

类似地，随着新能源产业的发展，各国对锂、镍、钴等重要矿产需求的日益增长，陆上资源供需矛盾突出，一些国家和国际矿业公司开始关注深海矿产资源的开采。由于该行业存在技术壁垒，矿产开发的公平性仍有待商榷。此外，海洋矿产资源的开发活动对海底的影响也值得我们关注。

值得注意的是，倘若仅从开发者视角来看，海洋资源的开发利用

> ### "公地悲剧"
> ### ——公海捕鱼
>
> 海洋这一巨大的宝藏，纵使它广袤无比，能够容纳的空间和资源依然有限。倘若人们都具有使用权，但没有权力阻止其他人使用，此时每一个人都倾向于过度使用，从而造成资源的枯竭，即海洋的"公地悲剧"。
>
> 公海渔业资源状况正面临严峻挑战。联合国粮农组织2020年报告指出，公海渔业已遍及约48%的公海面积，而其中有三分之一的种群已被过度捕捞[18]。公海渔业资源的捕捞每年会造成大量的海鸟、鲨鱼、海洋哺乳动物、海龟等意外死亡。此外，公海生物多样性正面临危机，亟须得到有效保护[19]。
>
> 目前各区域性渔业管理组织相继成立，几乎涵盖了所有公海作业海域，在限制公海捕鱼自由、养护渔业资源方面将发挥越来越大的作用[20]。但各地海洋渔业状况仍不容乐观，如依然存在日本非法捕鲸等不法行为。

---

① https://www.un.org/zh/documents/treaty/UNCLOS-1982

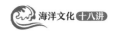

日本捕鲸事件

1948年，国际捕鲸委员会（International Whaling Commission, IWC）成立，并于1986年通过了《全球禁止捕鲸公约》，禁止缔约国从事商业捕鲸。日本于1951年加入IWC。不过，作为传统的捕鲸大国，日本一直利用禁令的漏洞，持续在南极海域及西北太平洋海域以科研的名义捕杀鲸鱼。科研捕鲸是IWC决定暂停商业捕鲸后，分别于1987年在南极海、1994年在西北太平洋开始的。科研捕鲸允许捕捞鲸鱼，以收集生存数量和年龄等科学数据。作为"科研捕鲸"的副产品，日本国内一直销售捕获的鲸肉。截至2018年，日本共捕获了小须鲸和塞鲸等总计1.7万头以上，已远远超出了"科研"需要[23]。

2018年12月，日本政府宣布退出《国际捕鲸管制公约》。2019年6月30日，日本正式退出IWC，停止在南极和太平洋北部用于"科学目的"的捕鲸活动，并于同年7月1日开始恢复鲸鱼的商业捕捞。日本是唯一一个在没有IWC许可的情况下，仍然进行商业捕鲸的国家。冰岛和挪威也是允许商业捕鲸的国家，但冰岛已经宣布将于2024年关停捕鲸产业①。

都是从自身需求出发。这看似合情合理，但没有限制的开发最终必将导致全人类公共利益的受损。因此，只有更具约束力且行之有效的海洋公共管理机制才能破解"公地悲剧"困局。

如何规范海洋开发活动、维护生态平衡以及推动可持续发展，是全球发展共同面临的挑战。在海洋管理论背景下，《联合国海洋法公约》作为国际海洋治理的基础，作出了重要贡献，其设立的规则旨在共同管理海洋，但是目前的情况并不理想。问题在于，全球海洋治理的规则杂乱无章，不同组织和机构的规定之间可能存在冲突，这让保护海洋变得更加困难。

各国往往各行其是，没有形成统一的海洋治理共识，这就必然会面临一些难以协调一致的规定和法律。同时，《联合国海洋法公约》本身也有滞后性和碎片性，其本身并不是一个统一、连续的指导体系，使得全球海洋治理也受到了影响，既不高效也不协调。

此外，《联合国海洋法公约》缔约国在进行海洋管理活动时，其履约能力也往往受到自身国家利益限制，海洋资源开发合规性也难以评估、监督、追责，最终使得全球海洋治理活动变成了一个个破碎的"鸵鸟政策"。当前的海洋管理机制无疑存在缺陷，若不建立更为整合与协作的海洋治理方式，海洋治理碎片化问题便难以解决[21]。

要解决全球海洋治理碎片化问题，首先必须树立全球海洋治理共识，只有在共同认可的价值观引导下，世界各国才能自觉、积极地进行可持续的海洋开发活动。同时，应建立包容性合作机制，弥合碎片化治理体系，明确各国进行海洋开发活动的责任与义务，完善细化关于海洋生物多样性保护、海洋资源可持续利用与开发等具体内容[22]。

从海滨的石油泄漏，到全球的竞争捕捞，这些问题共同映射出一个无法回避的现实——海洋资源与环境问题已经达到了一个开发与保护的紧张平衡点。这些生态环境的亏损和资源的枯竭，无不向我们强烈呼吁采取更加科学的海洋管理方法，以及合理审慎的海洋开发策略。

第三节　如何科学地管理海洋

随着科技的发展和人类对海洋资源依赖性的提高，海洋的科学管理逐渐被提上议程。它要求人类通过科学的方法和手段，对海洋资源

① https://iwc.int/management-and-conservation/whaling/permits

进行合理开发、利用和保护，同时对涉海的人类活动加以规范，以实现海洋经济的可持续发展。

一、海洋科学管理的基础

海洋生态系统作为地球上最复杂、最脆弱却又最重要的生态系统，其稳定性和健康状况直接关系到全球生态平衡和全人类幸福。随着社会发展，人们对海洋的开发行为变得越来越错综复杂，加上可利用的海洋资源始终是有限的，不同海洋行业之间、经济发展与海洋生态环境保护之间的矛盾问题开始逐渐显现。而管理则是解决这些冲突的关键手段，海洋管理可以建立一种协调、规划和组织这些复杂性的框架，使决策制定流程化和规范化，使人们在应对挑战时更加理性，使社会秩序和谐，使资源价值最大化，使海洋文明代代相传。

不可否认，海洋生态系统的自我调节能力使其能够承受一定程度的负面影响，但当气候变化、海水污染、海岸线侵蚀等各种不利影响共同作用时，海洋明显无力抵挡。海洋科学管理则可以同时平衡海洋资源的开发利用以及海洋生态环境的保护，实现海洋与人类的共赢。面对日益严峻的海洋问题，我们必须加强海洋科学管理，以实现海洋永续发展，为人类的未来创造更多可能。

随着全球海洋资源开发的逐渐深入以及科技水平的提高，卫星遥感、深水探测、遥控潜水、声呐等新兴技术逐渐成为人类探索海洋的有力工具。但一些科学工具的不当使用，会对海洋资源造成不可逆的破坏。因此，将科学合理融入海洋管理中，是21世纪海洋管理走向可持续的必由之路。

科学使用海洋开发工具需要掌握相关海洋科学知识和技术。首先需要了解海洋生态系统的基础结构，了解不同海洋、海岸带生态系统之间的相互作用、反馈机制。只有充分掌握海洋相关知识，全面了解海洋环境变化机制，才能更好地选择并利用好这些工具。

科学使用海洋开发工具需要选择合适的工具和方法，因为不同的海洋开发类型需要使用不同的工具和方法。例如，遥感技术、生态系统模型、生物多样性监测等工具可用于评估某个海洋保护区的生态系统健康状况，以便根据监测结果制定相应的管理策略。但科学使用工具需要注意数据的质量和可靠性。海洋管理需要大量数据支持，这些数据的质量和可靠性直接影响决策的正确性和管理的成效。因此，应

海洋垃圾形成的"新大陆"

除人们熟知的七大洲以外，在美国加利福尼亚和夏威夷之间的太平洋洋面上，竟然出现了一片"新大陆"——"大太平洋垃圾带"（Great Pacific Garbage Patch）。根据科学家的估算，这$1.6 \times 10^6 \text{ km}^2$的海域是全球最大的海洋垃圾漂浮区，聚集了4.5万~12.9万吨的海洋塑料垃圾[24]。

"大太平洋垃圾带"中的塑料垃圾来自随水流汇入海洋的陆源垃圾以及货船、渔船在航行、生产中产生的废弃物。这些垃圾已引起了严重的生态危机，成为棘手的世界级环保难题。由于缺乏有效的国际合作和协调机制，各国在处理塑料污染问题上行动不一，政策实施不力。尽管有《国际防止船舶造成污染公约》等国际协议，但实际执行和监管仍存在较大差距。

目前，全球海洋治理机制相对碎片化，各国和地区的管理标准和执行力度不一。例如，发达国家在塑料废弃物管理上有较严格的法规和执行措施，而许多发展中国家由于资源和技术不足，管理水平较低，导致大量塑料废弃物进入海洋。此外，不同区域的管理机构之间缺乏有效的协调与合作，使得跨区域的污染问题难以得到及时有效的解决。

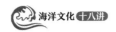

选择可靠的数据来源、科学的数据采集和处理方法，以确保相关数据的质量和可靠性。基于对科学数据的全面分析和科学解读，便可更好地了解海洋生态系统和海洋环境的变化趋势，科学合理地管理海洋。

海洋管理政策是指导和规范海洋资源开发利用的法律、规章和政策框架，在海洋管理的各个层面都发挥着重要作用。它们不仅设定了海洋资源开发、环境保护、经济活动和国际协作的法律基础和操作指南，更是保障海洋可持续发展的关键驱动力。海洋管理政策通过明确基本原则和目标，指导海洋活动的规划与执行，以实现海洋资源的合理分配和海洋环境的有效保护。合理政策的科学制定与有序执行有助于应对海洋管理中的诸多挑战，如海洋污染、生态系统损害及资源过度开采等。借助立法和政策手段，可在特定区域设立海洋保护区，开展海洋环境监测与评价，设定资源利用的限制和标准，在保护特定海洋资源的同时可促进海洋技术的创新和国际海洋治理的合作。此外，海洋管理政策还能推动海洋经济的健康增长和转型升级。通过制定相关产业政策、投资政策、技术支持和金融扶持政策，鼓励海洋资源的可持续利用和海洋产业的绿色发展。在维护国家海洋权益方面，海洋管理政策也起到了关键作用，包括确定海洋边界、参与权益谈判和处理海洋争议等，以捍卫国家海洋利益。

二、海洋资源的科学管理

1. 海洋资源的可持续开发

海洋是一座蕴藏着大量资源的宝库，数千年以来人类对海洋资源的攫取从未停止。自工业革命以来，人类对海洋的大规模开发和对海洋资源的无节制掠夺已经严重破坏了海洋生境，过度捕捞、污染物排放等问题使海洋生态系统面临崩溃的危险，无序的资源开发行为也导致了海啸、风暴潮等自然灾害频发，对人类社会造成了重大的损失。因此，对海洋资源进行科学的可持续开发利用是国际社会的共同责任。

首先，决策者扮演着关键的角色。各国政府有责任制定完善的法律法规体系，规范海洋资源的开发和利用，建立健全监管机制，加强对海洋资源开发的监管，避免非法捕捞和开采行为的发生。政府还有义务加强对公众的宣传教育，提高公众对海洋资源保护的认知水平，引导公众参与海洋资源的保护和利用。

① https://www.encyclopedie-environnement.org/en/life/mathematical-models-can-help-manage-fishing/

其次，科学研究是实现海洋资源可持续开发的重要保障。通过开展全方位的科学研究，认识海洋资源的不同特性及其生态与经济价值，深入了解海洋生态系统，探索更加科学、高效、绿色、可持续的海洋资源开发利用技术与工具，并赋能科学的海洋管理。

此外，涉海产业应该在提升自身环境保护意识的基础上，采用更加环保、高效的生产方式，积极参与并共同推动海洋资源的可持续开发，保障资源的长期供应。

总而言之，海洋资源的可持续开发需要政府、科研机构、企业和国际社会的共同努力。只有各方积极参与，通过科学、合理、可持续的方式开发利用海洋资源，才能实现经济发展和环境保护的双赢。

2. 海洋环境保护策略

地球生命的摇篮——海洋，作为地球上最大的生态系统，拥有丰富的生物多样性和独特的生态功能。对海洋进行科学管理的主要目标之一就是对海洋及沿海生态系统施以科学方法进行保护。为应对经济发展以及气候变化对海洋生态系统带来的挑战，全球各国纷纷制定相应的海洋环境保护策略。这些策略涉及海洋生态保护、海洋资源可持续利用、海洋污染控制等方面，有利于保护海洋生态系统、防止海洋污染、维护海洋生态平衡，保障人类的生存和发展。例如，泰国政府近年来积极发展海洋塑料回收行业，通过与商业部门的合作，对海洋塑料展开回收和追踪，以减少微塑料对海洋造成的负面影响。

虽然全球已经有一系列的海洋环境保护策略，但海洋生态系统的保护仍面临巨大挑战。首先，海洋环境的复杂性使得海洋污染的监测和治理变得困难。其次，由于海洋环境的广阔性，海洋污染的扩散速度快、波及范围广，因此需要及时的响应及治理。最后，海洋环境保护需要全球合作，因为海洋是连通的，且海洋生态系统及污染等事件往往跨越国界，需要各国共同努力才能取得良好的效果。

未来的海洋环境保护策略将会更加注重海洋生态系统的整体保护，包括海洋生态保护区建设、海洋生态修复、海洋生态补偿等。同时，未来海洋保护策略也会更加注重海洋污染的源头控制，通过立法、行政和司法手段，严厉打击各类海洋污染行为。此外，政府相关部门还会加强海洋环境监测和预警，以便及时发现和解决海洋环境问题。最后，由于海洋的广阔性及连通性，海洋保护和治理绝对不是某个国家

---

① https://www.portugalproperty.com/news-blog/portugal-protects-marine-paradise

萨维奇群岛
海洋保护区

位于北大西洋的萨维奇群岛是一座生态宝库。葡萄牙政府在推动经济发展的同时，也日益意识到海洋保护的重要性。为了守护这片蔚蓝的宝藏，早在1971年，葡萄牙政府就在萨维奇群岛建立了葡萄牙国内的首个自然保护区，随后成立了葡萄牙蓝色海洋基金会，进一步加大了对保护区的投资与管理。通过定期的科学监测和研究，葡萄牙致力于促进海洋生态系统的修复和自然演替，以此保持海洋生物的多样性和丰度。如今，萨维奇群岛海洋保护区的边界已经扩展到群岛周围的12海里，总面积达到了2677 km²，成为欧洲规模最大的海洋保护区之一。①

的责任。只有全球各国及国际社会各界共同努力，才能携手共同解决全球海洋问题，实现海洋可持续发展 [26]。

三、科学的海洋管理模式

1. 海洋管理模式的进步

全球海洋管理自1940年代末随全球化进程而兴起，经过多年的探索，国际海洋秩序逐渐走向规范。目前，全球海洋治理以联合国为核心，由《联合国海洋法公约》《捕鱼及养护公海生物资源公约》等国际公约为秩序，联合国教科文组织政府间海洋学委员会等国际组织通过促进国际合作、分享海洋管理实践经验等方式，以期在全球范围内实现海洋的科学管理 [27]。

鉴于人类施加于海洋的多重压力，如何有效从全球层面治理海洋，从国家层面管理海洋都是不可回避的问题。管理海洋和沿海地区的人类活动时，采用生态系统方法可使用多种工具和策略，包括划分生态区、建立一致的海洋保护区或管理区系统、海洋分区和实施渔业管理等。环境影响评估和战略环境评估也可以确保拟议活动不会导致过度的环境退化。总的来说，关键的挑战在于，如何将各部门采取的各种管理方法整合成一个以生态系统为核心的全面且有凝聚力的规划①。

海洋综合管理是当前国际上最流行的海洋管理模式，1992年召开的联合国环境与发展大会指出了海洋综合管理对全球海洋可持续发展的重要性。目前，全世界100多个国家对海洋及海岸带地区开展了综合管理计划。2002年召开的世界可持续发展首脑会议要求世界各国进行海洋综合管理时，应积极采用基于生态系统的管理（ecosystem-based management）方法 [28]。该方法强调生态系统内部各组成部分之间的相互作用和相互依存，以及生态系统与其周围环境之间的联系，考虑生态系统的整体特征和动态变化规律。相信不久的将来，融合基于生态系统的管理与海洋综合管理的模式将成为海洋管理实践的主流方向。

2. 全民参与的海洋管理

一个国家要想做好海洋管理，必不能忽视民众的参与。公民参与是政府避免决策失误、提升海洋管理效率的重要保障，是实现人海和谐的必由之路。公众可以通过参加海洋保护志愿者组织、参与海洋发

① https://www.un.org/zh/chronicle/article/20702

展规划制定、参与海洋环境监测和调查等方式，积极参与海洋生态环境保护。公众还可以通过参与海洋管理的决策过程，提出自己的意见和建议，为海洋管理提供参考和支持。

海洋事业发展有其自身规律，特别是在科技创新发展、环境千变万化的今天。面对复杂的海洋生态系统，单靠政府和专家的海洋管理肯定是不能长久且不可持续的。民众的积极参与可及时对管理决策进行客观反馈，使管理政策及模式不断得到改善。沿海社区的居民或许没有良好的专业知识储备，但长期的居住环境会使他们受到良好的传统知识熏陶，而这些传统的、具有地方性的知识则是因地制宜的，是有效的海洋管理真正需要的。非政府组织也在推动全民参与海洋管理中发挥着作用，通过开展海洋保护项目、推广海洋科普知识等方式，提高公众对海洋保护的意识和认知[29]。

思考题

1. 海洋生物资源与非生物资源的开发分别面临哪些问题？
2. 科学技术如何助推海洋的科学管理？
3. 公众如何参与海洋管理？

参考文献

［1］ UNEP. Sand and sustainability: finding new solutions for environmental governance of global sand resources[M]. Geneva: United Nations Environment Programme, 2019: 21.

［2］ Ashraf M A, Maah M J, Yusoff I B, et al. Sand mining effects, causes and concerns: a case study from Bestari Jaya, Selangor, Peninsular Malaysia[J]. Scientific Research and Essays, 2011, 6(6): 1216-1231.

［3］ Bonne W M I. European marine sand and gravel resources: evaluation and environmental impacts of extraction: an introduction[J]. Journal of Coastal Research, 2001(51): 1-4.

［4］ 刘景凯. BP 墨西哥湾漏油事件应急处置与危机管理的启示 [J]. 中国安全生产科学技术, 2011, 7(1): 85-88.

［5］ Hoegh-Guldberg O. Climate change, coral bleaching and the future of the world's coral reefs[J]. Marine and Freshwater Research,1999, 50(8): 839-866.

［6］ 卢晓强, 胡飞龙, 徐海根, 等. 我国海洋生物多样性现状、问题与对策 [J]. 世界环境, 2016(S1): 19-21.

［7］ 吴美仪. 海洋矿产资源的可持续发展 [J]. 中国资源综合利用, 2018, 36(9): 67-69.

［8］ 刘媛, 郭振. 能源转型不可忽视海洋能开发 [N]. 中国能源报, 2022-12-19(6).

［9］ Zhang B Y, Matchinski E J, Chen B, et al. Marine oil spills:oil pollution, sources and effects[M]//Sheppard C. World seas: an environmental evaluation. 2nd ed. San Diego: Academic Press, 2019: 391-406.

［10］ Camphuysen C J, Heubeck M. Marine oil pollution and beached bird surveys: the development of a sensitive monitoring instrument[J]. Environmental Pollution, 2001, 112(3): 443-461.

［11］ 徐冰. 我国海洋资源开发存在的主要问题及对策研究 [C]// 中国太平洋学会海洋维权与执法研究分会. 中国太平洋学会海洋维权与执法研究分会2016年学术研讨会论文集. 沈阳: [出版者不详], 2017: 16.

［12］ Clark M R, Althaus F, Schlacher T A, et al. The impacts of deep-sea fisheries on benthic communities: a review[J]. ICES Journal of Marine Science, 2016, 73(S1): i51-i69.

［13］ 黄洪亮, 冯超, 李灵智, 等. 当代海洋捕捞的发展现状和展望 [J]. 中国水产科学, 2022, 29(6): 938-949.

［14］ 李振青, 何炜. 勇于创新 奋发有为 大力推进山东省海洋牧场建设 [J]. 中国水产,2017(11): 4-6.

［15］ 石海莹, 陈周, 吕宇波. 亚龙湾砂质海岸侵蚀监测和评价 [J]. 海洋开发与管理, 2021, 38(12): 80-84.

［16］ 孔令杰. 大国崛起视角下海洋法的形成与发展 [J]. 武汉大学学报 (哲学社会科学版), 2010, 63(1): 44-48.

［17］ 田秋宝. 从海洋自由论到海洋共有论：国际体系转型视域下的海洋规范演进研究 [D]. 天津：天津师范大学, 2016.

［18］ FAO. The state of world fisheries and aquaculture 2020: sustainability in action[M]. Rome: FAO, 2020: 54.

［19］ 姜丽, 桂静, 罗婷婷, 等. 公海保护区问题初探 [J]. 海洋开发与管理, 2013, 30(9): 6-10.

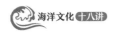

[20] Shi L, Qin H, Liu L T. Development situation and trend of world marine fishing industry and its enlightenment to China[J]. Marina Sciences, 2018, 42(11): 126-134.

[21] 杨振姣 . 全球海洋生态安全形势与治理研究 [J]. 人民论坛 , 2023(20): 14-19.

[22] 郑志华 , 宋小艺 . 全球海洋治理碎片化的挑战与因应之道 [J]. 国际社会科学杂志 (中文版), 2020, 37(1): 174-183.

[23] 包吉氢 . 角色冲突与国际规范演化 : 以国际捕鲸规范变迁为例 [D]. 北京 : 外交学院 , 2019.

[24] Lebreton L, Slat B, Ferrari F. Evidence that the Great Pacific Garbage Patch is rapidly accumulating plastic[J]. Scientific Reports, 2018(8): 4666.

[25] 金之钧 . 碳中和概论 [M]. 北京 : 北京大学出版社 , 2023: 322.

[26] 贾如 , 郝亮 , 郭红燕 . 我国海洋环境社会治理现状及对策研究 [J]. 中华环境 , 2019(12): 63-66.

[27] 吴士存 . 全球海洋治理的未来及中国的选择 [J]. 亚太安全与海洋研究 , 2020(5): 23.

[28] 黄任望 . 全球海洋治理问题初探 [J]. 海洋开发与管理 , 2014, 31(3): 48-56.

[29] 李百齐 . 论海洋管理中的公民参与 [J]. 浙江海洋学院学报 (人文科学版), 2010, 27(1): 1-5.

● **本讲作者：薛雄志**

第十七讲 海洋综合管理与中国实践

海洋是世界上最大的自然生态系统，也是人类发展过程中最重要的"伙伴"。保护海洋、实现其可持续发展，对经济社会的高质量发展、维持生物多样性有着重要意义。在全球各国多年的共同探索与不断实践下，一种新型的海洋管理模式——海洋综合管理应运而生。

第一节　海洋综合管理简论

海洋综合管理是一个涵盖多个领域的复杂议题，包括海洋资源的开发利用、海洋环境保护、海洋生态修复等。究竟什么是海洋综合管理，如何对海洋进行综合管理？这一讲将一一道来。

一、海洋综合管理的背景和概念

1. 海洋综合管理的发展背景

第二次工业革命以来，全球海洋经济活动规模空前扩大，无论是发达国家还是发展中国家，其经济活动由内陆地区向海岸带迁移，海岸带地区的人口持续上升。蓬勃发展的能源开发、海洋运输、旅游娱乐等海洋产业在带来丰厚经济效益的同时，也给海洋带来了前所未有的压力。加之由于全球气候变化，全球海洋健康也面临严峻挑战。在20世纪的绝大部分时间里，全球大多数海洋区域都处于碎片化管理中。由于海洋面积广阔且拥有种类繁多的自然资源，包括商业贸易、旅游、交通、能源开发等在内的多种人类活动都与海洋相关，其管理涉及渔业、环境、旅游、安全、社会事务等超过20种不同的管理部门，而每个管理部门都仅依照某一专项法律法规对海洋履行不同的管理职责。这种管理模式对涉及多个方面的海洋开发利用活动缺乏整体的管理协调，进而造成了海洋资源过度开发、生态系统遭到破坏等一系列问题。传统的单一部门海洋管理模式已经无法满足社会发展对海洋开发的需求，人们急需一种基于生态系统的、综合协调各类复杂人类活动的科学海洋管理模式来实现海洋可持续发展目标。

全球海洋综合管理的发展史可以追溯到1950年代。由于科学技术和经济社会的快速发展，资源、环境等问题频发，生态学科发展迅猛，在传统的理论生态学基础上出现了应用生态学。生态系统管理作为应用生态学的分支也得到快速发展，基于生态系统的海洋管理（marine ecosystem-based management，MEBM）研究也因此成为全球海洋管理研究的热点。早在1980年代，就有学者提出，需以综合的方式对海洋生态系统及其资源进行全面管理。海洋综合管理（integrated ocean management，IOM）的大范围

实践可以追溯到1990年代，当时国际社会已普遍意识到海洋资源可持续利用和保护的重要性。1992年联合国环境与发展大会在巴西里约热内卢召开，大会首次提出了"可持续发展"的概念，会议通过的《21世纪议程》《生物多样性公约》以及《联合国气候变化框架公约》等五个文件均对海洋及海岸带管理提出了可持续发展的目标[1]。在这一契机下，海洋综合管理的概念在全球各国特别是沿海国家逐渐兴起，欧美各国开始对海洋综合管理模式进行积极且深入的探索。美国、墨西哥都对海洋实施了综合管理，欧盟从2006年至2008年连续三年出台《欧盟海事政策绿皮书》《欧盟海事综合政策蓝皮书》《欧盟海洋战略框架指令》等指导性文件，广泛开展海岸带综合管理（integrated coastal management，ICM）的示范项目。1990年代中后期，在对外开放基本国策的指引下，我国注重加强与国际海洋保护组织的交流合作，先后在厦门、海南、广西和广东开展海洋综合管理试点工作，积极探索海洋综合管理的中国特色模式。现如今，全球有100多个沿海国家都因地制宜地对海洋开展综合管理。

2. 海洋综合管理的定义

海洋综合管理是海洋管理的一种模式，它不同于传统的农业管理、工商管理。顾名思义，海洋综合管理是一种综合性的管理方法，它着眼长远，将海洋视为一个整体，全面覆盖各类海洋开发活动，是具有全局统筹协调性质的高层次管理模式。海洋综合管理旨在通过法律、经济、科学、教育等手段，综合各类管理部门功能规划，统筹协调各类海洋资源开发活动，确保海岸带生境的保护与资源开发利用之间的平衡，实现海岸带可持续发展目标，推动全球海洋经济的高质量发展。

海洋综合管理涉及多个领域，如海洋科学、海洋政策、海洋经济、海洋文化等。其中，海洋科学是基础，为海洋综合管理决策及措施提供科学的依据。海洋政策则是指导，规范和约束海洋资源的开发利用行为。海洋经济是支撑，推动海洋产业发展朝蓝色经济转型升级。海洋文化则是纽带，深化人们对海洋的认识和情感认同。

海洋综合管理需要政府、企业、公众等多方参与，形成合力。政府制定相应的法律法规和政策，引导和监督海洋资源的开发利用行为，同时加强海洋科技创新和人才培养，提高海洋综合管理水平。企业积极履行社会责任，遵守法律法规，注重环境保护和可持续发展，推进绿色生产和循环经济。公众增强海洋意识、了解海洋知识，支持海洋保护行动，参与海洋公益事业。

海洋综合管理的实施需要长期坚持和不断改进。只有通过全社会的共同努力，才能够实现海洋资源的可持续利用和保护海洋生态环境的目标，让海洋成为人类美好生活的源泉和未来发展的希望。

二、海洋综合管理的基本原则

1. 可持续发展原则

可持续发展原则是海洋综合管理的核心原则。海洋综合管理时刻秉承着可持续发展原则，制定可持续的管理规划和政策，确保海洋资源的长期利用和保护。截至2021年，超过178个国家通过了《里约宣言》和《21世纪议程》[2]，认可海洋综合管理是对海洋资源进行可持续的管理，执行海洋综合管理的目标就是实现海洋与人类社会的可持续发展。海洋命运共同体理念是人类命运共同体理念在海洋领域的具体实践，是中国为实现人类社会和海洋可持续发展贡献的"中国智慧"。可持续发展正是海洋命运共同体理念与海洋综合管理的重要结合点，也是海洋综合管理的重要原则之一。

2. 经济、环境与社会综合管理原则

海洋综合管理综合考虑了经济、环境与社会三大人类发展的支柱，强调人类命运与海洋命运休戚与共，促进经济、社会、环境三者的协调发展，以实现人与自然、人与社会和谐发展的基本理念。经济可持续发展、保护海洋生态环境、保障人民群众的利益在海洋综合管理中得到充分的体现，唯有如此，海洋综合管理才能走向未来。

3. 国际合作原则

海洋综合管理中的国际合作原则具有坚实的国际法基础。国际合作原则曾多次被载入《联合国海洋法公约》等国际法中，《里约宣言》也重申了国际合作原则，强调各国应本着全球伙伴关系的精神进行合作，以维持、保护和恢复地球生态系统的健康和完善。习近平主席在2019年致信祝贺中国海洋经济博览会开幕时也强调，秉承互信、互助、互利原则，深化交流合作，让世界各国人民共享海洋经济发展成果。

三、海洋综合管理的成效

海洋综合管理是现代政府管理的重要组成部分，它关乎海洋资源的合理配置和有效治理。随着人类活动空间的不断拓展，海洋开发利用的深度和广度也进一步增加，这使得海洋管理的任务变得日益丰富和多样。各国政府通过开展海洋综合管理，取得了一定成效。

首先，通过科学的资源调查和监测，海洋综合管理成功实现了对海洋生态系统的有效保护。通过引入卫星遥感、水声技术等现代技术，对海洋生态系统进行全方位、实时的监测，及时发现并积极应对潜在的问题。各种科学手段的应用有助于防止过度捕捞、防控海洋污染，保护生态平衡，确保海洋的可持续性。其次，海洋综合管理的成效体现在资源的合理利用上。通过科学的规划和管理，对渔业资源开发活动实行合理配额和限时，保证渔业资源的可持续性。同时，海洋综合管理对矿产、能源等其他海洋资源的开发也进行了科学合理的规划，确保了资源的高效利用。最后，海洋综合管理在促进海洋经济可持续发展方面取得了显著成效。通过合理规划和管理，不仅保护了海洋生态环境，也为海洋经济的高质量发展提供了强有力的支撑。海洋旅游、渔业、海洋能源等产业的可持续发展为当地经济带来了新的增长点，提高了海洋经济的整体水平。

中国在海洋综合管理方面进行了积极探索。2001年，全国人民代表大会常务委员会通过了《中华人民共和国海域使用管理法》，确立了海域权属管理、海洋功能区划、海域有偿使用等制度，有效地规范了用海秩序，为我国海洋事业的健康发展提供了有力的法律支撑，标志着中国的海洋综合管理有了法律的保障，走向了法治化的道路。此外，陆海统筹也是中国海洋综合管理的重要方向。陆海统筹是指海洋和陆地两个看似独立的子系统相互结合，形成一个具有生态、资源供给等自然功能和经济、文化、娱乐等社会服务支撑的区域复合系统。在这个系统中，陆地和海洋具有相等的自然和社会价值，海洋甚至已成为人类经济社会的新增长点，不再仅仅被视为陆地产业经济的附属品而被忽略[3]。中国通过制定蓝色国土综合治理

和保护规划，充分认识海洋资源的重要性，将海洋能源、矿产、水产品、海洋生物活性物质等的保护与利用纳入国家规划，推动陆海统筹发展的蓝色澎湃和绿色繁荣。

新时代下，海洋综合管理正迎来积极创新，当下的海洋综合管理更注重可持续发展。在过去的管理模式中，管理者往往忽视了对海洋环境的保护，以经济活动为先，导致了许多海洋生态系统的破坏。而新模式强调生态环境的可持续性，通过科学的生态管理和监测手段，确保海洋资源的合理利用，最大限度地减少对海洋生态系统的负面影响。同时，新型海洋综合管理倡导创新科技的应用。先进的技术，如卫星遥感、人工智能、大数据分析等，被广泛应用于海洋资源调查、环境监测和灾害预警等方面。当代的海洋综合管理还强调全球合作，号召全球各国在应对气候变化、海洋污染和过度捕捞等方面通力合作，共同保护海洋家园，在更好地保护海洋环境、高效管理海洋资源的同时，促进海洋经济的可持续发展，实现人与自然的和谐共生。

第二节　国际合作在海洋综合管理的实践

印度尼西亚、马来西亚、巴布亚新几内亚、菲律宾、所罗门群岛和东帝汶之间的海域，被称为珊瑚三角区，有全世界多样性最高的造礁珊瑚生态系，是全球重要的生物多样性热点，全球76% 的珊瑚物种和37% 的珊瑚礁鱼类物种生活在这里 [4]。因此，科学家把该区域称为"海中亚马孙雨林"和"海洋生命中心"。在气候变暖对海洋生态系统造成严重破坏之时，珊瑚三角区一度成为最重要的海洋生命"避难所"。

为了应对气候变化及其对海洋产生的诸多负面影响，印度尼西亚、马来西亚、巴布亚新几内亚、菲律宾、所罗门群岛和东帝汶六个国家达成合作伙伴关系，以共同维护海洋生态系统安全，解决粮食安全、气候变化和海洋生物多样性丧失等问题为目标，签订了《珊瑚礁、渔业和粮食安全的珊瑚大三角区倡议区域行动计划》。六国政府采取了一系列措施开展海洋综合管理，具体包括：调动各方利益相关者的参与，通过多级管理机制执行行动计划，充分评估岛屿生态系统的独特性、易碎性和脆弱性，同时成立工作组开展工作；设立政府财政资源专项工作组，令其负责监督和评估；成立其他委员会，如区域领导人论坛、地方政府网络，负责跨领域能力建设；邀请国际合作伙伴为维系珊瑚礁、渔业和粮食安全提供资金和技术支持。同时，该行动计划还建立了基于社区的海洋保护区新形式，这能有效调动各利益相关方积极参与海洋保护及管理，强化社区居民与海洋之间的联系。

目前，珊瑚大三角区已积极开展海洋空间规划，并在国际管理框架下制定保护区网络规划指南，以解决生物多样性保护、渔业管理、适应气候变化及海岸带管理等问题。地理空间数据库及其数据分析可为不同尺度的规划提供信息，并为改进决策提供科学支撑。

一、海洋综合管理的国际重要性

1. 国际海洋治理机制

随着人类社会对资源的需求不断增加，世界各国都将发展的目光看向了海洋。海洋科技发展日新月异，人类在海洋的活动呈现指数级增长，社会经济发展对海洋资源和海洋空间的需求日益强劲，加之处于全球一体化大背景之下，全球海洋治理框架也发生了显著的变化。经全球各国充分商讨，被称为"海洋宪法"的《联合国海洋法公约》于1994年正式生效 [5]，奠定了全球海洋治理的基石。

海洋治理的国际合作主要由联合国教科文组织政府间海洋学委员会和联合国大会等开展并协调推进。各国通过这些国际组织机构传达本国海洋综合管理理念，通过加强国际合作推进《联合国千年发展目标》的实现。《生物多样性公约》等国际公约也为全球海洋生态保护和环境治理提供了法律依据和行动指南。此外，海洋管理的国际合作也在一些区域性协调机构中持续推进，如旨在协调与促进北大西洋地区（包括波罗的海和北海）海洋研究、为渔业管理提供支撑的国际海洋考察理事会，以及致力于从全球尺度研究气候变化和人类活动影响下海洋生态环境、生物资源变化的北太平洋海洋科学组织等。

2. 全球海洋保护区网络的建设与发展

海洋保护区是保护海洋的核心工具，也是海洋综合管理的重要组成部分。世界自然保护联盟将其明确定义为以保护自然为主要目的的区域：海洋保护区是一个明确界定的地理空间，通过法律或其他有效手段得到承认、专指和管理，以实现对自然及其相关生态服务功能和文化价值的长期保护 [6]。海洋保护区通常被划定在海洋或沿海地区，并由政府或其他管理机构负责管理和监管。海洋保护区通常包括禁止或限制某些活动如渔业、海洋工程、旅游和其他商业活动的区域，以及保护生物多样性和生态系统的区域。

2022年，《生物多样性公约》第十五次缔约方大会通过了《昆明-蒙特利尔全球生物多样性框架》，提出了"到2030年，有效保护至少30%的全球海洋和陆地"的行动目标。为落实该承诺，各国日益重视海洋生物多样性保护和海洋保护区建设。截至2024年，全球范围内已建立16502个海洋保护区，总面积超过$2.8 \times 10^7 \ km^2$，占全球海洋面积的8.34%[①]。

二、国际合作推进全球海洋综合管理

1. 全球推进海洋可持续发展，构建海洋命运共同体

海洋诞育了生命，联通了世界。海洋是属于全人类的，面对海洋问题时，地球上的任何一个国家都不能独善其身。为解决全球性的海洋问题，各国纷纷加入国际组织和协议，共同努力推动海洋资源的可持续利用。

当前海洋面临着严峻的挑战，过度捕捞、海洋污染、气候变化等问题，都对海洋生态系统造成了严重破坏。这些问题不仅影响到海洋生物的生存，也对人类自身的生存和发展构成了威胁。面对这些挑战，全球各国需要共同努力，通过加强国际层面的交流与合作，携手制定和实施海洋保护和管理策略。全球推进海洋可持续发展，构建海洋命运共同体，是一项艰巨但重要的任务。这需要全球各国的共同努力与通力合作。只有这样，才能保护好这颗蓝色星球上最大的生态系统，为后代留下一片健康、美丽的海洋。

2. 加强合作，建立越界污染共同防治制度

海洋是全球共有的宝贵财富，世界上的每一个国家都需要共同面对海洋资源的过度开发带来的一系列

---

① 参见 https://www.protectedplanet.net/en 及 http://www.mpa-guide.protectedplanet.net。

智利的海洋保护区建设

图17-1 智利马格达莱纳岛保护区中的
麦哲伦企鹅（*Spheniscus magellanicus*）

智利位于南美洲西南部，西濒太平洋，南隔德雷克海峡与南极洲相望，拥有长达10000 km的海岸线。建设海洋保护区是智利保护海洋生态的重要举措（图17-1），截至2023年，智利拥有分为多个类别的58个海洋保护区，保护水域面积超过40%，在拉美国家中排行第一。为推动整个美洲海洋保护区网络的建设，智利在第九届美洲国家首脑会议上牵头成立了美洲海洋保护联盟，推动各个海洋保护区从生态上相互建立连接，共同改善海洋保护区的治理[9]。

问题。当下，国际形势正在加速演变，气候变暖对海平面的负面影响日益严峻，海洋生态系统破坏、污染和过度开发的问题日益凸显。海洋荒漠化、塑料污染、近岸水体富营养化等污染问题使得全球海洋生态安全治理面临多重困境[7]。国际社会应采取共同努力，建立全球性的污染防治机制，以应对跨国界的海洋环境污染问题。这种制度需要各国政府、企业和公众的共同参与和合作，通过制定国际公约、建立监管机构、加强信息共享等方式，共同筑牢海洋生态安全屏障，加强海洋生态文明建设。联合国环境规划署已经提出了"新污染物"的概念，这些物质直到最近才被确定为对环境存在潜在威胁，并且尚未受到国家或国际法律广泛监管。对此，部分国家也正积极开展国际合作，充分利用全球科研力量和管理经验，推动新污染物的筛选和环境风险管控。尽管已经取得一定的成果，但全球性的污染防治机制仍需要各国政府、企业和公众的共同努力和合作，以实现对全球环境的保护和治理。

第三节　海洋综合管理的中国实践

正如习近平主席所说，"我们人类居住的这个蓝色星球，不是被海洋分割成了各个孤岛，而是被海洋连结成了命运共同体，各国人民安危与共"。中国高度重视海洋生态文明建设，积极为全球海洋可持续发展贡献中国智慧。

一、中国海洋综合治理的背景和挑战

1. 中国的海洋资源和生态环境状况

中国是世界第三大国，大陆海岸线长达18400 km，海域面积十分辽阔，自北向南的渤海、黄海、东海、南海横跨北温带、亚热带及热带三个不同的气候带。因此，不同地方的海岸带形态截然不同：以杭州湾为界，北部以河口三角洲海岸、砂砾质海岸和粉砂淤泥质海岸为主，南部则主要是基岩海岸、砂砾质海岸和生物海岸。我国南、北海岸带地区的社会和经济基础也存在着十分显著的差异[8]。在我国各地方海岸带环境资源各具特色、差异较大的背景下，从国家层面对海洋和海岸带进行统一规划管理、地方政府因地制宜管理海洋是十分重要的。我国将可持续发展作为长期战略，是落实联合国可持续发展目标的领军者。而在对海洋的管理上也秉承着可持续发展理念，通过合理开发利用海洋资源，维持并促进海岸生态多样性、自然环境承载扩容性、代际和区际传递公平性、整体发展效益协调性等目标。

2. 海洋污染和生态破坏的主要问题

随着全球气候变化的日益加剧和人类活动的不断扩张，海洋污染和生态系统破坏事件频发，这也给中国的海洋管理带来了不小的挑战。

首先，全球气温上升导致极端天气事件频发，强台风等极端天气对海洋基础设施、沿海城市和生态系统造成了巨大的损害。海平面上升也对中国沿海地区造成了严重的威胁，可能导致城市淹没、海岸侵蚀和水资源咸化等问题，需要采取紧急措施来加强海洋防御系统和适应性管理。其次，海洋酸化是另一个近年来引起广泛社会关注的问题。人为排放导致大气中的二氧化碳含量增加，海洋会吸收这些二氧化碳，导致海水酸性增加，对珊瑚礁、贝类和藻类等生物造成危害。这不仅影响了海洋生态系统的平衡，也威胁着渔业资源和生物多样性。对此，中国需要通过监测和科研，制定针对性保护政策，同时与国际社会共同努力，降低全球温室气体排放，减缓海洋酸化的进程。另外，过度捕捞、海洋污染等问题也是中国海洋治理的难题。尽管中国是渔业大国，但过度捕捞和不合理的渔业管理导致了渔业资源的减少，对渔业产业和沿海社区带来了巨大影响。海洋污染源头的管控和治理亟待加强，以减轻海洋生态环境的压力。[10]

面对新兴的挑战，中国需要综合运用科技手段，加强海洋监测和数据收集，制定科学合理的海洋管理政策。只有通过整个社会的共同努力，我们才能在现代海洋综合管理中实现海洋资源的可持续利用和保护。

二、中国在海洋综合治理方面的努力和成就

1. 中国特有的三级管理模式

自新中国成立以来，中央政府一直致力于探索科学、可持续、有效的管理模式，对人类的海洋资源开发行为进行科学的规范及规划，以保护海洋生态环境，实现人海和谐共处。中国对海洋管理总体上实行三级模式，具体是指中央、地方和基层三个层级的海洋管理机构。

中国的海洋三级管理模式构建了一种全面协调、分工明确的管理体系。中央政府通过法规和战略规划为海洋管理提供了整体框架，地方政府负责具体实施，而基层管理则直接与海洋从业者接触，起到桥梁和纽带的作用。这种层次清晰的三级管理模式有助于在保护海洋生态的同时，充分协调各级政府和相关部门的工作，实现海洋资源的合理利用和保护，促进海洋经济的可持续发展，为未来维护中国丰富的海洋资源提供了有力支持。未来，随着中国海洋事业的不断发展，三级海洋管理体制将继续发挥重要作用，为中国海洋事业的发展作出更大的贡献。

2. 中国海洋功能区划：可持续海洋管理的成功模式

为了更好地保护海洋环境、合理开发利用海洋资源，中国政府创立了一套具有中国特色的、科学合理的海洋空间规划制度，即海洋功能区划。中国的海洋功能区划对全国海洋资源和生态环境的特点进行充分的考察。通过对海洋区域进行科学研究和评估，结合海洋生态系统的分布、渔业资源的状况、自然灾害风险等因素，制定了不同区域的功能定位，为可持续海洋管理提供了科学依据。

中国的海洋功能区划制度强调了"生态优先、可持续发展"的理念。通过划定生态保护区域、渔业保护区域、海洋能源区域等不同功能区，中国在管理海域时更加注重对生态环境的保护。这有助于防止过度

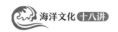

捕捞、防控海洋污染，并推动海洋经济的可持续发展。海洋功能区划制度也促进了不同部门的协同合作。由于海洋涉及多个领域，如渔业、交通、环保等，需要各部门共同协作才能实现综合治理。中国的海洋功能区划为各部门提供了明确的职责范围和协作机制，增强了整个海洋管理体系的效能。

中国的海洋功能区划制度为海洋治理提供了坚实的法治基础和科学指导。这一制度不仅体现了中国政府对海洋生态环境的关切，也为实现海洋可持续利用和保护提供了重要保障。通过这一制度，中国展现了在海洋管理方面的创新和责任担当，为建设美丽中国和构建人类命运共同体贡献了中国智慧和力量。

三、厦门特色 ICM 模式——海洋综合治理的成功案例

福建省厦门市为中国海洋管理探索提供了一个教科书式的案例。厦门位于福建省东南部，与台湾岛隔海相望，地处福建省厦、漳、泉闽南金三角地带，拥有众多大小型岛屿，海岸线漫长，是中国最著名的滨海旅游城市之一，素有"海上花园"的美称。

海洋是厦门建设现代化城市最重要的经济和生态资源。但改革开放以来，尤其是厦门被设立为全国首批四个经济特区之一后，经济快速发展与人口大量涌入使厦门的海洋生态环境承受了巨大的压力，用海矛盾、生境破坏、环境污染、海洋生物多样性丧失等问题日益突出。1980年以前，厦门市内没有任何污水处理设施，全市产生的工业及生活污水被任意排放，严重污染了市内的湖泊河流以及近海海水，从而导致鱼虾死亡、湖水黑臭、富营养化等一系列环境问题。其中环境恶化最严重的当数地处厦门市中心、原为筼筜港的筼筜湖。1970年代，为响应国家"以粮为纲"的号召，厦门市开展了海堤修建和围海造田活动，使筼筜湖的面积由最初的10.12 km²锐减为2.2 km²。海堤的修建也引发了近海潮汐系统和水体交换能力的变化，使筼筜湖成为一座被封闭的"臭湖"。当年的厦门在全国的卫生城市评比中普遍处于排名末尾，环境的破坏也导致难以吸引高质量的投资，可以说经济、社会的发展已因环境污染问题而受到了制约。1988年，厦门在痛定思痛之后，开展了筼筜湖综合治理行动。时任厦门市委常委、副市长习近平创造性提出"依法治湖、截污处理、清淤筑岸、搞活水体、美化环境"的筼筜湖综合治理"二十字方针"，使得筼筜湖的综合治理在短短的几年里就取得了明显的成效，并给厦门人民带来巨大的社会、经济和环境效益。在这样的背景下，海岸带综合管理也就自然而然地成为厦门海洋管理的选择。

厦门的海岸带综合管理始于20世纪末。1994年，中国同全球环境基金组织、国际海事组织及联合国开发计划署合作，在厦门建立实验区，对厦门全市内的海岸带进行了综合管理实验，成功开展了三轮 ICM 探索与实践，取得了很好的效果。厦门人大陆续颁布了许多有关海洋资源保护利用和沿海活动管理的法规条例，比如《厦门市海域使用管理规定》《厦门市海洋环境保护若干规定》等，保障了海洋资源的合理开发利用。厦门市政府也采用综合管理机制以贯彻 ICM 在厦门的实施。从1995年开始，先后成立海洋管理协调领导小组（负责对海洋事务的监督与管理）、海洋管理办公室（负责对厦门市各个海洋功能区、各个下属管理部门进行综合建设和协调）、海洋专家组（负责提供专业、科学的管理建议）。该综合管理机制共包括厦门市政府、环保局、规划局、市政府办公厅、计划委员会、经济发展委员会等20余个不同层级的政府部门。厦门市海上综合执法队伍根据《厦门市联合综合执法工作制度》定期开展海上综合执法活动，针

对非法捕鱼活动、违章作业船舶、违规污水排放等进行严厉打击，有效控制并缓解了海洋生态环境的污染，促进了海洋珍稀物种保护区的建设发展[11]。

此外，厦门市政府意识到强有力的科学技术方能使 ICM 充分发挥其独特的管理能力，使海洋发展永续。因此，厦门市政府积极与厦门大学、自然资源部第三海洋研究所（简称"海洋三所"）、福建省海洋研究所等科研机构以及厦门市港口管理局、厦门市生态环境局等管理部门合作，从专业、财政、政策等方面为 ICM 的实施提供强有力的科技支撑。比如由厦门大学、海洋三所、福建省海洋研究所、厦门市生态环境局等参与的"海岸带环境剖面及海岸带污染预防和管理战略计划"科研项目为厦门海岸带提供了详细的环境概况和发展战略。

厦门采取海岸带综合管理的可持续发展战略，在大力发展海洋经济的同时，充分注重海洋资源的合理开发及利用，出台许多政策保护海洋生态系统、建立海洋保护区，对包括海岸带自然环境以及涉海企业进行综合管理规划。经过近30年的发展与不断完善，厦门实施 ICM 的成果斐然，其在社会、经济、生态方面取得的效益令人瞩目，市民的环保意识在政府开展的一系列宣传活动中得到了有效提升，涉海部门官员也树立了良好的海洋环境保护意识，培养了专业的海岸带管理综合素质。管理部门依照国家和地方法律对筼筜湖、马銮湾等进行综合治理，拆除违章建筑，将会对当地环境造成污染的企业迁出，叫停不合理的开发活动，规划合适的绿化带。经过综合治理，厦门市海岸带环境质量得到明显改善，岛内湖水、海水水质好转，海岛沿岸的环境污染问题得到了基本解决，高质量的海洋保护区也扭转了海洋生物多样性减少的局面，中华白海豚、文昌鱼、白鹭得到了充分且专业的保护。金砖会议、金鸡电影节等的旅游溢出效应不断显现，优质旅游资源得到进一步整合。"厦金游""湿地游""环岛游"的知名度和吸引力持续提升，鼓浪屿被列入《世界文化遗产名录》，筼筜湖成为厦门市的中心风景名胜区，吸引了全球各地的游客。在独具特色的 ICM 运作下的厦门已成为中国东南沿岸著名的风景旅游城市，现如今的厦门经济基础扎实、科技实力雄厚、生态环境优美、海洋特色鲜明，ICM 的成功实施也使厦门成为东亚乃至全球海岸带综合管理示范区，推动我国海岸带的可持续发展，同时也为全球海岸带综合管理提供了颇具参考价值的案例，为全人类的可持续发展贡献来自中国的力量。

守护中华白海豚的黄宗国

中华白海豚（*Sousa chinensis*）是分布于西太平洋与印度洋沿岸的海洋哺乳动物，厦门周边海域是其重要的栖息地之一。当地渔民很早便已认识这种海洋生物，称其为"妈祖鱼""镇港鱼"。随着渔业生产强度增长、近海航运日趋繁忙、水下工程爆破出现，偏好在河口近岸水域活动的中华白海豚受到严重威胁。1988年，随着中华白海豚名列《国家重点保护野生动物名录》，对厦门周边海域种群的保护刻不容缓[12]。

海洋三所的黄宗国致力于海洋生物多样性研究，其主编的《中国海洋生物种类与分布》划时代地总结了中国海域当时已知的海洋生物种类。从1990年代初开始，他负责主持厦门海域的中华白海豚调查工作，为保护这一"海上精灵"而奔走。通过定期出海调查、建立监测站、解剖分析搁浅死亡个体等途径，黄宗国亲力亲为，带领团队取得了厦门海域中华白海豚的调查数据。基于一手数据与国际学术交流的成果，黄宗国团队提出"在厦门—金门海域和珠江口海域建立中华白海豚自然保护区"的建议，并完成了"厦门中华白海豚自然保护区"论证报告的撰写工作。1997年，该保护区获批成立。随后，《厦门市中华白海豚保护规定》颁布，在白海豚主要的活动区域划定出禁渔区，并作出限制船速、控制水下噪声、打击非法捕捞等规定。2000年，该保护区合并了另两处保护区，形成"厦门海洋珍稀物种自然保护区"，保护白鹭等水鸟、中华白海豚、文昌鱼的种群及其生境，为厦门这一"海上花园"增添了生态亮色[13]。

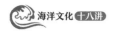

思考题

1. 试梳理海洋综合管理的发展历程。
2. 为什么国际合作在海洋综合管理中很重要？
3. 中国为海洋综合管理作出了哪些贡献？

参考文献

[1] Winther J, Dai M H, Rist T, et al. Integrated ocean management for a sustainable ocean economy[J]. Nature Ecology & Evolution, 2020(4): 1451-1458.

[2] 孙传香."海洋命运共同体"视域下的海洋综合管理：既有实践与规则创制 [J]. 晋阳学刊 , 2021(2): 104-114.

[3] 朱宇 , 李加林 , 汪海峰 , 等 . 海岸带综合管理和陆海统筹的概念内涵研究进展 [J]. 海洋开发与管理 , 2020, 37(9): 13-21.

[4] Veron J E N, DeVantier L M, Turak E. The coral triangle[M]//Dubinsky Z, Stambler N. Coral reefs: an ecosystem in transition. New York: Springer, 2011: 47-55.

[5] 同 [1]

[6] Grorud-Colvert K, Sullivan-Stack J, Roberts C, et al. The MPA guide: a framework to achieve global goals for the ocean[J]. Science, 2021, 37(6560): 1-10.

[7] 杨振姣 . 全球海洋生态安全形势与治理研究 [J]. 人民论坛 , 2023(20): 14-19.

[8] 张效莉 , 薛婷婷 , 陈林生 , 等 . 我国海岸带管理中的关键问题及对策措施研究 [J]. 海洋经济 , 2021, 11(4): 97-105.

[9] 宋亦然 . 智利扩大海洋保护区建设 [N]. 人民日报 , 2023-11-03(11).

[10] IPCC. Climate change 2023: synthesis report[R]. Geneva: IPCC, 2023.

[11] 洪华生 , 薛雄志 . 厦门海岸带综合管理十年回眸 [M]. 厦门 : 厦门大学出版社 , 2006: 24-30.

[12] 黄宗国 , 刘文华 , 林瑞才 . 厦门中华白海豚保护研究 [J]. 厦门科技 , 1997(5): 9-10.

[13] 林茂 . 怀念中国著名海洋生物多样性专家黄宗国 [J]. 应用海洋学学报 , 2023, 42(3): 548.

● **本讲作者：薛雄志**

第十八讲 海洋法制与海洋权益维护

随着海洋科技的发展，人类利用海洋的能力不断增强，因而也越来越多地受到国际法和国内法的规制。海洋法是国际法中最为古老的部门法，也是与各国海洋权益的维护密切相关的国际法。根据《国际法院规约》第38条第1款，国际海洋法的渊源包括国际协约、国际习惯、一般法律原则，以及作为辅助渊源的司法判例和国际公法学家学说。

第一节　国际涉海条约与制度

国际层面的涉海条约数量众多，对规制涉海活动、保护海洋资源和环境、和平解决海洋争端起到了重要的作用。在这些条约中，《联合国海洋法公约》（下文简称《公约》）及其执行协定确立了国际海洋法的法律框架。此外，国际海事组织制定的航运条约，以及国际渔业条约都发挥了重要作用。

一、《联合国海洋法公约》及其执行协定

一般认为，《公约》及其三个执行协定确立了国际海洋法的法律框架，奠定了现代国际海洋法的基础。然而，正如《公约》序言所讲，"本公约未予规定的事项，应继续以一般国际法的规则和原则为准据"。罗宾·丘吉尔（Robin Churchill）和沃恩·洛（Vaughan Lowe）认为，没有一个条约文本可以涵盖所有的海洋法问题，《公约》仅仅是提供了一个关于多数海洋利用问题的法律框架，还需要习惯国际法规则以及其他与污染和航行有关的国际条约的补充[1]。尽管如此，经过多年的发展，《公约》在"区域"内矿产资源的勘探和开发制度、国际渔业法律制度、海洋环境的保护和保全制度等方面都取得了长足的发展。

1.1982 年《联合国海洋法公约》

《公约》于1982年12月10日通过并开放签署，并于1994年11月16日正式生效。作为海洋领域最重要的一部国际条约，《公约》的通过是第三届联合国海洋法会议历时9年、11个会期、15次会议，才达成的重大成果。其包括17个部分、320个条款、9个附件，以及3个执行协定，被国际社会广泛称为"海洋宪章"（Constitution for the Oceans）。

第二次世界大战后，对近海自然资源的控制成为海洋法的一个中心问题。特别是对油气需求的增加促使沿海国扩大对大陆架自然资源的管辖权。与此同时，为了应对海洋生物资源的枯竭，沿海国越来越主张

对公海上的这些资源享有管辖权。1945年9月28日，美国总统杜鲁门分别发表了关于大陆架的公告[①]和关于渔业的公告[②]，标志着海洋法新发展的起点。

在这种背景下，联合国国际法委员会（以下简称"国际法委员会"）着手编纂海洋法。国际法委员会由联合国大会于1947年成立，旨在促进国际法的逐步发展和编纂。第一次联合国海洋法会议于1958年2月24日在日内瓦开启，有86个国家参加。该次会议成功通过了四项公约和一项关于争端解决的任择议定书，即《领海及毗连区公约》《公海公约》《捕鱼及养护公海生物资源公约》《大陆架公约》《关于强制解决争端的任择签字议定书》。然而，这次会议并没有解决两个关键问题。一是领海的最大宽度。由于领海在沿海国的领土主权之下，沿海国可以垄断其自然资源。鉴于对海洋资源的需求日益增加，领海的宽度自然成为联合国海洋法会议上各方存在较大分歧的一个重要议题。二是和平解决国际争端的机制。要制定出在解释和适用方面不引起争议的规则难度很大。在该次会议上，由于许多国家反对国际法院或通过仲裁解决争端的机制，强制性解决争端的机制只能作为一项单独的文书建立。截至2008年7月，只有38个国家成为《关于强制解决争端的任择签字议定书》的缔约国。

1960年3月17日，在日内瓦开启了第二次联合国海洋法会议，讨论领海的外部界限以及渔区等问题，共有88个国家参加了会议。为了打破在这个问题上的僵局，美国和加拿大提出了一项联合建议，其中规定一个6海里领海加上一个最多6海里的专属渔区，并规定在6海里以外的历史性捕鱼的十年暂停期。尽管如此，该联合提案以一票之差被否决。因此，在该次会议上确定领海最大宽度的努力再次失败，会议没有通过关于领海宽度的任何规则。

第三次联合国海洋法会议于1973年12月3日在纽约开启，从1973年至1982年共举行了11届会议。与第一次和第二次联合国海洋法会议不同，第三次联合国海洋法会议的筹备工作没有分配给国际法委员会，主要原因是鉴于谈判所涉问题的政治敏感性，国际法委员会被认为不适合处理这些问题。发展中国家还担心他们在国际法委员会的代表性不足，而且委员会的方法过于保守。因此，会议的工作主要在三个委员会进行[③]。历时10年最终达成了1982年《公约》。《公约》吸收了1958年日内瓦四项条约关于领海、毗连区、大陆架等海域法律地位的许多规定，解决了日内瓦条约没有规定的领海宽度问题，并引入了许多新概念，如专属经济区和群岛水域；它还为大陆架提供了新的法律定义，并承认国际海底区域及其资源是人类共同继承的财产。它使沿海国家的主权要求受到严格的法律监管，并增加了用于国际航行的海峡、群岛水域、200海里专属经济区、国际海底区域等的制度。此外《公约》建立的大陆架界限委员会、国际海底管理局和国际海洋法法庭等三大机构确保了《公约》的有效实施。《公约》包括320个条款和9个附件，确立了一个真正全面的海洋法律制度，既重申了已确定的法律领域，又扩展了其他法律领域，极大地发展了国际法。

---

① 全称为：Proclamation by President Truman of 28 September 1945 on Policy of the United States with respect to the Natural Resources of the Subsoil and Sea Bed of the Continental Shelf。

② 全称为：Proclamation by President Truman of 28 September 1945 on Policy of the United States with respect to Coastal Fisheries in Certain Areas of the High Seas。

③ 第一委员会讨论了国家管辖范围以外的深海底的法律制度；第二委员会负责领海、毗连区、专属经济区、大陆架、国际海峡、群岛水域、公海以及内陆国和地理不利国；第三委员会处理保护海洋环境、海洋科学研究和技术转让的问题。某些问题（例如序言、最后条款、和平利用海洋空间、关于解决争端的一般原则、一般条款和最后文件）由全体会议直接讨论。

2.1994 年执行协定

《关于执行1982年12月10日〈联合国海洋法公约〉第十一部分的协定》（又称《1994年执行协定》）是《公约》于1982年通过后签订的第一个执行协定，对国际海洋法的法律制度产生了重要的影响。

《1994年执行协定》涉及《公约》第十一部分所载的深海海底勘探和开发制度。《公约》第三次缔约国大会最后文件所附决议一设立了国际海底管理局和国际海洋法法庭筹备委员会（筹委会），以制定国家管辖范围以外的深海海床制度。该委员会的目的是起草必要的规则和程序，使管理局能够开始履行职责，行使决议二赋予的与预备性投资有关的权利和职能。然而，包括美国在内的主要工业化国家表示强烈反对《公约》第十一部分规定的监管深海底活动的制度，这些国家拒绝参加《公约》。鉴于《公约》未能就这一问题达成协商一致意见，为了使《公约》获得普遍参与，就必须对第十一部分作出修改。1989年，联合国大会呼吁所有国家重新努力，促进《公约》的普遍参与①。为推进这一任务，联合国秘书长在有关各方之间发起了一系列非正式谈判，以实现这一目标。这些谈判的第一阶段涉及少数几个关键国家，确定了要解决的问题②，并起草了一份关于《公约》第十一部分的9个专题清单③ [2]。所有国家都参加了协商的第二阶段，讨论所认识到的问题的解决办法。实际上有75~90个国家参加了这一阶段的协商。

《1994年执行协定》对《公约》第十一部分的原条款产生了相当大的影响。《1994年执行协定》第2条第1款规定了两个文书之间的关系，称"本协定和第十一部分的规定应作为单一文书来解释和适用"。虽然深海海底采矿制度的基本原则仍然保持不变，但《公约》的若干条款干脆"不再适用"④。它们被旨在改善投资者权利和确保生产符合"健全的商业原则"的条款所取代⑤。第2条第1款使这一修订过程更加明确，规定"本协定和第十一部分如有任何不一致的情况，应以本协定的规定为准"。

3.1995 年执行协定

《执行1982年12月10日〈联合国海洋法公约〉有关养护和管理跨界鱼类种群和高度洄游鱼类种群的规定的协定》（又称《1995年执行协定》）于1995年8月4日正式通过，并于2001年12月11日生效。作为《公约》的第二份执行协定，《1995年执行协定》由13个部分，共计50条及2个附件构成。协定第三部分系有关跨界鱼类种群和高度洄游鱼类种群的国际和区域合作机制的规定，强调应由沿海国协同公海捕鱼国建立区域和次区域的渔业管理组织，便于开展有关鱼类种群的养护管理，相应地仅授权该组织的成员、在某种"安排"下参与的国家，或是自愿适用上述两种情况下制定的养护管理措施的国家以有权捕捞符合这些养护管理措施项下的渔业资源。在《1995年执行协定》搭建的框架下，一个国家能否享受公海渔业资源，一个重要的评判标准在于该国是否有效遵守协定的养护管理措施及合作义务。该协定的生效使得任何一个国家不与区域渔业管理组织合作就不被允许在其管辖的海域从事渔业活动成为适用的国际法。

---

① 参见1989年联合国大会第44/26号决议（General Assembly Resolution 44/26）第3段。序言部分提到在1989年8月/9月筹备委员会会议上表示愿意探讨解决问题的一切可能性，以确保普遍参加《公约》。

② 参见Consultations of the Secretary-General on outstanding issues relating to the deep seabed mining provisions of the United Nations Convention on the Law of the Sea-Report of the Secretary General，载1994年联合国第A/48/950号文书（UN Document A/48/950）第4段。

③ 后来环境问题被从清单中删除，理由是"环境这一专题与其他八个专题存在本质的不同"。

④ 参见《1994年执行协定》第二节第3段、第三节第8段、第三节第11(b)段、第四节、第五节第2段、第六节第7段、第八节第2段。

⑤ 参见《1994年执行协定》第二节第2段、第六节第1(a)段。

《1995年执行协定》解决了跨界鱼类种群的管理问题，强调了沿海国在养护此类鱼类种群时享有的特殊权益，并规定了区域性渔业管理组织在渔业规制方面的重要作用。与《1994年执行协定》不同，《1995年执行协定》并没有"修订"《公约》的任何条款。《1995年执行协定》补充了《公约》中有关渔业的规定，进一步详细说明了应如何执行这些规定。此外，《1995年执行协定》对所有国家或其他实体开放，不论它们是不是《公约》的缔约国。在这个意义上，它是一项独立的条约。各国和其他实体可以通过批准或加入成为《1995年执行协定》的缔约方。

4.2023 年执行协定

《〈联合国海洋法公约〉下国家管辖范围以外区域海洋生物多样性的养护和可持续利用协定》（又称《海洋生物多样性协定》或《2023年执行协定》）是《公约》的第三份执行协定，也是近年来国际海洋法的重要发展，其谈判历程引发了国际社会的广泛关注[3]。2003年，联合国海洋和海洋法问题不限成员名额非正式协商进程在其工作报告中强调了通过有效执行现有制度或构建新制度等方式来保护国家管辖范围以外区域脆弱的海洋生态系统的紧迫性①。2004年，联合国大会通过第59/24号决议成立了"研究关于国家管辖范围以外区域海洋生物多样性养护和可持续利用问题的不限成员名额特设工作组"（以下简称"特设工作组"）②。经过11年的研究和商讨，特设工作组建议国际社会通过在《公约》框架下缔结一份国家管辖范围以外区域海洋生物多样性国际文书的方式来解决这一问题，并且提出了该国际协定应该处理海洋遗传资源及其惠益分享问题，包括海洋保护区在内的划区管理工具、环境影响评估、能力建设和技术转让等四大议题的"一揽子协议"。2015年，联合国大会根据特设工作组达成的共识和提出的建议，通过第69/292号决议，决定成立一个筹备委员会，供各方就《海洋生物多样性协定》的草案要素开展商讨并向联大提出实质性建议。筹备委员会自2016年至2017年一共召开了4届会议并于2017年7月提交了报告。该报告建议联大审议其所载要点的建议，并根据《公约》的规定拟定具有法律拘束力的《海洋生物多样性协定》案文。

2017年12月，联大通过第72/249号决议，决定自2018年至2020年上半年召开四届政府间会议，各方就筹委会报告中建议的要素进行谈判，并在《公约》框架下拟定一份《海洋生物多样性协定》的案文③。由于新冠疫情的影响，在新的联大决议的授权下，联合国一共召开了5届政府间谈判会议，最终于2023年6月19日以协商一致的方式通过了该协定。《海洋生物多样性协定》为全球海洋生物多样性的养护和可持续利用问题建章立制，是多边主义的重大胜利，在海洋法发展史上具有里程碑意义。《海洋生物多样性协定》对主要由《公约》构建的现行国际海洋秩序进行了重要调整，也表明了作为国际法重要渊源的国际涉海条约及其构建的法律制度对完善全球海洋治理具有重要意义。

《海洋生物多样性协定》适用于超过世界海洋总面积三分之二的公海和国际海底区域，聚焦海洋遗传资源、公海保护区、环境影响评价等国际海洋法领域的重大和前沿问题，牵动发展中国家和发达国家、海

---

① 参见 Report of the Open-ended Informal Consultative Process on Oceans and the Law of the Sea，载2003年6月26日联合国第A/58/95号文书（UN Document A/58/95），第98—100页。

② 参见 Resolution Adopted by the General Assembly on 17 November 2004，载2005年2月4日联合国第A/RES/59/24号文书（UN Document A/RES/59/24），第73段。

③ 参见 Resolution Adopted by the General Assembly on 24 December 2017，载2018年1月19日联合国第A/RES/72/249号文书（UN Document A/RES/72/249），第1段、第3段。

洋环保派国家和海洋利用派国家的复杂博弈。在漫长而艰苦的谈判中，各方展现出建设性立场和务实合作的精神，最终就《海洋生物多样性协定》文本达成共识。该协定因应国际社会在新时期面临的新挑战，出台一系列新制度、新规则，致力于塑造更加公平合理的国际海洋秩序，为全球海洋治理注入新的活力。

第一，《海洋生物多样性协定》创设了规范海洋遗传资源的特殊法律制度。为维护发展中国家的利益，该协定规定了两类具体规范：一是建立信息通报制度。在原地收集、异地获取和开发利用三个阶段，缔约方均需向协定设立的信息交换机制通报信息。二是建立惠益分享制度。因国家管辖范围以外区域海洋遗传资源方面的活动而产生的惠益应以公正和公平的方式分享。

第二，《海洋生物多样性协定》确立了适用于全球公海的海洋保护区制度。关于公海保护区的设立，《海洋生物多样性协定》主要确立了各方面的法律规范：一是公海保护区的设立程序。针对公海保护区的设立，协定确立了提交提案、初步审查、公开协商、大会决定的四步程序。二是缔约方大会的决策机制，构建了"协商一致加投票表决相结合"的决策机制。三是退出机制安排。缔约方大会作出的决定应在120天后对所有缔约方生效。在该120天内，如某一缔约方书面通知秘书处，对大会通过的决定提出反对，该决定对该缔约方不具约束力。提出反对时应书面解释反对理由。

第三，《海洋生物多样性协定》丰富了规范海洋活动的环境影响评价制度。根据协定，对于在国家管辖范围以外区域计划开展的活动，其环境影响评价的基本流程主要包括四个步骤：一是对计划开展的海洋活动进行筛选；二是环境影响评价报告的编写和公布；三是基于环评决定是否开展海洋活动；四是监测影响和审查授权开展的活动。

第四，《海洋生物多样性协定》排除了对国家管辖海域和争议海域的适用。《海洋生物多样性协定》在地理空间上的适用范围为国家管辖范围以外区域，即公海和国际海底区域，不应涉及沿海国的专属经济区和大陆架等国家管辖海域。然而，实践中相关国家对相关海域的主权和法律地位可能存在不同的认知，进而导致对协定适用区域的具体范围没有共识。这些问题涉及一国的主权、主权权利和管辖权，不属于该协定的调整范围，不应在该协定的框架下予以处理。

二、国际海事组织制定的航运条约

国际海事组织是联合国的专门机构，其前身是成立于1959年的政府间海事协商组织，后于1982年5月更名为国际海事组织。国际海事组织迄今通过了大量的海事公约，在航运业有着重要的影响。自1973年以来，国际海事组织秘书处（政府间海事协商组织）积极参与第三次联合国海洋法会议的工作，以确保国际海事组织文书的制定符合指导《公约》制定的基本原则。《公约》通过后，海事组织秘书处先后与联合国秘书长海洋法问题特别代表办公室和联合国法律事务厅海洋事务和海洋法司就海事组织与《公约》相关工作的若干事项进行了磋商。甚至在《公约》于1994年生效之前，海事组织的几项条约和非条约文书就明确或含蓄地提到了《公约》的规定。

虽然《公约》只有一项条款（附件八第2条）明确提到了海事组织，但《公约》的若干条款提及"主管国际组织"，以便在有关海上安全、航行效率以及防止和控制船只和倾倒造成的海洋污染的事项上纳入国际航运

规则和标准。这反映在《公约》的若干条款中，这些条款要求各国"考虑到""符合""实施"或"执行"由"主管国际组织"（即国际海事组织）制定或通过的有关国际规则和标准。这些规则和标准被分别称为"适用的国际规则和标准""国际上议定的规则、标准和建议的办法及程序""一般接受的国际规则和标准""适用的国际文件"或"一般接受的国际规章、程序和惯例"。

1. 国际海事组织的职权

根据《国际海事组织公约》第1条的规定，国际海事组织的主要职权包括对与国际海运有关的技术事项，以及与海运有关的海洋环境保护等事项进行规制。一般认为，国际海运是指出发港口与到达港口位于不同国家之间的海运。事实上，国际海事组织是对国际海运进行立法的主要政府间国际组织。第59条提到国际海事组织是联合国系统内关于航运及其对海洋环境的影响的专门机构。第60至62条提到海事组织同其他专门机构以及政府组织和非政府组织就共同关心和关切的事项进行合作。

迄今为止，在国际海事组织的主持下通过了50多项国际法律文书。《公约》生效后，这些文书变得更加重要，因为《公约》缔约国的实践应符合国际海事组织制定的、被称为《公约》"参考规则"（rule of reference）的国际标准。根据"参考规则"，在这些规则"适用"或"普遍接受"的范围内，必须根据国际海事组织主持下通过的规则执行《公约》的相关规定。在这样做的过程中，国际海事组织的文书可以进一步细化《公约》的规定，并使其成为"活的条约"（living instrument）。

2. 重要的国际航运条约

到目前为止，国际海事组织通过并生效的国际条约主要有53项，包括《国际防止船舶造成污染公约》《国际海上避碰规则公约》《1974年国际海上人命安全公约》等。

《国际防止船舶造成污染公约》（以下简称《防污公约》）涵盖了防止船舶因操作或意外原因对海洋环境造成污染的内容。《防污公约》于1973年11月2日在国际海事组织通过。由于1973年《防污公约》尚未生效，1978年《防污公约议定书》吸收了母公约的内容。合并文书于1983年10月2日生效。1997年，通过了一项修正《防污公约》的议定书，并增加了一份新的附件六，于2005年5月19日生效。多年来，《防污公约》不断得到修订和更新。

《防污公约》主要规制了有害物质的作业排放，即与船舶正常操作有关的有害物质。六个技术附件规定了六类主要物质的预防措施，即防止油类污染规则（附件一）、控制散装有毒液体物质污染规则（附件二）、防止海运包装形式有害物质污染规则（附件三）、防止船舶生活污水污染规则（附件四）、防止船舶垃圾污染规则（附件五）和防止船舶造成大气污染规则（附件六）。该公约包括一项关于有害物质事故报告的议定书，适用于由作业排放造成的事故以及涉及船舶的事故。《防污公约》的执行主要依靠船旗国对船舶的构造、设计、装备和人员配备所行使的管辖权。《防污公约》还包括对自愿进入港口的外国船舶进行检查的规定，以确保它们遵守反污染规则和标准，并在不符合这些要求的情况下阻止船舶航行。《公约》和《防污公约》中关于行使船旗国和港口国管辖权的条例应与《公约》中关于沿海国在执行反污染措施方面行使管辖权的条款有关，这些条款规定了对在沿海国管辖水域内航行但未自愿进入其港口或另一国港口的外国船舶违反规定的诉讼程序。

《国际海上避碰规则公约》规定了防止海上碰撞的规则，其中涉及转向和航行规则、灯光和形状以及声音和灯光信号。《国际海上避碰规则公约》还规定在分道通航制内或附近作业的船舶的行为。在《公约》规定的总体框架内，《国际海上避碰规则公约》管辖范围适用于公海、专属经济区、领海、群岛水域、用于国际航行的海峡和群岛航道。《国际海上避碰规则公约》第1(a)条规定，该规则适用于"公海上的所有船舶和与之相连的一切可由海船通航的水域内的所有船舶"。《公约》要求外国船舶在领海、用于国际航行的海峡和群岛水域航行时遵守这些规定。在这方面，《公约》规定，"关于防止海上碰撞的一般接受的国际规则"也应适用于行使无害通过领海和群岛水域权利的外国船舶（第21〔4〕条和第52〔1〕条）。根据第39(2)(a)条和第54条，船舶在用于国际航行的海峡中行使过境通行权或在群岛海上航道上行使通行权，必须遵守《国际海上避碰规则公约》。

三、国际渔业法律文书

渔业法律制度是《公约》最重要的法律制度之一，也是《公约》生效后取得长足发展的重要领域。联合国粮农组织是对渔业进行规制的联合国专门机构，也是联合国系统中唯一拥有全球渔业机构渔业委员会的组织，其在养护和管理渔业，包括审查世界渔业和援助发展中国家方面发挥着重要作用。

2009年11月12日，由联合国粮农组织批准的《关于预防、制止和消除非法、不报告、不管制捕捞的港口国措施协定》（以下简称《港口国措施协定》）是规制渔业问题的重要条约。该协定于2016年6月5日生效，成为首个真正意义上具有法律拘束力的打击IUU捕捞（即非法、不报告、不管制捕捞）问题的国际条约，为缔约方采取港口国措施提供了明确的国际法依据和最低标准。其管控IUU捕鱼的制度，主要体现在入港检查措施、港口使用制度、检验措施和合作义务等方面。《港口国措施协定》的达成主要有以下两个方面的考量：一是通过港口国的管控措施来弥补船旗国管辖的不足之处。港口国对于IUU捕鱼的管控有先天优势，其不受到渔船在海洋中捕捞的时间和空间的局限，而是在"终端"进行管制，渔船终究需要将渔获物通过港口上岸并进入市场贸易环节。二是通过达成一个全球统一标准的港口国措施国际文件，从而可以解决不同港口国在法律、制度和执法程序等方面存在的差异，提高渔业管理的效果。

《港口国措施协定》规定的主要措施包括船舶入港提前申请制度、港口的使用、船舶入港后的检查程序、渔获物上岸检查制度、港口国检查员训练（还包括登船检查的内容和流程）、船旗国的配合义务、发展中国家的特殊要求、争端解决、非协定缔约方的权利义务等内容，同时协定还重点规定了港口国措施与其他打击IUU捕鱼措施之间的合作配合。

此外，还有一些重要的软法^①文件也对国际渔业治理提供了重要的法律依据。例如，联合国粮农组织于2001年3月2日通过了《关于预防、制止和消除非法、不报告和不管制捕捞的国际行动计划》（以下简称《国际行动计划》）。《国际行动计划》指出，各项措施应成为全面综合办法的一部分，"包括港口国措施、

---

① 根据效力种类的不同，可将国际法分为"国际硬法"和"国际软法"。国际硬法具有"法律效力"（法律约束力），所以典型的如国际条约法和习惯国际法均属于国际硬法，也就是通常指的"国际法"或狭义的国际法。国际软法是指那些不具有"法律效力"，但国家可能基于道义、利益或国际合作等因素的考量而予以自愿遵守，从而对主体行为有一定指导和规范效果的国际规范。因此，国际软法在现实中具有不同程度的"事实效力"，能够产生与法律类似的规范效果。

沿海国措施、与市场有关的措施和确保国民不支持或不从事 IUU 捕鱼的措施"①。根据该法律文书，船旗国是管制 IUU 捕鱼首要的责任主体，被要求确保其渔船不直接从事或支持 IUU 捕鱼。船旗国在登记一艘渔船之前，不仅需要确保该艘渔船履行不从事 IUU 捕鱼之义务，同时要求该艘渔船不存在违规历史，否则不得悬挂其国旗，但在该渔船的新船主提供证据能够表明该船已与原先的船主不存在任何法律或经济上的联系情况下例外。此外，该文书还要求捕鱼船舶不论在公海上还是在其国家管辖范围水域内开展捕捞活动之前，都应该获得船旗国颁发的捕捞许可证并随船携带。船旗国应禁止其船舶向从事 IUU 捕鱼的渔船提供补给或从 IUU 捕鱼的渔船上转载 IUU 渔获。

1995年10月31日，170多个成员国在第21届粮农组织大会上一致通过了《负责任渔业行为守则》（下文简称《守则》）。《守则》对于渔业生态的可持续发展具有重要意义，其确定的关于所有渔业的养护、管理和开发的不具有法律强制约束力的原则和标准，为国际社会及国家在确保渔业生态环境受到保护的情况下实现水生生物资源可持续利用提供了重要的管理框架。《守则》适用于粮农组织的成员和非成员，渔业实体，分区域、区域和全球组织（无论是政府组织还是非政府组织），以及根据第1.2条与渔业资源保护、渔业管理和发展有关的所有人员。尽管《守则》是一项与渔业有关的软法性文件，但其中某些部分是以包括《公约》在内的国际法的相关规则为基础的，其解释和适用应符合《公约》所反映的相关国际法规则。

第二节　区域涉海条约与制度

海洋将世界各个国家串联在一起，然而，不同国家和地区所在的海域存在不同的特点，因此针对同一海域的海洋问题，区域内的国家和地区也不断合作探索区域海洋治理的路径。随着航运业的发展，船舶碳排放和污染问题越来越受重视。国际海事组织鼓励成员国的自愿合作，为减少船舶碳排放作出贡献。欧盟委员会针对此问题制定了针对航运业碳排放的监管法案，并通过了碳关税。自欧盟计划单方面开征航海碳税以来，该行为一直饱受争议。海洋本身的流动性和连通性使得区域内对海洋的立法将可能影响区域外的国家。同时，周边海洋问题也会影响该区域的政治、经济、文化等问题。因此不同海域的周边国家为促进本地区的合作与发展，根据海域的特点和发展需要，制定了区域内海洋合作的条约与协定。

一、北极涉海条约与制度

1. 北极涉海条约与制度

北极周边国家较多，随着气候变暖的加剧，北极航道的利用与资源开发逐渐兴起。在利用北极资源的同时，各国也不断寻求合作以治理北极。北极周边的8个国家与非极地国家之间的诉求和利益冲突也不断催生有关北极环境保护、资源开发等相关的条约以实现规范治理。

16世纪荷兰探险家发现了斯匹次卑尔根群岛（图18-1）后，该岛一直作为无主地。而英国、丹麦、挪威等国在该岛附近进行捕鲸、开采矿产等活动，造成了生态环境的破坏。同时，由于缺乏监管，各国之

---

① 参见 http://www.yyj.moa.gov.cn/gjhz/201904/t20190428_6255286.htm。

间的冲突也无法诉诸法律框架进行解决。1920年，挪威、美国、英国等18个国家签订了《斯匹次卑尔根群岛条约》，承认挪威对斯匹次卑尔根群岛的主权。1925年，中国、苏联（后为俄罗斯）、芬兰等国加入了该条约。该条约承认了斯匹次卑尔根群岛为挪威的主权领土，但是缔约国的公民可以进入该群岛并从事捕鱼等活动。条约还规定斯匹次卑尔根群岛为永久非军事区域，不用于战争目的。同时挪威有责任保护斯匹次卑尔根群岛的环境。

图18-1 斯匹次卑尔根群岛景观

《斯匹次卑尔根群岛条约》对规范相关国家在斯匹次卑尔根群岛的活动提供了坚实的法律基础，确保该区域的和平与稳定。一方面确定了挪威对于斯匹次卑尔根群岛的主权，另一方面赋予了缔约国在该区域的经济活动和科学考察权利。而挪威也通过一系列有关斯匹次卑尔根群岛治理的法规，对各国在该群岛上的活动提供指引。

为了促进北极地区的科学合作，用专业知识以帮助决策，促进北极环境保护、资源开发、科学研究等方面的发展，在北极理事会的努力下，北极八国于2017年签署了具有法律约束力的《关于加强北极国际科学合作的协定》，以期提高北极科学知识发展的效率。

该协定要求缔约方为参与方开展科学活动提供便利，如便利人员流动、使用基础设施、进入研究区域等。同时，协定鼓励缔约方利用传统知识开展活动，促进各方的交流。该协定为各国提供了科学合作的框架，减少获取科学知识的壁垒，但同时也可能造成北极八国内部对相关科学知识的垄断，非北极国家难以参与。

2.北极涉海机构

1996年，北极八国为了加强对北极的治理与合作、促进北极的可持续发展，通过签署《渥太华宣言》成立了北极理事会，成为北极的非正式协商机构。该理事会除8个创始成员国外，还有6个北极土著人民组织作为永久参与方，以及38个非北极的国家或组织作为观察员。北极理事会在性质上属于政府间论坛，通过其工作组定期对北极的环境、发展等问题进行评估，由8个创设成员国协商一致通过决议，其本身并没

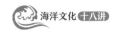

有执行准则或者建议的权利。北极理事会的成员国轮流指定人员担任主席，处理有关北极海洋环境保护、北极应急预防、动植物保护、科学研究与合作等方面的事项，不处理军事安全相关的问题。

二、南极条约体系

随着航海技术和水平的提高，欧美主要的海洋国家纷纷踏上了南极土地进行探险。1908年英国最早对南极提出了领土要求，之后英国、新西兰、澳大利亚、法国、挪威、智利、阿根廷等先后宣告了对南极洲的领土主权范围。各国逐渐意识到南极重要的战略意义后，为了避免冲突并实现临时的合作，国家之间在领土主权要求、科学考察、环境保护、生物资源养护等不同方面通力协商，达成了有关南极的各项条约和协议。

南极条约体系是指《南极条约》及南极条约协商国签订的《南极海豹保护公约》、《南极海洋生物资源养护公约》和《关于环境保护的南极条约议定书》等国际条约，以及历次协商国会议通过的各项措施和决定。南极条约体系为各国在南极地区的活动提供了基本的法律框架，要求各国要和平利用南极、鼓励科学考察自由与国际合作。由于气候变化与南北国家发展差距，新兴问题的出现虽然正在冲击南极条约体系，但目前它仍然为各国在南极地区的活动提供指引。择要介绍于下：

1.《南极条约》

冷战期间，美苏两个超级大国对还没有确定主权归属的南极持有浓厚的战略控制兴趣。随着南极领土争端和冲突日趋紧张，7个南极主权宣示国和美国、苏联、日本、南非、比利时于1959年在美国华盛顿签署了《南极条约》。该公约开放给各国签字、批准和加入，并于1961年6月23日生效。

《南极条约》在序言部分确立了南极的和平使用原则和非军事化目的。针对7个南极主权宣示国对南极提出的主权要求，《南极条约》冻结了7个国家的主权要求，使不同利益诉求的国家搁置争议，寻求科学考察研究等方面的合作。鉴于南极的独特地位和研究价值，各国可根据《南极条约》在南极地区进行科学考察活动，同时条约也鼓励各国进行合作。其后，44个国家加入了《南极条约》。根据条约第9条的规定，建立南极科学考察站或者向南极派遣科考队等对南极有实质性活动的国家可成为协商国，参与南极事务的决策。中国于1983年加入《南极条约》后，1985年正式成为协商国。

《南极条约》为南极的稳定发展提供了坚实的法律基础，其冻结了各方对南极的主权要求，促进各国和平利用南极，鼓励各国在科学考察研究方面的合作。由于条约的内容较为简洁，在对南极的开发研究过程中针对出现的环境、生物资源养护等问题，各国仍在不断协商和完善。

2.《关于环境保护的南极条约议定书》

随着各国在南极矿产资源活动的增多，签订已久的《南极条约》难以解决该问题，因此协商国希望通过新的条约解决该问题。然而《南极矿产资源活动管理公约》的生效遇到阻碍，《关于环境保护的南极条约议定书》则应运而生。《关于环境保护的南极条约议定书》，又称《马德里议定书》，是各国为了全面保护南极环境及其生态系统而于1991年签署的《南极条约》的补充法律文书，于1998年生效。

议定书将南极指定为"致力于和平与科学的自然保护区"并禁止矿产资源活动（科学研究除外），保护现有和未来的南极资源、环境和生态系统。议定书规定了一系列保护环境的原则与措施，如风险预防原则、环境影响评价制度、环境责任与基金制度等。该议定书是南极环境保护最主要的法律文件，虽然其谈判过程充满了博弈与利益角逐，但各国仍通过了保护南极环境的框架文件。

三、欧洲的区域海洋条约

欧洲国家众多，许多港口船舶吞吐量巨大。然而欧洲许多海域较为封闭，海水净化的速度较慢，在工业发达和交通发达的地区污染逐步加剧。因此地中海、北海、波罗的海周边的国家为了防治各种来源的污染，制定了保护环境的海洋条约。

1.《保护地中海免受污染公约》

1976年，地中海沿岸国家签署了《保护地中海免受污染公约》（又称《巴塞罗那公约》），旨在解决地中海地区的环境污染问题。该公约框架下有7个议定书，涉及不同的环境保护领域，例如倾倒议定书旨在防止和减少通过倾倒废弃物对地中海的污染，而防止和紧急议定书则涉及应对污染紧急情况的措施。

《保护地中海免受污染公约》为地中海地区的环境保护提供了基本的法律框架，其"框架公约－议定书"的模式具有一定的灵活性，国家可以根据自身发展状况选择加入某个议定书。既保证了国家加入公约，从而共同履行保护环境的义务，同时也允许不同国家自行决定需要履行的具体义务和执行的措施。

2.《波罗的海区域海洋环境保护公约》

欧洲工业化产生的污染排放到海洋中，影响了海洋环境。1974年，波罗的海沿岸国家为了保护该区域的海洋环境，签署了《波罗的海区域海洋环境保护公约》（又称《赫尔辛基公约》）。该公约一共有29个条款，规定了缔约国治理海洋污染的原则与具体的制度，旨在减少来自陆地、空气和海洋的污染源对波罗的海产生的污染。公约要求缔约国制定措施保护海洋环境和生物多样性，鼓励各国之间的合作与信息共享。1992年，公约进行了修订，新增了预防原则和污染者付费原则。该公约涵盖整个波罗的海区域及生物资源，采取综合式的立法方式，国家加入该公约即接受了其中环境保护措施的规定。因此需要各个国家之间达成一致才能修改相关条款。

四、南海区域性立法

南海是一个半闭海，其沿岸国根据《公约》的规定具有合作的义务。然而，南海的一些沿岸国之间存在着岛礁领土主权和海洋权益的争端。为了维护南海的和平与稳定，助推区域海洋治理和规则构建，南海周边各国通过谈判协商，制定了一些区域性立法，并据此开展合作。

1.《南海各方行为宣言》

2002年中国与东盟签署了《南海各方行为宣言》，该宣言对维护南海稳定，促进中国与东盟的合作发挥了一定的积极影响。宣言概括性地规定了和平共处、互相尊重的原则，承认争议的存在。在争议解决之前，鼓励各方在海洋环保、海洋科学研究、海上航行和交通安全、搜寻与救助、打击跨国犯罪5个方面的合作。宣言在南海构建了南海周边国家沟通交流的规则，促进双边或多边之间的磋商与交流，有助于凝聚

各方致力于维护南海稳定的共同意愿和构建地区规则的共识。

2.《南海行为准则》

尽管中国与东盟签署了《南海各方行为宣言》，然而该宣言并没有被南海相关沿岸国很好地履行。为了更好地管控分歧，中国与东盟各国均同意推动《南海行为准则》的谈判。目前《南海行为准则》正在第三轮审读的环节，还未形成有效的文书。但中国与东盟各国仍在不断推进《南海行为准则》的磋商，加强务实的海上合作，以增进互信，将南海真正建设成为和平之海、友谊之海、合作之海。

第三节 主权争端和海洋划界

中国大陆拥有超过18000 km的漫长海岸线，大陆海岸线北起鸭绿江口，南到北仑河口。中国周边的海洋有渤海、黄海、东海和南海，总面积约4.7×10^6 km²。我国一方面有广阔的海洋领土，另一方面因周边海域为边缘海，我国没有直接面向大洋。《中华人民共和国领海及毗连区法》规定我国领海的宽度从领海基线量起为12海里，领海基线采用直线基线法划定①。《中华人民共和国专属经济区和大陆架法》规定我国的专属经济区，为中华人民共和国领海以外并邻接领海的区域，从测算领海宽度的基线量起延至200海里。我国的大陆架，为中华人民共和国领海以外依本国陆地领土的全部自然延伸，扩展到大陆边外缘的海底区域的海床和底土；如果从测算领海宽度的基线量起至大陆边外缘的距离不足200海里，则扩展至200海里。②由于海上邻国也有各自的海洋权益主张，我国和邻国之间海域宽度不足，出现了主张重叠区域，需要进行划界。目前我国只与越南在北部湾完成了划界。我国和朝鲜、韩国在黄海存在划界争端，和日本就钓鱼岛存在领土争端以及东海大陆架划界争端，我国和越南、菲律宾、马来西亚、文莱存在领土主权和海洋划界争端。

一、北部湾划界

1. 海洋划界基本原则

我国是《公约》的缔约国。《公约》对于领海和专属经济区以及大陆架划界的基本原则作出了明确的规定。根据《公约》，如果两国海岸彼此相向或相邻，一般应以两国领海基线之间的中间线作为界限，除非存在历史性所有权或其他特殊情况。海岸相向或相邻的国家间专属经济区或大陆架的界限，应在国际法的基础上以协议划定，以便得到公平解决。《中华人民共和国专属经济区和大陆架法》也遵循了这一规定。而所谓得到公平解决，即在充分考虑划界所有有关情况的基础上进行划界。而划界结果是否公平，也可以用划界完成后的水域面积比和两国在此区域的海岸线长度比是否成比例来进行判断。

2006年，中国根据《公约》第298条作出排除性声明，将涉及海洋划界、历史性海湾或所有权、军事和执法行动等方面的争端排除在《公约》的强制争端解决程序之外，我国坚持通过谈判协商的方式解决这

---

① 《中华人民共和国领海及毗连区法》，参见 https://www.gov.cn/ziliao/flfg/2005-09/12/content_31172.htm。
② 《中华人民共和国专属经济区和大陆架法》，参见 https://www.gov.cn/ziliao/flfg/2005-09/12/content_31086.htm。

类海洋争端。①

2. 划界协定

经过多年谈判后,《中华人民共和国和越南社会主义共和国关于两国在北部湾领海、专属经济区和大陆架的划界协定》于2000年12月25日正式签署,于2004年6月30日生效。缔约双方根据《联合国海洋法公约》和公认的国际法各项原则和国际实践,在充分考虑北部湾所有有关情况的基础上,按照公平原则,通过友好协商,确定了两国在北部湾的领海、专属经济区和大陆架的分界线。②划界完成后,划归双方海域面积大体相当,达到了公平的结果,证明我国和周边国家完全可以通过谈判解决边界问题,其划定具有重要意义。

二、钓鱼岛争端和东海大陆架划界

1. 钓鱼岛争端

钓鱼岛及其附属岛屿位于中国台湾岛的东北部,是台湾的附属岛屿,由钓鱼岛、黄尾屿、赤尾屿、南小岛、北小岛、南屿、北屿、飞屿等岛礁组成,总面积约5.69 km²,钓鱼岛为其中面积最大的岛屿。

中国最先发现、命名和利用钓鱼岛,对钓鱼岛实行了长期管辖,对此中外史料均有记载。最早记载钓鱼岛的史籍,是成书于1403年的《顺风相送》。明清以来往来于中国和琉球间的册封使著作以及琉球国的正史都清楚记载着钓鱼岛、赤尾屿属于中国,久米岛属于琉球,分界线在赤尾屿和久米岛之间的黑水沟(今冲绳海槽)。明初,中国将钓鱼岛列入防区,清朝又明确将其置于台湾行政管辖之下。而中国渔民世世代代在钓鱼岛海域从事渔业活动。中外地图皆标绘钓鱼岛属于中国,包括日本的地图,如1785年日本林子平所著《三国通览图说》的附图"琉球三省并三十六岛之图"。

钓鱼岛的归属在19世纪前并无任何争议。1879年,日本吞并琉球并改称冲绳,此后,日本密谋侵占钓鱼岛,对钓鱼岛开展秘密调查。由于顾忌中国的反应,日本政府未敢轻举妄动。根据《日本外交文书》,1885年10月21日,外务卿井上馨对于是否应在钓鱼岛建立国家标桩一事回复道:"此刻若有公然建立国标等举措,必遭清国疑忌,故当前宜仅限于实地调查及详细报告其港湾形状、有无可待日后开发之土地物产等,而建国标及着手开发等,可待他日见机而作"。井上馨还特意强调,"此次调查之事恐均不刊载官报及报纸为宜"。

1894年11月底,清朝在甲午战争中败局已定。在此背景下,日本认为"今昔形势已殊"。1895年1月14日,日本内阁秘密通过决议,将钓鱼岛"编入"冲绳。1895年4月17日,日本迫使中国签订《马关条约》,割让台湾全岛及包括钓鱼岛在内的附属岛屿。日本官方文件显示,日本窃占钓鱼岛的过程始终是秘密进行的,因此证明其对钓鱼岛的主权主张不具有国际法效力。二战后,美国单方面扩张其托管范围,将钓鱼岛纳入。1970年代美国将钓鱼岛"施政权""归还"日本。美日对钓鱼岛进行私相授受,严重侵犯了中国的

---

① 《中国坚持通过谈判解决中国与菲律宾在南海的有关争议》白皮书,参见 https://www.gov.cn/xinwen/2016-07/13/content_5090812.htm。
② 《中华人民共和国和越南社会主义共和国关于两国在北部湾领海、专属经济区和大陆架的划界协定》,参见 https://www.mfa.gov.cn/web//wjb_673085/zzjg_673183/bjhysws_674671/bhgjty/hyhjsbty/202303/P020230320586210738711.pdf。

领土主权，是非法的、无效的，中国政府和人民进行了坚决的斗争。①

2. 东海大陆架划界

东海位于中国大陆东侧，东海大陆架地形平坦，水深较浅，最大宽度超过500 km，不足400海里。冲绳海槽位于东海大陆架东南，纵向长约1200 km，横向宽为100 km至150 km，最大水深超过2300 m。地貌与地质特征表明东海大陆架是中国陆地领土的自然延伸，冲绳海槽具有显著隔断特征，构成东海大陆架延伸的终止。②

中日双方划界主张的主要分歧在于我国主张我国大陆架的外部界限为冲绳海槽，而日本主张以中间线划分大陆架的界限。

《公约》第76条规定："沿海国的大陆架包括其领海以外依其陆地领土的全部自然延伸，扩展到大陆边外缘的海底区域的海床和底土。"沿海国如果主张从领海基线量起超过200海里的大陆架，则应根据《公约》第76条的两种公式划定200海里以外大陆架外部界限，并将相关情报提交大陆架界限委员会。因此，我国于2012年12月14日提交了东海部分海域200海里以外大陆架外部界限划界案。我国东海大陆架外部界限为冲绳海槽轴部最大水深点的直线连线组成。③

三、南海问题

1. 南海诸岛领土主权与海洋划界争端

南海位于中国大陆的南面，是一个东北–西南走向的半闭海。中国南海诸岛包括东沙群岛、西沙群岛、中沙群岛和南沙群岛。其中，南沙群岛的岛礁最多，范围最广。中国最早发现、命名和开发利用南海诸岛及相关海域。中国人民在南海的活动已有2000多年历史，中国渔民每年至西沙、南沙群岛海域从事渔业活动，留下了作物、水井、房屋、庙宇、墓冢和碑刻等多处遗迹。中国政府通过行政设治、水师巡视、资源开发、天文测量、地理调查等手段，对南海诸岛和相关海域进行了持续、和平、有效的管辖。

中国对南海诸岛的主权在20世纪前并未遇到任何挑战。20世纪三四十年代，法国和日本先后以武力非法侵占中国南沙群岛部分岛礁。对此，中国政府和人民奋起抵抗，捍卫对南沙群岛的主权。1945年8月，日本宣布无条件投降。二战后，中国收复南海诸岛并恢复行使主权，公布了标绘有南海断续线的《南海诸岛位置图》。世界上许多国家都承认南海诸岛是中国领土，包括争端当事方的越南。1958年9月4日，中国政府发布《中华人民共和国政府关于领海的声明》，明确指出："……中华人民共和国的一切领土，包括……东沙群岛、西沙群岛、中沙群岛、南沙群岛以及其他属于中国的岛屿。"9月14日，越南总理范文同照会周恩来总理表示，"越南民主共和国政府承认和赞同中华人民共和国政府1958年9月4日关于领海决定的声明"。除此以外，美国数次前往中沙和南沙群岛岛礁进行测量，均向中国台湾当局请求准许。中国台湾当局批准了这些申请。

---

① 《钓鱼岛是中国的固有领土》白皮书，参见 https://www.gov.cn/jrzg/2012-09/25/content_2232710.htm。
② 《中华人民共和国东海部分海域二百海里以外大陆架外部界限划界案（执行摘要）》，参见 https://www.un.org/depts/los/clcs_new/submissions_files/chn63_12/executive%20summary_CH.pdf。
③ 同上。

随着国际海洋法制度的发展，南海部分海域出现了海洋划界争议。在南海，中国的陆地领土和邻国陆地领土海岸相向，相距不足400海里，各国主张的海洋权益区域重叠，由此产生海洋划界争议。2013年，菲律宾无视中菲南海争议的本质是领土主权和海洋划界争端，单方面将有关争议提交《公约》附件七强制仲裁。其中，领土主权争端不属于《公约》调整的范围，而海洋划界争端已经被中国排除在《公约》争端解决程序之外。仲裁庭对菲律宾提起的仲裁明显没有管辖权。菲律宾单方面提起的南海仲裁案所谓裁决是无效的，没有拘束力，中国不接受、不承认。①

2. 我国在南海的历史性权利

1948年2月，中国政府公布《南海诸岛位置图》。正是这一份《南海诸岛位置图》上，画着一条断续线，将南海诸岛包含其中，并标出最南端的曾母暗沙。1949年中华人民共和国成立后，仍然保留了这一条界线，只是于1953年删除了北部湾内的两段，将其由11段减少为9段。断续线是我国长期在南海诸岛及相关海域行使权利的体现。

《公约》对历史性权利并没有作出系统规定，而是更倾向于把这个问题留待国际习惯法来解决。一般认为，一国如果对某一水域享有历史性权利，需要满足如下条件：一是该国对主张的水域公开的、连续的、长时间行使了权利；二是该国的行为得到其他国家的容忍。历史性权利主张是一般规定的例外情况，其特点是如果历史上该国家没有如此行使权利，那么该国所享有的权利只能遵照一般规定，而不能超过一般规定的范围。历史性权利一般分为领土主权性的权利（例如历史性水域，历史性海湾）和非领土主权性的权利（例如传统捕鱼权）。

中国政府通过行政设治、加强海防、水师巡视、资源开发、天文测量、地理调查、绘制地图、打击盗匪、救助外国遇难船舶等方式，对南海诸岛和相关海域进行持续、和平、有效的管辖。中国人民长期以来在南海相关海域进行航行、贸易和捕鱼活动，视相关海域为生产场所和生活家园。南海断续线问世以来，南海周边相关国家在长时间内默认了南海断续线的存在和中国的相关主张。直到20世纪六七十年代，由于各国在南海发现了潜力巨大的石油天然气资源，南海周边国家纷纷对南海诸岛提出主张，侵害我国在南海断续线内水域的权利。然而，中国在南海相关水域的历史性权利早已确立，为一般国际法所承认。[4]

主权争端和海洋划界关系到我国的核心利益。从目前的实践来看，谈判才是对于争端各方最切实可行的解决争议的方式。

思考题

1. 三次联合国海洋法会议分别取得了哪些进展？
2. 《海洋生物多样性协定》对完善全球海洋治理体系的意义何在？
3. 南极的和平使用原则是如何确立的？

---

① 《中国坚持通过谈判解决中国与菲律宾在南海的有关争议》白皮书，参见 https://www.gov.cn/xinwen/2016-07/13/content_5090812.htm。

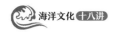

参考文献

[1]　Churchill R R, Lowe A V. The law of the sea[M]. 3rd ed. Manchester: Manchester University Press,1999: 24.

[2]　Nandan. The efforts undertaken by the United Nations to ensure universality of the convention[M]//Miles E, Treves T. The law of the sea: new worlds, new discoveries. Honolulu: Law of the Sea Institute, 1992: 378.

[3]　Warner R M. Area-based management tools: developing regulatory frameworks for areas beyond national jurisdiction[J]. Asia-Pacific Journal of Ocean Law and Policy, 2019, 4(2): 142.

[4]　中国国际法学会 . 南海仲裁案裁决之批判 [M]. 北京 : 外文出版社 , 2018: 185-227.

● **本讲作者：施余兵、钟慧、林蓁**

附录　插图出处及插图参考文献

图1-1　　改自：Allegre C J, Schneider S H. The evolution of the earth[J]. Scientific American, 1994, 271(4): 66-75

图1-2　　改自：叶云涛, 王华建, 翟俪娜, 等. 新元古代重大地质事件及其与生物演化的耦合关系[J]. 沉积学报, 2017, 35(2): 203-216

图1-3　　改自：Kious W J, Tilling R I. Dynamic earth: the story of plate tectonics[R]. Vancouver: USGS Volcano Science Center, 1996

图1-4　　视觉中国（www.vcg.com）

图1-5　　改自：Kious W J, Tilling R I. Dynamic earth: the story of plate tectonics[R]. Vancouver: USGS Volcano Science Center, 1996

图1-6　　改自：Duarte J C, Schellart W P. Introduction to plate boundaries and natural hazards[M]//Duarte J C, Schellart W P. Plate boundaries and natural hazards[M]. Washington: American Geophysical Union, 2016: 1-10

图1-7　　改自：https://www.earthhistory.org.uk/key-concepts/plate-tectonics-1（引用日期为2024年12月18日）；https://courses.washington.edu/ocean101/Lex/Lecture4.pdf（引用日期为2024年12月18日）

图1-8　　改自：Rogers J J W, Santosh M. Configuration of Columbia, a Mesoproterozoic supercontinent[J]. Gondwana Research, 2002, 5(1): 5-22; Zhao G C, Cawood P A, Wilde S A, et al. Review of global 2.1-1.8 Ga orogens: implications for a pre-Rodinia supercontinent[J]. Earth-Science Reviews, 2002, 59(1/2/3/4): 125-162

图1-9　　改自：Imbrie J, McIntyre A, Mix A. Oceanic response to orbital forcing in the late Quaternary: observational and experimental strategies[M]//Berger A, Schneider S, Duplessy J C. Climate and geosciences: a challenge for science and society in the 21st century. Berlin: Springer, 1989: 121-164

图1-10　改自：Hearty P J, Kaufman D S. Whole-rock aminostratigraphy and Quaternary sea-level history of the Bahamas[J]. Quaternary Research, 2000, 54(2): 163-173; Masson-Delmotte V, Stenni B, Pol K, et al. EPICA Dome C record of glacial and interglacial intensities[J]. Quaternary Science Reviews, 2010, 29(1/2): 113-128

图1-11　改自：https://www.pmfias.com/ocean-relief-major-minor-ocean-relief-features-continental-shelf-continental-slope-continental-rise-abyssal-plain-trenches-submarine-ridges-abyssal-hills-submarine-canyons-atoll-bank-shoal-reef/（引用日期为2024年12月18日）

图1-12　改自：http://slideshare.net/slideshow/geogppt/257501401（引用日期为2024年12月18日）；Sigman D, Hain M. The biological productivity of the ocean[J]. Biology, Environmental Science, 2012, 3(6): 3

图2-1　　壹图网（www.1tu.com）

图2-2　　改自：https://www.oceannets.eu/ocean-fertilization/（引用日期为2024年12月18日）

图2-3　　杨进宇、杨舒然、戴东辰、杨宇童、陈锦云绘制

图2-4　　改自：https://stepik.org/lesson/779363/step/1（引用日期为2024年12月18日）

图2-5　　改自：https://web.archive.org/web/20131221182140/http://www.pmel.noaa.gov/tao/proj_over/diagrams/index.html（引用日期为2024年12月18日）

图2-6　　壹图网（www.1tu.com）

图2-7　　改自：https://www.britannica.com/science/tropical-cyclone/Life-of-a-cyclone（引用日期为2024年12月18日）

图3-1　　刘炫圻、肖嘉绘制

图3-2　　刘炫圻拍摄

图3-3　　陈泽毅绘制

图3-4　　刘炫圻、肖嘉绘制

图3-5　　VEER（www.veer.com）

图3-6　　改自：Jayashantha E. Archaea: morphology, physiology, biochemistry and applications[R]. Kelaniya: University of Kelaniya, 2015: 2

图3-7　　王智、赵宇、周亚东等拍摄

图3-8　　A：视觉中国（www.vcg.com）；B：汪阗拍摄；C：刘炫圻拍摄；其他：王智拍摄

图3-9　　A：视觉中国（www.vcg.com）；F：VEER（www.veer.com）；H：壹图网（www.1tu.com）；其他：王智供图

图3-10　G、I：卓特视觉（www.droitstock.com）；其他：王智供图

图3-11　王智供图

图3-12　壹图网（www.1tu.com）

图3-13　壹图网（www.1tu.com）

图3-14　改自：Smith M M, Heemstra P C. Smiths' sea fishes[M]. Berlin: Springer-Verlag, 1986: 373-375; Sæmundsson B. Zoologiske meddelelser fra island: XIV. 11 fiske, ny for island, og supplerende oplysninger om andre, tidligere kendte[J]. Videnskabelige Meddelelser fra Dansk naturhistorisk Forening i Kjøbenhavn, 1992, 74: 165

图3-15　改自：https://earth.tju.edu.cn/info/1177/8959.htm（引用日期为2024年12月18日）；https://getdrawings.com/get-drawing#marine-ecosystem-drawing-59.jpg（引用日期为2024年12月18日）；Tait R V. Elements of marine ecology[M]. 3rd ed. London: Butterworth-Heinemann, 1980: 3

图3-16　杨位迪拍摄

图3-17　改自：Tait R V. Elements of marine ecology[M]. 3rd ed. London: Butterworth-Heinemann, 1980: 158

图3-18　杨位迪拍摄

图3-19　改自：Allain V, Griffiths S, Bell J, et al. Monitoring the pelagic ecosystem effects of different levels of fishing effort on the western Pacific Ocean warm pool[R]. Noumé : Secretariat of the Pacific Community, 2015

图3-20　张田拍摄

图3-21　卓特视觉（www.droitstock.com）

图3-22　视觉中国（www.vcg.com）

图4-1　　改自：https://limnoloan.org/water-quality-parameters/secchi-disk/（引用日期为2024年12月18日）

图4-2　　　　壹图网（www.1tu.com）

图4-3　　　　改自：赵进平. 海洋科学概论[M]. 青岛：中国海洋大学出版社, 2016: 261

图4-4　　　　改自：Kim Y H, Gutierrez B, Nelso T, et al. Using the acoustic Doppler current profiler(ADCP) to estimate suspended sediment concentration[R]. Columbia: University of South Carolina, 2004

图4-5　　　　改自：https://www.indiamart.com/proddetail/side-scan-sonar-surveys-6833351097.html（引用日期为2024年12月18日）

图4-6　　　　改自：杨健敏, 王佳惠, 乔钢,等. 水声通信及网络技术综述[J]. 电子与信息学报, 2024, 46(1): 1-21

图4-7　　　　壹图网（www.1tu.com）

图5-1　　　　串饰组合复原参考：Errico F, Martí A P, Wei Y,et al. Zhoukoudian Upper Cave personal ornaments and ochre: rediscovery and reevaluation[J]. Journal of Human Evolution, 2021, 161: 103088

图5-2　　　　王传超、肖嘉绘制

图5-3　　　　VEER（www.veer.com）

图5-4　　　　改自：Jerardino A. Coastal foraging and transgressive sea levels during the terminal Pleistocene:insights from the central west coast of South Africa[J]. Journal of Anthropological Archaeology, 2021, 64: 101351；伦福儒, 巴恩. 考古学：理论、方法与实践[M]. 陈淳, 译. 6版. 上海：上海古籍出版社, 2019: 234-235

图6-1　　　　壹图网（www.1tu.com）

图6-2　　　　壹图网（www.1tu.com）

图6-3　　　　VEER（www.veer.com）

图6-4　　　　改自：Bowen R L. Egypt's earliest sailing ships[J]. Antiquity, 1960, 34(134): 117；佩恩. 海洋与文明[M]. 陈建军, 罗燚英, 译. 天津：天津人民出版社, 2017: 41

图6-5　　　　壹图网（www.1tu.com）

图6-6　　　　壹图网（www.1tu.com）

图6-7　　　　壹图网（www.1tu.com）

图7-1　　　　刘炫圻拍摄

图7-2　　　　壹图网（www.1tu.com）

图7-3　　　　壹图网（www.1tu.com）

图8-1　　　　崔建楠拍摄

图8-2　　　　张梓昌拍摄

图8-3　　　　卓特视觉（www.droitstock.com）

图9-1　　　　VEER（www.veer.com）

图9-2　　　　VEER（www.veer.com）

图9-3　　　　VEER（www.veer.com）

图9-4　　　　VEER（www.veer.com）

图10-1　　　VEER（www.veer.com）

图11-1　　　视觉中国（www.vcg.com）

图11-2　　　壹图网（www.1tu.com）

图11-3　　　壹图网（www.1tu.com）

图12-1　　　壹图网（www.1tu.com）

图12-2　　　福建画报社供图

图12-3　　　视觉中国（www.vcg.com）

图12-4　　视觉中国（www.vcg.com）

图13-1　　视觉中国（www.vcg.com）

图13-2　　视觉中国（www.vcg.com）

图13-3　　改自：吴立新，陈朝晖，林霄沛，等."透明海洋"立体观测网构建[J].科学通报，2020，65(25)：2654-2661

图14-1　　VEER（www.veer.com）

图14-2　　数据来源：FAO. The state of world fisheries and aquaculture: towards blue transformation[M]. Rome：FAO，2022.

图14-3　　壹图网（www.1tu.com）

图14-4　　林书拍摄

图14-5　　阴亮拍摄

图14-6　　VEER（www.veer.com）

图14-7　　江信恒拍摄

图14-8　　改自：https://www.nrel.gov/water/distributed-embedded-energy-converter-technologies.html（引用日期为2024年12月18日）

图14-9　　改自：https://theafsluitdijk.com/projects/blue-energy/how/（引用日期为2024年12月18日）；https://www.dutchwatersector.com/news/dutch-king-opens-worlds-first-red-power-plant-driven-on-fresh-salt-water-mixing（引用日期为2024年12月18日）

图15-1　　改自：国家市场监督管理总局,国家标准化管理委员会.海洋及相关产业分类：GB/T 20794—2021[S].北京:中国标准出版社,2021:12

图16-1　　壹图网（www.1tu.com）

图17-1　　VEER（www.veer.com）

图18-1　　壹图网（www.1tu.com）